高等职业教育“十三五”规划教材

Shiyong Gongcheng Shuxue

实用工程数学

刘林平　主　编
邹豪思　乌　云　副主编
柴金义[内蒙古大学]　主　审

内 容 提 要

本书在交通职业教育教学指导委员会路桥工程专业指导委员会指导下编写。全书共八章,内容包括极限与连续、一元函数微积分学、常微分方程、多元函数微积分学、线性代数、概率与数理统计初步。节末附有习题,章末附有测试题,书末附有标准正态分布表和习题答案。

本书是高职高专院校工科类专业教学用书,也可供相关专业教学使用,或作为相关专业继续教育教材。

图书在版编目(CIP)数据

实用工程数学 / 刘林平主编. —北京:人民交通出版社股份有限公司,2016.8

高等职业教育“十三五”规划教材

ISBN 978-7-114-13229-2

Ⅰ.①实… Ⅱ.①刘… Ⅲ.①工程数学—高等职业教育—教材 Ⅳ.①TB11

中国版本图书馆 CIP 数据核字(2016)第 172131 号

高等职业教育“十三五”规划教材

书　　名:实用工程数学

著 作 者:刘林平

责任编辑:任雪莲

出版发行:人民交通出版社股份有限公司

地　　址:(100011)北京市朝阳区安定门外外馆斜街 3 号

网　　址:http://www.ccpress.com.cn

销售电话:(010)59757973

总 经 销:人民交通出版社股份有限公司发行部

经　　销:各地新华书店

印　　刷:北京盈盛恒通印刷有限公司

开　　本:787 × 1092　1/16

印　　张:10.75

字　　数:262 千

版　　次:2016 年 8 月　第 1 版

印　　次:2018 年 8 月　第 2 次印刷

书　　号:ISBN 978-7-114-13229-2

定　　价:32.00 元

前 言

本书以工程技术类专业人才培养模式为切入点，以立足于解决工程实际问题为目的，把数学内容的重点定位在对学生数学应用能力的培养方面。强化数学概念的实际应用，在数学课程中渗透专业思想，为后续的专业课程教学提供恰到好处的数学支撑，同时培养学生分析问题和综合利用数学知识求解实际问题的能力。

本书以"应用为主、够用为度、学有所用、用有所学"为编写原则，实现数学由学科型教育向应用型教育的转变。把以理论为重点转变为以数学的应用为重点，进行"实用数学"教育。在内容安排上，尽可能以专业或实际案例引入数学概念，加强数学与专业的有机结合，以激发学生的学习兴趣。同时将数学中的抽象概念、定理尽可能给出直观的几何解释，避免使用抽象的数学语言。注重突出基本概念和基本计算方法，讲清重要结论，略去繁杂的理论推证，淡化解题技巧的训练。

本教材有以下主要特点：

1. 在教材开始的绪论里，首先介绍了"实用工程数学"课程性质、目标和课程主要内容，给出了"实用工程数学"在工程实际中的典型案例以及微积分思想简介。通过阅读绪论，一方面，使学生在刚开始学习数学时就能了解数学概念、知识的形成过程，掌握应用数学知识解决实际问题的基本方法；另一方面，也让学生真正领悟到了数学知识在专业学习中的作用，从而进一步明确学习数学的目的，有效地调动学生学习数学的积极性。

2. 每章都由一个实际案例引入本章知识，突出数学的应用性。引导学生将实际问题转化成数学问题，带着问题学习数学知识，再应用所学的知识解决实际问题，激发学生的学习兴趣，加强数学与专业实际的有机结合。该案例用本章相关知识得以解答。

3. 每一章都有关于本章主要知识点在工程实际中的案例应用，旨在加强数学内容与专业需求的衔接，使数学内容更好地服务于专业学习，培养学生用数学知识和数学方法解决工程实际问题的能力。

4. 每一节的最后配有两个简单的"课堂思考题"，对本节的内容起到画龙点睛的作用。

5. 淡化运算技巧训练，增加数学软件包的使用，使学生能以计算机为工具，利用数学软件进行数学计算。

6. 每一章的章末配有一套本章测试题，以便学生检查自己的学习效果。

7. 在积分学及其应用部分中，首先引入定积分的概念，由路程与速度的关系给出牛顿—莱布尼兹公式；由计算定积分的值引出不定积分的概念和计算。

8. 在线性代数及其应用部分中,首先介绍用高斯消元法解线性方程组的方法,由此引入矩阵、矩阵的秩及矩阵的初等变换等概念。直接将行阶梯形矩阵中非零行的行数定义为矩阵的秩,避免了对矩阵秩抽象定义,略去了矩阵的运算。通过例题总结出了线性方程组解的结构,最后给出线性方程组在工程中的应用。

本书由内蒙古大学交通学院刘林平担任主编,内蒙古大学交通学院邹豪思、乌云担任副主编。参加本书编写的还有内蒙古大学交通学院的赵光谱。

本书由交通职业教育教学指导委员会路桥工程专业指导委员会主任、内蒙古大学交通学院的柴金义教授担任主审,并对全书的内容结构提出了建设性的意见。参与审稿的还有吉林交通职业技术学院程敬松、闫华,福建船政交通职业学院陈秀华,安徽交通职业技术学院李洪岩,河南交通职业技术学院杨朝晖,浙江交通职业技术学院胡大京,湖北交通职业技术学院刘艳等老师,他们对本书提出了许多宝贵的意见和建议。本书在编写过程中得到了交通职业教育教学指导委员会路桥工程专业指导委员会的大力支持,在此一并表示衷心的感谢!

编　者

2016 年 5 月

目　录

第一章　绪　　论

一、课程性质与目标

1. 课程性质

本课程是工程类专业的公共必修课，也是一门重要的基础课. 其目标是培养学生在具备了数学基本理论、基本知识和计算方法的基础上，结合工程专业课程的要求，利用数学建模的基本思想和方法将工程中的实际问题转化为数学问题，再利用数学知识和数学软件求解问题的能力. 同时培养学生科学的思维能力和学习方法，为学生后续课程和终身学习奠定基础.

2. 课程目标

根据高职院校的培养目标和学生特点，通过“实用工程数学”课程的学习，使学生在知识、能力、素质方面达到以下目标：

(1)能够描述数学基本概念及其之间的逻辑关系；

(2)具备后续课程必需的数学基本知识和基本运算能力；

(3)具有初步运用数学软件求解数学问题的能力；

(4)初步掌握数学建模的思想和方法，具备初步数学建模技巧，能运用数学知识和方法解决实际问题；

(5)具有一定的抽象思维能力和逻辑推理能力；

(6)初步形成以“数学方式”思考问题、解决问题的素养.

二、课程主要内容

本课程主要由一元函数微积分学、二元函数微积分学、微分方程、线性代数和概率论与数理统计五部分内容组成.

三、在工程中的应用案例

【例 1-1】 在相同的观测条件下对某个量进行了 n 次等精度观测，观测值分别为 x_1、x_2、…、x_n，假设其真值为 x，则第 i 次观测值的真误差为

$$\Delta_i = x - x_i \quad (i = 1,2,\cdots,n).$$

因为 $\Delta_i = x - x_i (i = 1,2,\cdots,n)$ 可为正也可为负，不能用它们的和作为 n 次观测的总误差，以免正负误差相互抵消；所以在工程上，一般采用 n 次真误差的平方和

$$\Delta = (x - x_1)^2 + (x - x_2)^2 + \cdots + (x - x_n)^2$$

作为总误差. 在工程中，我们经常用 n 次等精度观测值的算术平均数作为所观测量的近似值，这样就能使总误差达到最小，为什么？这个问题可利用一元函数的导数知识给出答案.

【例 1-2】 在[例 1-1]中，各真误差平方的平均数的平方根 $m = \pm\sqrt{\Delta/n}$ 也称为观测量的中误差，它可作为观测量的精度. 在工程实际中，我们往往会遇到某些量的大小并不能直接观测，而是通过先观测其他相关的量后再根据这个量和相关量的函数关系计算所得. 例如，观测

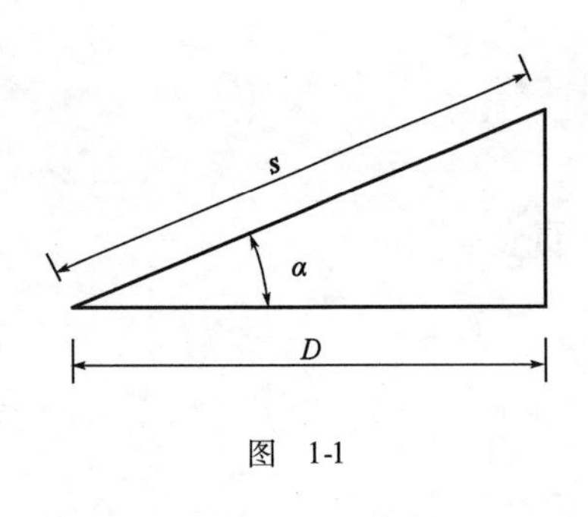

图 1-1

某一斜坡长为 s(图 1-1),其中误差为 m_s,斜坡的倾斜角为 α,其中误差为 m_α,则该斜坡的平距为

$$D = s \cdot \cos\alpha.$$

由斜坡长 s 和斜坡倾斜角 α 的中误差而导致平距 D 的中误差是多少?中误差的计算可用多元函数的全微分解决.

【例 1-3】 在工程实际中,经常需要求曲线的弧长和不规则图形的面积及体积,如河床的面积、矿山与油田总贮藏量所需钻井数量、土石方量、土方的体积等,这些问题可由一元函数积分学解决.

【例 1-4】 在工程施工和结构设计中,构件的承载能力与构件的形状和尺寸有着密切的关系.同样的材料、相同的截面积,由于横截面的形状不同,导致构件的强度、刚度有明显不同.如将一张纸(或作业本)的两端放在铅笔上,纸明显弯曲,更不能承载任何负重了;但把同一张纸折成波浪状,这时再将纸的两端放在铅笔上,不仅不弯曲,再放上一支铅笔也不会弯曲.由此可见,材料截面的几何形状对刚度、强度是有一定影响的.因此,在工程施工和结构设计中,经常需要通过研究截面的几何性质解决如何利用最少的材料制造出能承载较大荷载的构件.

一般地,影响截面承载能力的几何量有:形心、静矩、惯性矩、惯性积、极惯性矩等.在平面直角坐标系中,如何计算一个具体给定的平面图形的这些几何量呢?这个问题可利用一元函数积分学知识解决.

【例 1-5】 在工程实践中,梁在荷载作用下会发生变形.如果变形过大,就会影响梁的正常使用.为了保证构件能够正常工作,不仅要求梁具有足够的强度,同时还要求其具有足够的刚度.例如,机械传动中的齿轮传动轴,若其弯曲变形过大,将会影响齿轮之间的啮合或轴与轴承之间的配合,造成不均匀磨损和振动,不但会缩短机床的使用寿命,还会影响机床的加工精度;又如,桥式起重吊车,如果吊车大梁发生过大的弯曲变形,会使吊车在工作时发生剧烈振动;再如,屋架上的檩条变形过大会引起屋面漏水.因此,在工程中进行梁的设计时,除了必须满足强度条件之外,还必须限制梁的变形,使其不超过许用的变形值.梁发生弯曲变形后,轴线变成了曲线,称这样的曲线为挠曲线.在弹性范围内,梁的挠曲线是连续光滑的曲线.在工程中,由于梁的变形都很微小,所以梁的水平位移可以忽略不计,这样梁轴线上任一点在垂直于轴线方向的线位移称为该点的挠度,而梁在变形时其轴线绕过的角度称为转角.

在工程实际中,需要计算挠度和转角以及最大挠度和转角产生的位置,同时还需要判定挠曲线形状.这些问题可利用常微分方程知识解决.

【例 1-6】 一个国家将如何分析、预测整个国民经济或各部门经济的资源需求和供给?城市规划部门如何监控道路网络内的交通流量?这些问题可由线性代数解决.

【例 1-7】 为了保证工程产品或工程系统的质量不低于某种水平,必须有相应的验收标准.如果标准太严,可能会增加不必要的产品费用或附加费用,同时在实际中也难以执行这些标准;如果标准太松,产品质量可能过低.因此,制定合理的验收标准应建立在概率论的基础上.例如,在路面基层的施工中,合适的土壤密实的实际标准应考虑被压实材料密度的变异性,要根据概率知识来考虑这种变异性,从而制订一个抽样验收方案.

概率论在实际中的应用范围及其广泛,如产品的合格率、彩票的中奖率、保险公司的获利率、方案的中标率等.

【例 1-8】 对同一强度等级的水泥,我们需要知道其用量与强度之间的关系,而它们之间的关系并不是一种确定的函数关系，而是一种相关关系. 因此需要通过在实验室进行剂量与强度的试验，通过试验数据找到一条拟合曲线，然后根据预测和控制所提出的要求，选择试验点，对试验进行设计. 这就是数理统计中的回归分析问题，而解决这一问题的主要方法就是“最小二乘法”及数理统计中的区间估计.

四、微积分思想简介

现实世界中的种种事物和现象，都在不断地变化着. 譬如我们生活的地球，天天自转着，且年年绕太阳运动着，无止无休. 地球上和我们共存着的芸芸众生，都在无时无刻地生长着、运动着. 概括地说，事物和现象的常态是运动的、变化的，而“静止”则往往可以作为“动态的平衡”或“动态的特例”来处理.

高等数学中的基础内容——微积分学就是为了研究事物和现象变化的需要而产生的一门数学学科，它为我们提供了从数量关系方面研究事物变化的基础理论和有力工具. 概括地说，微积分学是变量数学，它是以函数为主要研究对象的一门数学课程. 要想进一步研究函数的变化性态，需要引进一种新的研究工具——极限. 换言之，微积分学是用极限的方法研究函数变化性态的一门学科.

微积分是现代科学的语言和工具，它的原理是否可以用常识或简单的语言描述呢？具体地说，能否用一个简单的事例描述微积分的概念呢？一个父亲曾经用这样的事例给在上小学的女儿描述过微积分的概念：他在地上用树枝画了一条曲线，在这条曲线上放了很多小石子，然后他告诉女儿，两个相邻石子之间的小弧段就是微分，拿掉所有小石子之后的整条曲线弧就是积分. 这个简单的事例较为粗浅地描述了微积分的基本概念. 为了更深入地了解微积分的概念，我们进一步讨论前面案例中所提问题的解决方法.

【例 1-9】 在工程实际中，经常需要求不规则物体的体积（如土方的体积），这个问题可用如下方法解决.

设所求物体的体积为 V，物体最上端距离底面的高度为 H.

(1) 首先用平行于土方底面的平面将所求物体的体积分成 n 部分，自下而上将这 n 部分体积分别记为 $\Delta V_1,\Delta V_2,\cdots,\Delta V_n$，这 n 部分体积的底面积分别记为 $\Delta S_1,\Delta S_2,\cdots,\Delta S_n$，高度分别记为 $\Delta H_1,\Delta H_2,\cdots,\Delta H_n$.

(2) 将这 n 部分体积分别用其底面积乘以其高度近似代替，即

$$\Delta V_1 \approx \Delta S_1 \cdot \Delta H_1, \Delta V_2 \approx \Delta S_2 \cdot \Delta H_2, \cdots, \Delta V_n \approx \Delta S_n \cdot \Delta H_n.$$

(3) 将这 n 部分体积的近似值相加，即得所求物体体积的近似值.

$$V \approx \Delta S_1 \cdot \Delta H_1 + \Delta S_2 \cdot \Delta H_2 + \cdots + \Delta S_n \cdot \Delta H_n.$$

显然，分割越细密，上式的近似精度就越高；当分割无限细密时，上式右端就无限接近所求物体的体积. 即所求物体的体积等于其部分体积近似值之和当分割无限细密时的极限.

【例 1-10】 用上面的方法验证圆锥体的体积计算公式. 设有如图 1-2 所示的圆锥体，其底圆半径为 R，高度为 H，圆锥体的体积为 V，则其母线方程为

$$y = \frac{H}{R} \cdot x.$$

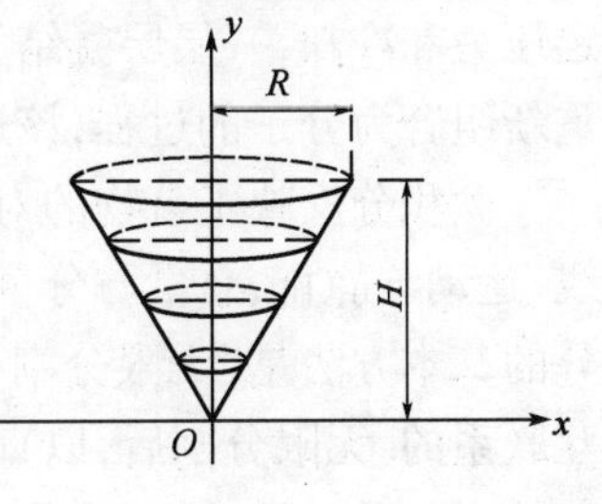

图 1-2

下面用以上方法求其体积. 将圆锥体的高分成 n 等份，过每一分点做平行于底面的平面，这样就将所求圆锥体体积分割成

高度为$\frac{H}{n}$的 n 部分体积,自下而上将这 n 部分体积分别记为 $\Delta V_1,\Delta V_2,\cdots,\Delta V_n$,将这 n 部分体积分别用其上底面积乘以其高度近似代替,即

$$V\approx\pi\left(\frac{R}{n}\right)^2\frac{H}{n}+\pi\left(\frac{2R}{n}\right)^2\frac{H}{n}+\cdots+\pi\left(\frac{nR}{n}\right)^2\frac{H}{n}$$

$$=\pi R^2H\frac{n(n+1)(2n+1)}{6n^3}=\frac{1}{6}\pi R^2H\left(2+\frac{3}{n}+\frac{1}{n^2}\right).$$

显然,当 n 无限增大时,上式右端无限接近于$\frac{1}{3}\pi R^2H$,即所求圆锥体的体积为$\frac{1}{3}\pi R^2H$.

以上例子解法的主要思路就是"分割—求解"术,即将整体的量分割为尽可能小的部分,再用可计算(或可测量)的方法求出各部分量的近似值,将这些近似值累加,即得整体量的近似值.其误差会随着分割的无限细密而逐渐消失.

在高等数学中,我们称部分量的近似值为微分,无限累加的结果为积分.最后的结果就是当分割无限细密时的极限.

在前面两个例子中,微分就是每部分体积或每个直边三角形的高;所求的量就是一串部分体积的累加或一串直边三角形高的累加;微积分基本公式就是运用极限的思想,得到累加的最终结果.

微积分的基本思想就是根据整体等同于所有部分之和的原理,将每一部分以"不变"代"变",这样将不易求的整体和易求的每一小部分联系起来,使不易求的成为易求的.这也是我们日常工作中所应该遵循的做事原则:将复杂的工作分解为若干个简单的小部分,每个小部分工作做好了,整个工作也就完成了(做那些会做的,将不会做的与会做的加以联系,并使不会做的成为会做的).

从以上讨论可知,微分是局部性质,积分是整体性质,微积分解决问题的基本思路就是把局部性质与整体性质联系在一起,而极限则贯穿微积分的始终.

用微积分思想可以解决工程中的很多问题.如加工一个机械零件,其轮廓形状可能是椭圆、双曲线、抛物线、螺旋线等各种曲线,但机床一般只能加工直线或圆弧.在工程实际中,加工的原理就是利用微积分的思想:"无限分割,以直代曲",即将曲线细分为若干小直线段,加工小直线段来逼近该曲线.在实际加工中需要分成多少小段呢?"无限分割"是不可能的,实际中按照工程要求的误差来计算出 n 的值即可,这就是公差.如图 1-3 所示,A、B、C、D、E 叫做零件轮廓的节点,如果数控机床自动加工,即需要事先计算出各节点的坐标,然后编程.

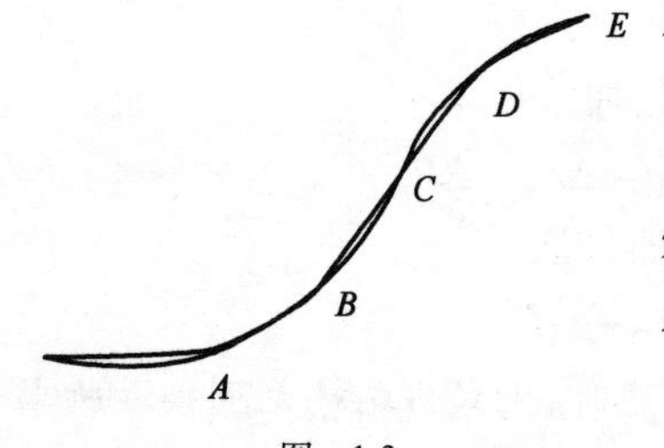

图 1-3

微积分在现实生活中也随处可见.如水蒸发时,是从上面一层层蒸发,因此水蒸发的过程就是微分的过程;反之,受一定压力和冷却,一层层凝结为冰,这就是积分的过程.再如化学变化是分子分解为原子和原子重新组合为分子的过程,该过程也是微分与积分的过程.

微积分反映了事物的对立统一规律,如过程与结果、有限与无限、常量与变量、直线与曲线、运动与静止、总量与分量、运算与逆运算之间的对立与统一,反映了事物的普遍联系.微积分的基本方法是"无限分割,以直代曲",直与曲(常量与变量、有限与无限)是对立的,又是相互联系的.无限分割后,以直代曲、以不变代变,就实现了两者之间的转化和统一.微积分的显著特点就是定量地、理论化地反映了事物的运动与变化,因而反映了客观实际.

第二章　极限与连续

本章问题引入

引例　(设备折旧费)某工厂对一生产设备的投资额是1万元,每年的折旧费为该设备账面价格(即以前各年折旧费提取后余下的价格)的$\frac{1}{10}$,则该设备的账面价格(单位:万元)第一年为1,第二年为$\frac{9}{10}$,第三年为$\left(\frac{9}{10}\right)^2$,第四年为$\left(\frac{9}{10}\right)^3$,……,第$n$年为$\left(\frac{9}{10}\right)^{n-1}$,随着年数$n$的不断增加,其账面价格如何变化?

高等数学研究的主要对象是函数,为了进一步研究函数的变化性态,需要引进新的研究工具——极限,也就是说,高等数学是利用极限的方法研究函数变化性态的一门学科,因此极限是微积分学的灵魂.本章将着重介绍极限的基本概念与方法,并用极限的方法讨论无穷小与函数的连续性.

第一节　函数的概念

一、函数的定义

定义2.1　设D是给定的数集,如果对于属于D的每个数x,按照某种对应关系f,变量y都有唯一确定的值与它对应,则称y为定义在数集D上的x的函数,记为$y=f(x)$.

其中,x称为自变量,y称为因变量,x的取值范围D称为$f(x)$的定义域.

对于$y=f(x)$,取定一个$x_0\in D$,与x_0对应的y的值称为函数在点x_0处的函数值,记为$f(x_0)$.当x取遍D内的各个数值时,与它对应的函数值的集合M称为函数的值域;这时所有的点(x,y)构成的点集称为函数$y=f(x)$的.

当我们研究函数时,需要确定函数的定义域,在研究实际问题时,应根据问题的实际意义来确定定义域.对于用数学式子表示的函数,它的定义域可由函数表达式本身来确定,即要使运算有意义.例如:

(1)在分式中,分母不能为零;

(2)在根式中,负数不能开偶次方;

(3)在对数式中,真数要大于零;

(4)在三角函数和反三角函数中,要符合三角函数和反三角函数的定义域.

一般地，函数的定义域可以用区间来表示．特别地，引入“邻域”的概念．

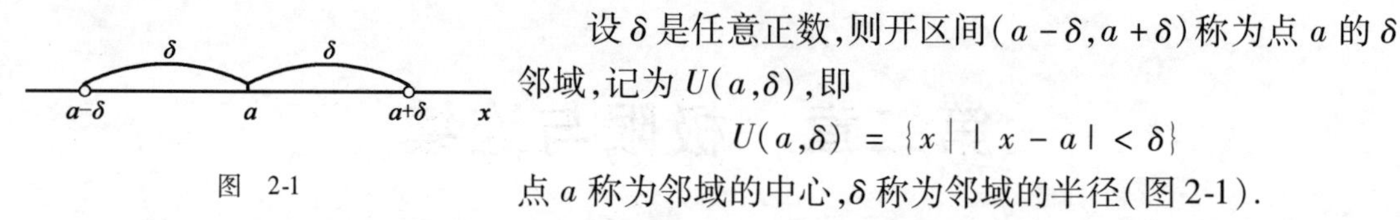

图 2-1

设 δ 是任意正数，则开区间 $(a-\delta, a+\delta)$ 称为点 a 的 δ 邻域，记为 $U(a,\delta)$，即

$$U(a,\delta) = \{x \mid |x-a| < \delta\}$$

点 a 称为邻域的中心，δ 称为邻域的半径（图 2-1）．

有时用到的邻域需要把邻域中心去掉，点 a 的 δ 邻域去掉中心 a 后称为点 a 的去心 δ 邻域，记为 $\dot{U}(a,\delta)$，即

$$\dot{U}(a,\delta) = \{x \mid 0 < |x-a| < \delta\} = (a-\delta, a) \cup (a, a+\delta).$$

【例 2-1】 求下列函数的定义域：

(1) $y = \dfrac{1}{4-x^2} + \sqrt{x+2}$；

(2) $y = \ln \dfrac{x}{x-1}$；

(3) $y = \arcsin \dfrac{x+1}{2}$.

解 (1) 要使函数有意义，只要 $4-x^2 \neq 0$ 且 $x+2 \geqslant 0$，即 $x \geqslant -2$ 且 $x \neq \pm 2$. 所以函数的定义域为 $(-2,2) \cup (2,+\infty)$.

(2) 要使函数有意义，只要 $\dfrac{x}{x-1} > 0$，即 $x<0$ 或 $x>1$. 所以函数的定义域为 $(-\infty,0) \cup (1,+\infty)$.

(3) 要使函数有意义，只要 $-1 \leqslant \dfrac{x+1}{2} \leqslant 1$，即 $-3 \leqslant x \leqslant 1$. 所以函数的定义域为 $[-3,1]$.

有时，我们会遇到一个函数在自变量不同的取值范围内用不同的式子来表示，这样的函数称为分段函数．

例如，$f(x) = \begin{cases} x, & 0<x<1 \\ x-1, & 1 \leqslant x \leqslant 2 \end{cases}$ 是定义在 $(0,2]$ 内的一个函数，它的图像如图 2-2 所示．

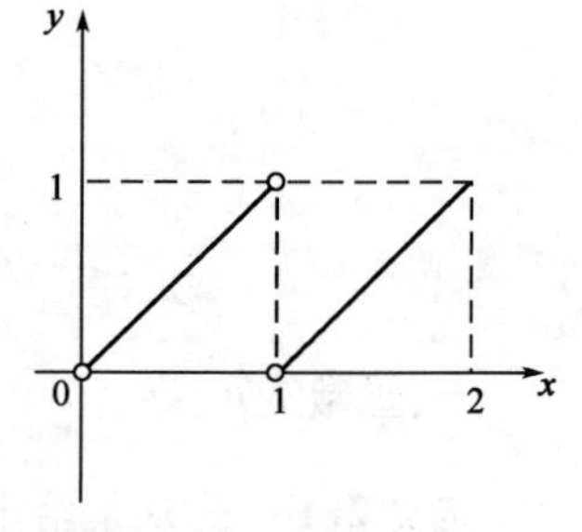

图 2-2

二、反函数的定义

定义 2.2 设有函数 $y=f(x)$，其定义域为 D，值域为 M. 如果对于 M 中的每一个 y 值，都可以从关系式 $y=f(x)$ 确定唯一的 x 值 $(x \in D)$ 与之对应，那么所确定的以 y 为自变量的函数 $x=\varphi(y)$ 或 $x=f^{-1}(y)$ 叫做函数 $y=f(x)$ 的反函数，它的定义域为 M，值域为 D.

习惯上，函数的自变量都以 x 表示，所以 $y=f(x)$ 的反函数也可表示为 $y=f^{-1}(x)$.

函数 $y=f(x)$ 的图像与其反函数 $y=f^{-1}(x)$ 的图像关于直线 $y=x$ 对称．

【例 2-2】 求函数 $y=4x+1$ 的反函数．

解 由 $y=4x+1$，得 $x=\dfrac{1}{4}(y-1)$，交换变量后得到的反函数为

$$y = \frac{1}{4}(x-1).$$

三、基本初等函数

下列五种函数统称为基本初等函数.

(1)幂函数:$y=x^{\alpha}$(α 为实数);

(2)指数函数:$y=a^{x}$($a>0$ 且 $a\neq 1$);

(3)对数函数:$y=\log_{a}x$($a>0$ 且 $a\neq 1$);

(4)三角函数:$y=\sin x, y=\cos x, y=\tan x, y=\cot x, y=\sec x, y=\csc x$;

(5)反三角函数:$y=\arcsin x, y=\arccos x, y=\arctan x, y=\text{arccot}\, x$.

基本初等函数是我们今后学习各类函数的基础.

四、复合函数

在实际问题中,我们常会遇到由几个函数组合而成的函数,例如,函数 $y=\sin^{2}x$ 可以看成由幂函数 $y=u^{2}$ 与正弦函数 $u=\sin x$ 组合而成.为此,我们给出如下定义.

定义 2.3 设 $y=f(u)$ 是数集 B 上的函数,又 $u=\varphi(x)$ 是由数集 A 到数集 B 的函数,则对于每一个 $x\in A$,通过 u,都有确定的 y 和它对应,这时在数集 A 上,y 是 x 的函数,称这个函数为数集 A 上的由函数 $y=f(u)$ 与 $u=\varphi(x)$ 复合而成的复合函数,记为 $y=f[\varphi(x)]$,其中 u 称为中间变量.A 是复合函数的定义域.

【例 2-3】 指出下列各复合函数的复合过程.

(1)$y=\sqrt{1+x^{2}}$;(2)$y=\lg(1-x)$;(3)$y=\sin(2x+3)$;(4)$y=e^{\arctan 2x}$.

解 (1)$y=\sqrt{1+x^{2}}$ 由 $y=\sqrt{u}$ 与 $u=1+x^{2}$ 复合而成.

(2)$y=\lg(1-x)$ 由 $y=\lg u$ 与 $u=1-x$ 复合而成.

(3)$y=\sin(2x+3)$ 由 $y=\sin u$ 与 $u=2x+3$ 复合而成.

(4)$y=e^{\arctan 2x}$ 由 $y=e^{u}$, $u=\arctan v$ 与 $v=2x$ 复合而成.

【例 2-4】 求由函数 $y=u^{3}$, $u=\tan x$ 复合而成的复合函数.

解 将 $u=\tan x$ 代入 $y=u^{3}$ 中,即得所求复合函数 $y=\tan^{3}x$.

有时,一个复合函数可能由三个或更多的函数复合而成.例如,函数 $y=2^{\sin(x+1)}$ 是由 $y=2^{u}$, $u=\sin v$, $v=x+1$ 复合而成的,其中 u 和 v 都是中间变量.一个复合函数可以有有限个中间变量.

五、初等函数

由基本初等函数和常数经过有限次的四则运算和复合运算并能用一个式子表示的函数,称为初等函数.

例如,$y=\sqrt{\ln 5x-3^{x}}$ 和 $y=\dfrac{\sqrt[3]{3x}+\tan 5x}{x^{3}\sin x-2^{-x}}$ 都是初等函数.高等数学中讨论的函数绝大部分都是初等函数.

★课堂思考题

1. $y=x$ 的反函数是什么?

2. 函数 $y=\dfrac{x^{2}-1}{x-1}$ 与 $y=x+1$ 是两个相同的函数吗?

习题2-1

1. 求下列各函数的定义域:

(1) $y=\sqrt{3x+4}$;　　(2) $y=\dfrac{1}{x^2-3x+2}$;

(3) $y=\sqrt{2+x}+\dfrac{1}{\ln(1+x)}$;　　(4) $y=\arccos\sqrt{2x}$.

2. 设 $f(x)=\begin{cases}0, x<0\\ 2x, 0\leqslant x<\dfrac{1}{2}\\ 2(1-x), \dfrac{1}{2}<x<1\\ 0, x\geqslant 1\end{cases}$,做出它的图像,并求 $f\left(-\dfrac{1}{2}\right)$,$f\left(\dfrac{1}{3}\right)$,$f\left(\dfrac{3}{4}\right)$,$f(2)$的值.

3. 将下列各题中的 y 表示成 x 的函数,并写出它们的定义域:

(1) $y=\sqrt{u}$,$u=x^3+1$;(2) $y=\ln u$,$u=3^v$,$v=\sin x$.

4. 指出下列复合函数的复合过程:

(1) $y=\sqrt{1-x^2}$;　　(2) $y=e^{x+1}$;

(3) $y=\sin\dfrac{3x}{2}$;　　(4) $y=\cos^2(3x+1)$;

(5) $y=\ln\sqrt{1+x}$;　　(6) $y=\arctan(1-x^2)$.

第二节　极限的概念

一、函数极限的定义

1. $|x|$无限增大时函数 $f(x)$ 的极限

定义 2.4　如果当 $|x|$ 无限增大时(记为 $x\to\infty$),函数 $f(x)$ 无限趋近于某个确定的常数 A,则称 A 为函数 $f(x)$ 当 $x\to\infty$ 时的极限,记为 $\lim\limits_{x\to\infty}f(x)=A$ 或 $f(x)\to A\ (x\to\infty)$.

当 x 取正数且无限增大(记为 $x\to+\infty$)或当 x 取负数且其绝对值无限增大(记为 $x\to-\infty$)时,$f(x)$ 无限趋近于确定的常数 A,则相应地记为 $\lim\limits_{x\to+\infty}f(x)=A$ 或 $\lim\limits_{x\to-\infty}f(x)=A$.

由图 2-3 可知,$\lim\limits_{x\to+\infty}\dfrac{1}{x}=0$,$\lim\limits_{x\to-\infty}\dfrac{1}{x}=0$,$\lim\limits_{x\to\infty}\dfrac{1}{x}=0$.

由图 2-4 可知,$\lim\limits_{x\to+\infty}e^{-x}=0$,$\lim\limits_{x\to-\infty}e^{x}=0$.

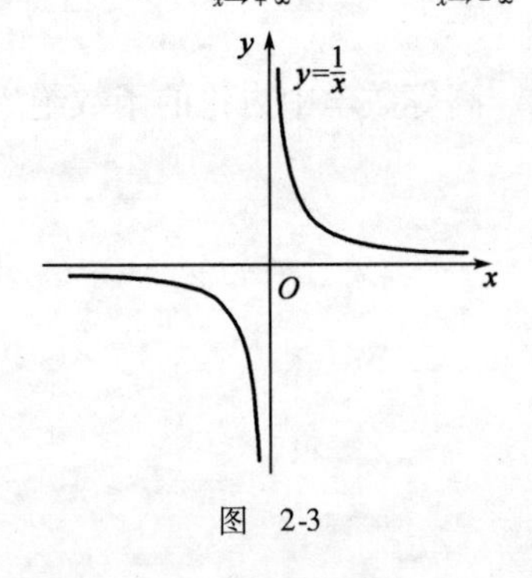

图 2-3

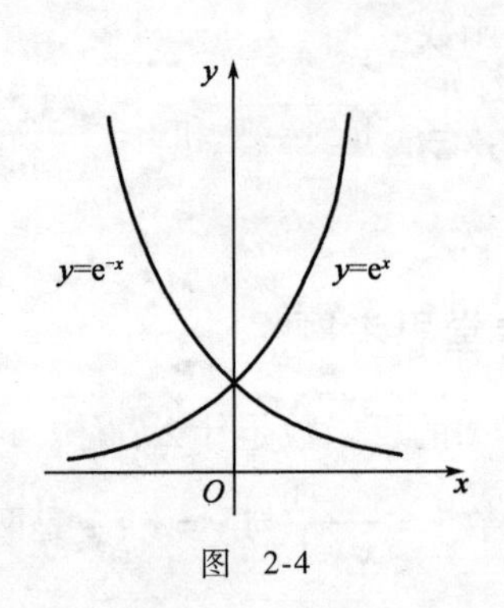

图 2-4

2. x 无限接近于定点 x_0（记作 $x \to x_0$）时函数 $f(x)$ 的极限

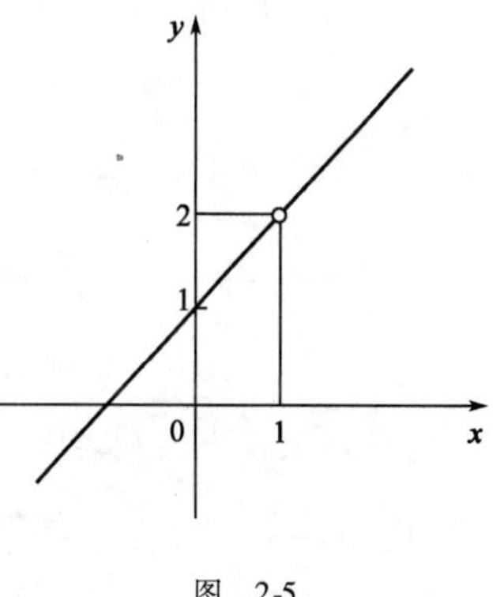

图 2-5

由图 2-5 可以看到，当 $x\to1$ 时，函数 $f(x)=\dfrac{x^2-1}{x-1}$ 无限接近于 2；当 $x\to1$ 时，函数 $f(x)=x+1$ 也无限接近于 2.

定义 2.5 如果当 $x\to x_0$ 时，函数 $f(x)$ 无限接近于一个确定的常数 A，则称 A 为当 $x\to x_0$ 时函数 $f(x)$ 的极限，记为

$$\lim_{x\to x_0}f(x)=A \text{ 或 } f(x)\to A(x\to x_0).$$

在 $\lim\limits_{x\to x_0}f(x)=A$ 的定义中，x 无限接近于 x_0 的路径有两条：从 x_0 的左侧无限接近于 x_0，记为 $x\to x_0^-$；从 x_0 的右侧无限接近于 x_0，记为 $x\to x_0^+$.

如果当 $x\to x_0^+$ 时，函数 $f(x)$ 无限接近于一个确定的常数 A，则称 A 为函数 $f(x)$ 在点 x_0 的右极限，记为 $\lim\limits_{x\to x_0^+}f(x)=A$.

如果当 $x\to x_0^-$ 时，函数 $f(x)$ 无限接近于一个确定的常数 A，则称 A 为函数 $f(x)$ 在点 x_0 的左极限，记为 $\lim\limits_{x\to x_0^-}f(x)=A$.

显然，$\lim\limits_{x\to x_0}f(x)=A$ 的充要条件是 $\lim\limits_{x\to x_0^+}f(x)=\lim\limits_{x\to x_0^-}f(x)=A$.

【例 2-5】 设函数 $f(x)=\begin{cases}x-1,x<0\\x+1,x\geqslant0\end{cases}$，讨论当 $x\to0$ 时，函数 $f(x)$ 的极限是否存在.

解 当 x 从 x_0 的左侧无限接近于 x_0 时，有

$$\lim_{x\to0^-}f(x)=\lim_{x\to0^-}(x-1)=-1.$$

当 x 从 x_0 的右侧无限接近于 x_0 时，有

$$\lim_{x\to0^+}f(x)=\lim_{x\to0^+}(x+1)=1.$$

函数 $f(x)$ 在点 $x=0$ 处的左、右极限都存在，但不相等，所以当 $x\to0$ 时，函数 $f(x)$ 的极限不存在。

显然，$\lim\limits_{x\to\infty}C=C$，$\lim\limits_{x\to x_0}C=C$，$\lim\limits_{x\to x_0}x=x_0$.

二、数列极限的定义

数列 $\{x_n\}$ 的一般项 x_n 随自变量 n 的变化而变化，因此 x_n 可以看作是自变量为 n 的函数，由于 n 只能取正整数，所以研究数列的极限，只需要考虑自变量 n 取正整数且无限增大（记为 $n\to\infty$）时函数 $x_n=f(n)$ 的极限.

定义 2.6 对于数列 $\{x_n\}$，如果 n 无限增大时，通项 x_n 无限接近于某个确定的常数 A，则称 A 为数列 $\{x_n\}$ 的极限，或称数列 $\{x_n\}$ 收敛于 A，记为 $\lim\limits_{n\to\infty}x_n=A$ 或 $x_n\to A(n\to\infty)$.

若当 $n\to\infty$ 时，数列 $\{x_n\}$ 没有极限，则称该数列发散.

显然，数列极限是函数 $f(x)$ 当 $x\to+\infty$ 时的极限的特殊情形.

【例 2-6】 用观察的方法求下列数列的极限：

(1) $x_n=\dfrac{n}{n+1}$；　　(2) $x_n=\dfrac{1}{2^n}$；

(3) $x_n=2n+1$；　　(4) $x_n=(-1)^{n-1}$.

解 先列出所给的数列的前几项

$$x_n=\frac{n}{n+1}:\frac{1}{2},\frac{2}{3},\frac{3}{4},\cdots,\frac{n}{n+1},\cdots;$$

$$x_n=\frac{1}{2^n}:\frac{1}{2},\frac{1}{2^2},\frac{1}{2^3},\cdots,\frac{1}{2^n},\cdots;$$

$$x_n=2n+1:3,5,7,\cdots,2n+1,\cdots;$$

$$x_n=(-1)^{n-1}:1,-1,1,-1,\cdots,(-1)^{n-1},\cdots.$$

观察以上4个数列在 $n\to\infty$ 时的变化趋势,得

(1) $\lim\limits_{n\to\infty}\frac{n}{n+1}=1$;

(2) $\lim\limits_{n\to\infty}\frac{1}{2^n}=0$;

(3) $\lim\limits_{n\to\infty}(2n+1)$ 不存在;

(4) $\lim\limits_{n\to\infty}(-1)^{n-1}$ 不存在.

三、极限的性质

定理 2.1 如果 $\lim\limits_{x\to x_0}f(x)$ 存在,则 $\lim\limits_{x\to x_0}f(x)$ 唯一.

以上性质对其他形式的函数极限以及数列的极限也成立.

四、无穷小量与无穷大量

1. 无穷小量

(1) 无穷小量的定义

定义 2.7 如果 $\lim\limits_{x\to\infty}f(x)=0$,则称 $f(x)$ 为 $x\to\infty$ 时的无穷小量(简称无穷小).

无穷小量的概念可以推广到 $n\to\infty$, $x\to x_0$(或 $x\to x_0^+$, $x\to x_0^-$), $x\to+\infty$ 和 $x\to-\infty$ 的情形.

例如,因为 $\lim\limits_{x\to\infty}\frac{1}{x^2}=0$,所以函数 $\frac{1}{x^2}$ 是当 $x\to\infty$ 时的无穷小;因为 $\lim\limits_{x\to 0}\frac{x}{1+x}=0$,所以函数 $\frac{x}{1+x}$ 是当 $x\to 0$ 时的无穷小.

注: ①无穷小量是一个变量,表明其绝对值无限趋于零,因此不要把绝对值很小的数看成是无穷小量,常数中只有零是无穷小.

②说一个函数是无穷小量,必须指明其自变量的变化趋势. 如函数 $\frac{1}{x}$ 是当 $x\to\infty$ 时的无穷小量,函数 $x-1$ 是当 $x\to 1$ 时的无穷小量.

【例 2-7】 指明自变量怎样变化,下列函数为无穷小.

(1) $y=\frac{1}{x-1}$; (2) $y=2x-4$; (3) $y=2^x$.

解 (1) 因为 $\lim\limits_{x\to\infty}\frac{1}{x-1}=0$,所以当 $x\to\infty$ 时, $\frac{1}{x-1}$ 为无穷小;

(2) 因为 $\lim\limits_{x\to 2}(2x-4)=0$,所以当 $x\to 2$ 时, $2x-4$ 为无穷小;

(3) 因为 $\lim\limits_{x\to-\infty}2^x=0$,所以当 $x\to-\infty$ 时, 2^x 为无穷小.

(2) 无穷小量的性质

性质 1 有限个无穷小的代数和是无穷小.

性质 2 有限个无穷小的乘积是无穷小.

性质 3 有界函数与无穷小的乘积是无穷小.

【例 2-8】 求下列函数的极限:

(1) $\lim\limits_{x\to\infty}\dfrac{\sin x}{x}$;　　　　(2) $\lim\limits_{x\to 0}x\cdot\cos\dfrac{1}{x}$.

解 (1) 因为 $\lim\limits_{x\to\infty}\dfrac{1}{x}=0$ 且 $|\sin x|\leqslant 1$. 所以由无穷小的性质 3, 得

$$\lim_{x\to\infty}\frac{\sin x}{x}=\lim_{x\to\infty}\left(\frac{1}{x}\cdot\sin x\right)=0.$$

(2) 因为 $\lim\limits_{x\to 0}x=0$ 且 $\left|\cos\dfrac{1}{x}\right|\leqslant 1$, 所以 $\lim\limits_{x\to 0}x\cdot\cos\dfrac{1}{x}=0$.

2. 无穷大量

(1) 无穷大量的定义

定义 2.8 如果在自变量的某一变化过程中, 函数 $f(x)$ 的绝对值无限增大, 即 $|f(x)|>M$ (M 为任意正数), 则称 $f(x)$ 为自变量在此变化过程中的无穷大量(简称无穷大), 记作 $\lim f(x)=\infty$, 其中"lim"是简记符号, 可表示 $n\to\infty$, $x\to x_0$(或 $x\to x_0^+$, $x\to_0^-$), $x\to\infty$(或 $x\to+\infty$, $x\to-\infty$)等.

注: ①无穷大表明函数没有极限, 这里 $\lim f(x)=\infty$ 只是借用极限的符号, 并不表明函数 $f(x)$ 的极限存在.

②无穷大是指绝对值任意增大的变量. 任何绝对值很大的常数都不是无穷大.

③说一个函数是无穷大, 必须指明其自变量的变化趋势. 如函数 $\dfrac{1}{x}$ 是当 $x\to 0$ 时的无穷大, 函数 $x-1$ 是当 $x\to\infty$ 时的无穷大.

如果在无穷大量的定义中, 把 $|f(x)|>M$ 换成 $f(x)>M$ 或 $f(x)<-M$, 就记为 $\lim f(x)=+\infty$ 或 $\lim f(x)=-\infty$.

【例 2-9】 指明自变量怎样变化, 下列函数为无穷大.

(1) $y=\ln x$;　　　(2) $y=2^{-x}$.

解 (1) 当 $x\to+\infty$ 时, $\ln x\to+\infty$, 即 $\lim\limits_{x\to+\infty}\ln x=+\infty$; 当 $x\to 0^+$ 时, $\ln x\to-\infty$, 即 $\lim\limits_{x\to 0^+}\ln x=-\infty$, 所以当 $x\to+\infty$ 及 $x\to 0^+$ 时, $\ln x$ 都是无穷大.

(2) 因为 $x\to-\infty$ 时, $2^{-x}\to+\infty$, 即 $\lim\limits_{x\to-\infty}2^{-x}=+\infty$, 所以当 $x\to-\infty$ 时, 2^{-x} 为无穷大.

(2) 无穷小与无穷大的关系

在自变量的同一变化过程中, 如果 $f(x)$ 为无穷大, 则 $\dfrac{1}{f(x)}$ 为无穷小; 反之, 如果 $f(x)$ 为无穷小, 且 $f(x)\neq 0$, 则 $\dfrac{1}{f(x)}$ 为无穷大.

★课堂思考题

1. 观察当 $x\to\infty$ 时, $y=\sin x$ 的极限是否存在?

2. 设 $f(x)=\dfrac{|x|}{x}$, 求 $\lim\limits_{x\to 0^+}f(x)$, $\lim\limits_{x\to 0^-}f(x)$, $\lim\limits_{x\to 0}f(x)$.

习题2-2

1. 观察下列数列的变化趋势，对收敛数列，写出其极限.

(1) $x_n=\frac{1}{2n}$;　　(2) $x_n=\frac{2n-1}{2n+1}$;

(3) $x_n=(-1)^{n-1}\frac{1}{2n-1}$;　　(4) $x_n=(-1)^n n$.

2. 设函数 $f(x)=\begin{cases}x-1, x\geqslant 1\\ x, -1<x<1\end{cases}$，分别讨论 $\lim\limits_{x\to 0}f(x)$，$\lim\limits_{x\to 1}f(x)$，$\lim\limits_{x\to 2}f(x)$ 是否存在. 若存在，求其极限.

3. 在下列各题中，指出哪些函数是无穷小，哪些函数是无穷大.

(1) $\sin x\ (x\to 0)$;　　(2) $e^{-x}\ (x\to -\infty)$;

(3) $2^x\ (x\to -\infty)$;　　(4) $2-x\ (x\to 2)$;

(5) $e^{\frac{1}{x}}\ (x\to 0^+)$;　　(6) $\log_a x\ (0<a<1, x\to 0^+)$.

4. 计算下列各极限:

(1) $\lim\limits_{x\to 1}(x-1)\cos(x-1)$;　　(2) $\lim\limits_{x\to 0}x\sin\frac{1}{x}$.

第三节　极限的运算

一、极限的四则运算

设 $\lim\limits_{x\to x_0}f(x)=A$，$\lim\limits_{x\to x_0}g(x)=B$，则

(1) $\lim\limits_{x\to x_0}[f(x)\pm g(x)]=\lim\limits_{x\to x_0}f(x)\pm\lim\limits_{x\to x_0}g(x)=A\pm B$;

(2) $\lim\limits_{x\to x_0}[f(x)\cdot g(x)]=\lim\limits_{x\to x_0}f(x)\cdot\lim\limits_{x\to x_0}g(x)=AB$;

(3) $\lim\limits_{x\to x_0}[C\cdot f(x)]=C\cdot\lim\limits_{x\to x_0}f(x)=CA$　（C 为常数）;

(4) $\lim\limits_{x\to x_0}\frac{f(x)}{g(x)}=\frac{\lim\limits_{x\to x_0}f(x)}{\lim\limits_{x\to x_0}g(x)}=\frac{A}{B}(B\neq 0)$.

以上法则对于 $x\to\infty$ 以及数列极限也成立，法则(1)、(2)可推广到有限多个函数的情形.

【例2-10】　求 $\lim\limits_{x\to 4}(x^2-3x+1)$.

解　$\lim\limits_{x\to 4}(x^2-3x+1)=\lim\limits_{x\to 4}x^2-3\lim\limits_{x\to 4}x+\lim\limits_{x\to 4}1=16-12+1=5$.

【例2-11】　求 $\lim\limits_{x\to 3}\frac{x-3}{x^2-9}$.

解　当 $x\to 3$ 时，分子及分母的极限都为零，不能直接用法则(4)，由函数极限定义可知，当 $x\to 3$ 时，其公因子 $x-3\neq 0$，故可约去，即

$$\lim_{x\to 3}\frac{x-3}{x^2-9}=\lim_{x\to 3}\frac{x-3}{(x-3)(x+3)}=\lim_{x\to 3}\frac{1}{x+3}=\frac{1}{6}.$$

【例2-12】　求 $\lim\limits_{x\to\infty}\frac{3x^3+4x^2-1}{4x^3-x^2+3}$.

解 当 $x\to\infty$ 时，分子、分母的极限都不存在，不能直接使用法则(4)，可以将分子、分母同时除以 x^3，再用法则，即

$$\lim_{x\to\infty}\frac{3x^3+4x^2-1}{4x^3-x^2+3}=\lim_{x\to\infty}\frac{3+\frac{4}{x}-\frac{1}{x^3}}{4-\frac{1}{x}+\frac{3}{x^3}}=\frac{3}{4}.$$

【例 2-13】 求 $\lim\limits_{x\to\infty}\frac{3x^2+4x-1}{4x^3-x^2+3}$.

解 $\lim\limits_{x\to\infty}\frac{3x^3+4x^2-1}{4x^3-x^2+3}=\lim\limits_{x\to\infty}\frac{\frac{3}{x}+\frac{4}{x^2}-\frac{1}{x^3}}{4-\frac{1}{x}+\frac{3}{x^3}}=0.$

【例 2-14】 求 $\lim\limits_{x\to\infty}\frac{4x^3-x^2+3}{3x^2+4x-1}$.

解 由[例 2-13]结果知 $\lim\limits_{x\to\infty}\frac{3x^2+4x-1}{4x^3-x^2+3}=0$，根据无穷小与无穷大的关系，有

$$\lim_{x\to\infty}\frac{4x^3-x^2+3}{3x^2+4x-1}=\infty.$$

由以上三个例题，可得如下结果，即当 $a_0\neq0, b_0\neq0, n$ 和 m 为非负整数时，有

$$\lim_{x\to\infty}\frac{a_0x^n+a_1x^{n-1}+\cdots+a_{n-1}x+a_n}{b_0x^m+b_1x^{m-1}+\cdots+b_{m-1}x+b_m}=\begin{cases}\infty, m<n\\ \frac{a_0}{b_0}, m=n.\\ 0, m>n\end{cases}$$

【例 2-15】 求 $\lim\limits_{n\to\infty}\frac{1+\frac{1}{2}+\frac{1}{4}+\cdots+\frac{1}{2^{n-1}}}{1+\frac{1}{3}+\frac{1}{9}+\cdots+\frac{1}{3^{n-1}}}$.

解 对于数列的无限项之和，我们可以采用先求和，再求极限的方法.

$$1+\frac{1}{2}+\frac{1}{4}+\cdots+\frac{1}{2^{n-1}}=\frac{1-\left(\frac{1}{2}\right)^n}{1-\frac{1}{2}}=2\left(1-\frac{1}{2^n}\right);$$

$$1+\frac{1}{3}+\frac{1}{9}+\cdots+\frac{1}{3^{n-1}}=\frac{1-\left(\frac{1}{3}\right)^n}{1-\frac{1}{3}}=\frac{3}{2}\left(1-\frac{1}{3^n}\right);$$

$$\lim_{n\to\infty}\frac{1+\frac{1}{2}+\frac{1}{4}+\cdots+\frac{1}{2^{n-1}}}{1+\frac{1}{3}+\frac{1}{9}+\cdots+\frac{1}{3^{n-1}}}=\lim_{n\to\infty}\frac{2\left(1-\frac{1}{2^n}\right)}{\frac{3}{2}\left(1-\frac{1}{3^n}\right)}=\frac{4}{3}.$$

【例 2-16】 求 $\lim\limits_{x\to1}\frac{\sqrt{x+2}-\sqrt{3}}{x-1}$.

解 当 $x\to1$ 时，分子、分母的极限都为零，可先将分子有理化，即

$$\lim_{x\to1}\frac{\sqrt{x+2}-\sqrt{3}}{x-1}=\lim_{x\to1}\frac{(\sqrt{x+2}-\sqrt{3})(\sqrt{x+2}+\sqrt{3})}{(x-1)(\sqrt{x+2}+\sqrt{3})}=\lim_{x\to1}\frac{1}{\sqrt{x+2}+\sqrt{3}}=\frac{1}{2\sqrt{3}}.$$

【例 2-17】 求$\lim\limits_{x\to1}\left(\frac{1}{x-1}-\frac{3}{x^3-1}\right)$.

解　当 $x\to1$ 时,两个分式都为无穷大,此时,可先将函数变形,再求极限.

$$\lim_{x\to1}\left(\frac{1}{x-1}-\frac{3}{x^3-1}\right)=\lim_{x\to1}\frac{x^2+x-2}{(x-1)(x^2+x+1)}$$

$$=\lim_{x\to1}\frac{(x-1)(x+2)}{(x-1)(x^2+x+1)}=\lim_{x\to1}\frac{x+2}{x^2+x+1}=1.$$

二、两个重要极限

1. $\lim\limits_{x\to0}\frac{\sin x}{x}=1$

【例 2-18】 求下列函数的极限:

(1) $\lim\limits_{x\to0}\frac{\tan x}{x}$;　(2) $\lim\limits_{x\to0}\frac{\sin 2x}{x}$;　(3) $\lim\limits_{x\to\infty}\left(x\cdot\sin\frac{1}{x}\right)$;

(4) $\lim\limits_{x\to0}\frac{\arcsin x}{x}$;　(5) $\lim\limits_{x\to0}\frac{1-\cos x}{x^2}$;　(6) $\lim\limits_{x\to2}\frac{\sin(x^2-4)}{x-2}$.

解　(1) $\lim\limits_{x\to0}\frac{\tan x}{x}=\lim\limits_{x\to0}\left(\frac{\sin x}{x}\cdot\frac{1}{\cos x}\right)=\lim\limits_{x\to0}\frac{\sin x}{x}\lim\limits_{x\to0}\frac{1}{\cos x}=1.$

(2) $\lim\limits_{x\to0}\frac{\sin 2x}{x}=2\cdot\lim\limits_{x\to0}\frac{\sin 2x}{2x}=2\cdot1=2.$

(3) $\lim\limits_{x\to\infty}\left(x\cdot\sin\frac{1}{x}\right)=\lim\limits_{x\to\infty}\frac{\sin\frac{1}{x}}{\frac{1}{x}}=\lim\limits_{\frac{1}{x}\to0}\frac{\sin\frac{1}{x}}{\frac{1}{x}}=1.$

(4) 令 $t=\arcsin x$,则 $x=\sin t$,且当 $x\to0$ 时,有 $t\to0$,将所设变量替换代入原式,得

$$\lim_{x\to0}\frac{\arcsin x}{x}=\lim_{t\to0}\frac{t}{\sin t}=1.$$

同理可得

$$\lim_{x\to0}\frac{\arctan x}{x}=1.$$

(5) $\lim\limits_{x\to0}\frac{1-\cos x}{x^2}=\lim\limits_{x\to0}\frac{2\sin^2\frac{x}{2}}{x^2}=2\cdot\lim\limits_{x\to0}\left(\frac{\sin\frac{x}{2}}{\frac{x}{2}}\right)^2\cdot\frac{1}{4}=\frac{1}{2}\left(\lim\limits_{x\to0}\frac{\sin\frac{x}{2}}{\frac{x}{2}}\right)^2=\frac{1}{2}.$

(6) $\lim\limits_{x\to2}\frac{\sin(x^2-4)}{x-2}=\lim\limits_{x\to2}\left[\frac{\sin(x^2-4)}{x^2-4}(x+2)\right]=4.$

2. $\lim\limits_{x\to\infty}\left(1+\frac{1}{x}\right)^x=\mathrm{e}$

【例 2-19】 求下列函数的极限:

(1) $\lim\limits_{x\to0}\left(1+\frac{x}{2}\right)^{\frac{1}{x}}$;　(2) $\lim\limits_{x\to\infty}\left(1-\frac{1}{x}\right)^x$;　(3) $\lim\limits_{x\to\infty}\left(1-\frac{1}{3x}\right)^x$.

解 (1) $\lim\limits_{x\to 0}\left(1+\frac{x}{2}\right)^{\frac{1}{x}}=\lim\limits_{x\to 0}\left[\left(1+\frac{x}{2}\right)^{\frac{2}{x}}\right]^{\frac{1}{2}}=\left[\lim\limits_{x\to 0}\left(1+\frac{x}{2}\right)^{\frac{2}{x}}\right]^{\frac{1}{2}}=e^{\frac{1}{2}}$.

(2) $\lim\limits_{x\to\infty}\left(1-\frac{1}{x}\right)^{x}=\lim\limits_{x\to\infty}\left[\left(1-\frac{1}{x}\right)^{-x}\right]^{-1}=\left[\lim\limits_{x\to\infty}\left(1-\frac{1}{x}\right)^{-x}\right]^{-1}=e^{-1}$.

(3) $\lim\limits_{x\to\infty}\left(1-\frac{1}{3x}\right)^{x}=\lim\limits_{x\to\infty}\left[\left(1+\frac{1}{-3x}\right)^{-3x}\right]^{-\frac{1}{3}}=e^{-\frac{1}{3}}$.

三、无穷小的比较

两个无穷小的和、差、积都是无穷小,而两个无穷小的商是否是无穷小呢?例如,当 $x\to 0$ 时,$3x$,x^2,$\sin x$ 都是无穷小,但是$\lim\limits_{x\to 0}\frac{x^2}{3x}=0$,$\lim\limits_{x\to 0}\frac{3x}{x^2}=\infty$,$\lim\limits_{x\to 0}\frac{\sin x}{x}=1$. 结果的不同反映了不同的无穷小无限接近于零的速度的差异. 为了比较无穷小无限接近于零的速度的快慢,我们给出如下定义.

定义 2.9 设 α 和 β 都是在同一个自变量的变化过程中的无穷小,又 $\lim\frac{\beta}{\alpha}(\alpha\neq 0)$ 也是在这个变化过程中的极限.

(1) 若 $\lim\frac{\beta}{\alpha}=0$,则称 β 是比 α 高阶的无穷小,记作 $\beta=o(\alpha)$;

(2) 若 $\lim\frac{\beta}{\alpha}=c(c\neq 0)$,则称 β 与 α 是同阶无穷小;

(3) 若 $\lim\frac{\beta}{\alpha}=1$,则称 β 与 α 是等价无穷小,记作 $\alpha\sim\beta$.

由本节第一个重要极限和[例 2-18]中的(1)、(4)、(5)可知,当 $x\to 0$ 时,有

$$x\sim\sin x\sim\tan x\sim\arcsin x\sim\arctan x,\ 1-\cos x\sim\frac{x^2}{2}.$$

关于等价无穷小量,有以下重要结论.

定理 2.2 (等价无穷小量替换原理)在自变量的同一变化过程中,α、α'、β、β' 都是无穷小量,且 $\alpha\sim\alpha'$,$\beta\sim\beta'$,则

$$\lim\frac{\beta}{\alpha}=\lim\frac{\beta'}{\alpha'}.$$

【例 2-20】 求$\lim\limits_{x\to 0}\frac{\sin 3x}{\tan 7x}$.

解 当 $x\to 0$ 时,$\sin 3x\sim 3x$,$\tan 7x\sim 7x$,所以

$$\lim_{x\to 0}\frac{\sin 3x}{\tan 7x}=\lim_{x\to 0}\frac{3x}{7x}=\frac{3}{7}.$$

【例 2-21】 求$\lim\limits_{x\to 0}\frac{(x+2)\sin x}{\arctan 2x}$.

解 函数 $f(x)=\frac{(x+2)\sin x}{\arctan 2x}$中,含有 $\sin x$ 和 $\arctan 2x$ 两个无穷小因子,且当 $x\to 0$ 时,$\sin x\sim x$,$\arctan 2x\sim 2x$,故

$$\lim_{x\to 0}\frac{(x+2)\sin x}{\arctan 2x}=\lim_{x\to 0}\frac{(x+2)x}{2x}=\lim_{x\to 0}\frac{x+2}{2}=1.$$

注:在自变量的同一变化过程中,对函数中的某个无穷小因子(或商的因子)作等价无穷小替换,不会改变函数的极限.这里要切记,仅对函数的因子可作等价无穷小的替换,否则会出错.如在$\lim\limits_{n\to 0}\dfrac{\tan x-\sin x}{x^3}$中,若把 $\tan x$ 与 $\sin x$ 换成 x,则有

$$\lim_{n\to 0}\frac{\tan x-\sin x}{x^3}=\lim_{x\to 0}\frac{x-x}{x^3}=0.$$

显然结果是错的.事实上

$$\lim_{n\to 0}\frac{\tan x-\sin x}{x^3}=\lim_{x\to 0}\frac{\sin x(1-\cos x)}{x^3\cdot\cos x}=\lim_{x\to 0}\frac{x\cdot\dfrac{x^2}{2}}{x^3\cdot\cos x}=\frac{1}{2}.$$

综合上述讨论可得,当 $x\to 0$ 时,有以下的等价无穷小量:

$$x\sim\sin x\sim\tan x\sim\arcsin x\sim\arctan x,1-\cos x\sim\frac{x^2}{2}.$$

★课堂思考题

下列算式是否正确?若不正确,请写出正确答案.

1. $\lim\limits_{x\to\infty}\dfrac{\sin x}{x}=1$; 2. $\lim\limits_{x\to 1}\dfrac{x^2+x-2}{2x^2-3x+1}=\dfrac{1}{2}$.

习题2-3

1. 计算下列各极限:

(1) $\lim\limits_{x\to 0}\dfrac{2x-3}{x^2+1}$; (2) $\lim\limits_{x\to\sqrt{2}}\dfrac{x^2-2}{x^2+1}$;

(3) $\lim\limits_{x\to 1}\dfrac{x^2-2x+1}{x^2-1}$; (4) $\lim\limits_{x\to\infty}\dfrac{2x^2+4x-3}{3x^2-x+1}$;

(5) $\lim\limits_{x\to\infty}\dfrac{2x^2-3}{3x^3-3x^2+1}$; (6) $\lim\limits_{x\to\infty}\dfrac{2x^3+2x-3}{x^2+1}$;

(7) $\lim\limits_{x\to 0}\dfrac{(x+1)^2-1}{x}$; (8) $\lim\limits_{x\to 1}\dfrac{\sqrt{5x-4}-\sqrt{x}}{x-1}$;

(9) $\lim\limits_{n\to\infty}\dfrac{(2n+1)(2n+2)(2n+3)}{4n^3}$; (10) $\lim\limits_{x\to 0}\dfrac{\sqrt{x^2+1}-1}{x^2}$;

(11) $\lim\limits_{x\to 0}\dfrac{x+\sin x}{2x}$; (12) $\lim\limits_{x\to\frac{\pi}{4}}\dfrac{\cos 2x}{\cos x-\sin x}$.

2. 计算下列各极限:

(1) $\lim\limits_{x\to 0}\dfrac{\sin\omega x}{x}$; (2) $\lim\limits_{x\to 0}\dfrac{\tan 3x}{x}$;

(3) $\lim\limits_{x\to 0}\dfrac{\sin 3x}{\sin 2x}$; (4) $\lim\limits_{x\to 0}\dfrac{x-\sin x}{x+\sin x}$;

(5) $\lim\limits_{x\to 0}\dfrac{1-\cos 2x}{x\sin x}$; (6) $\lim\limits_{n\to\infty}n\cdot\sin\dfrac{2}{n}$.

3. 计算下列各极限:

(1) $\lim\limits_{x\to 0}(1+3x)^{\frac{1}{x}}$; (2) $\lim\limits_{x\to 0}(1-2x)^{\frac{1}{x}}$;

(3) $\lim\limits_{x\to\infty}\left(1-\dfrac{1}{x}\right)^{2x}$；　　(4) $\lim\limits_{x\to\infty}\left(1+\dfrac{2}{x}\right)^{2x}$.

4. 利用等价无穷小的性质，计算下列各极限：

(1) $\lim\limits_{x\to0}\dfrac{\sin5x}{\tan2x}$；　　(2) $\lim\limits_{x\to0}\dfrac{\arctan2x}{x}$；

(3) $\lim\limits_{x\to0}\dfrac{\sin(x^n)}{(\sin x)^m}$（$n$、$m$ 为正整数）；　　(4) $\lim\limits_{x\to0}\dfrac{\sin2x^2}{1-\cos3x}$.

第四节　函数的连续性

自然界中的很多现象是连续变化的. 例如，一天的气温是连续变化的，当时间变化很小时，气温变化也很小. 再如空气和水的流动、动植物的生长等都是随着时间连续不断地变化着. 这些现象反映在数学上，就是函数的连续性.

一、连续的定义

1. 函数在一点处连续的定义

在给出连续定义之前，先引入函数增量的概念.

设变量 u 从一个初值 u_1 变到终值 u_2，称终值与初值之差 u_2-u_1 为变量 u 的增量（或改变量），记为 Δu，即 $\Delta u=u_2-u_1$.

Δu 可正、可负，当 $\Delta u>0$ 时，u 的变化是增大的；当 $\Delta u<0$ 时，u 的变化是减小的.

设函数 $y=f(x)$ 在点 x_0 的某个邻域内有定义，当自变量 x 从 x_0 变到 $x_0+\Delta x$ 时，函数 y 相应地由 $f(x_0)$ 变到 $f(x_0+\Delta x)$，因此函数 y 的对应增量为

$$\Delta y=f(x_0+\Delta x)-f(x_0).$$

其几何意义如图 2-6 所示.

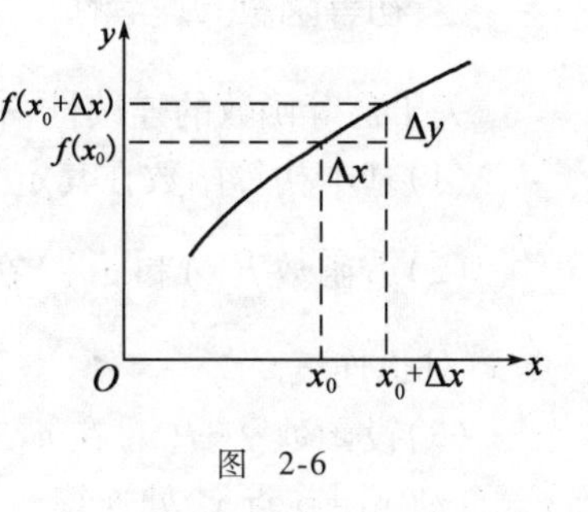

图 2-6

定义 2.10　设函数 $y=f(x)$ 在点 x_0 的某个邻域内有定义，如果 $\lim\limits_{\Delta x\to0}\Delta y=0$，则称函数 $f(x)$ 在点 x_0 连续.

在定义 2.10 中，记 $x=x_0+\Delta x$，则当 $\Delta x\to0$ 时 $x\to x_0$，此时等式

$$\lim_{\Delta x\to0}\Delta y=\lim_{\Delta x\to0}[f(x_0+\Delta x)-f(x_0)]=0$$

可写成

$$\lim_{x\to x_0}[f(x)-f(x_0)]=0 \text{ 或 } \lim_{x\to x_0}f(x)=f(x_0).$$

由此可得函数 $f(x)$ 在点 x_0 连续的又一个定义.

定义 2.11　设函数 $y=f(x)$ 在点 x_0 的某个邻域内有定义，若 $\lim\limits_{x\to x_0}f(x)=f(x_0)$，则称函数 $f(x)$ 在点 x_0 处连续.

由定义 2.11 可见，函数 $y=f(x)$ 在点 x_0 连续，必须同时满足以下三个条件：

(1) 函数 $f(x)$ 在点 x_0 的某一邻域内有定义；

(2) $\lim\limits_{x\to x_0}f(x)$ 存在；

(3) $\lim\limits_{x\to x_0}f(x)=f(x_0)$.

若函数$f(x)$满足 $\lim\limits_{x\to x_0^+}f(x)=f(x_0)$，则称函数$f(x)$在点$x_0$处右连续；若函数$f(x)$满足 $\lim\limits_{x\to x_0^-}f(x)=f(x_0)$，则称函数$f(x)$在点$x_0$处左连续.

显然，$f(x)$在点x_0处连续的充分必要条件是$f(x)$在点x_0处既左连续也右连续.

2. 函数在区间上的连续性

如果函数$f(x)$在区间(a,b)内每一点都连续，则称函数$f(x)$在开区间(a,b)内连续. 称(a,b)为$f(x)$的连续区间.

如果函数$f(x)$在开区间(a,b)内连续，且在左端点a处右连续，在右端点b处左连续，则称函数$f(x)$在闭区间$[a,b]$上连续.

【例 2-22】 已知$f(x)=\begin{cases} a+\dfrac{1}{x}\sin x, & x<0 \\ 3x+2a, & x\geqslant 0 \end{cases}$ 在$x=0$处连续，求a的值.

解 因为$f(x)$在$x=0$处连续，根据定义 2.10 有$\lim\limits_{x\to 0}f(x)=f(0)$，再根据极限存在的充分必要条件，有

$$\lim_{x\to 0^+}f(x)=\lim_{x\to 0^-}f(x)=f(0).$$

而$\lim\limits_{x\to 0^+}f(x)=\lim\limits_{x\to 0^+}(3x+2a)=2a$，$\lim\limits_{x\to 0^-}f(x)=\lim\limits_{x\to 0^-}\left(a+\dfrac{1}{x}\sin x\right)=a+1$，所以有$2a=a+1$，即$a=1$.

当函数$f(x)$在点x_0处不连续时，则称点x_0为函数$f(x)$的不连续点或间断点.

二、初等函数的连续性

关于初等函数的连续性，有如下结论：

(1)基本初等函数在其定义域内都连续.

(2)若函数$f(x)$和$g(x)$在点x_0处均连续，则$f(x)\pm g(x)$、$f(x)g(x)$、$\dfrac{f(x)}{g(x)}[g(x)\neq 0]$在点$x_0$处也连续.

(3)设函数$y=f(u)$在u_0处连续，函数$u=\varphi(x)$在x_0处连续，且$u_0=\varphi(x_0)$，则复合函数$y=f[\varphi(x)]$在点x_0处连续.

(4)一切初等函数在其定义区间内是连续的.

【例 2-23】 求$\lim\limits_{x\to\frac{\pi}{6}}\ln(2\cos 2x)$.

解 因为$\ln(2\cos 2x)$是初等函数，且在$x=\dfrac{\pi}{6}$处有定义，所以有

$$\lim_{x\to\frac{\pi}{6}}\ln(2\cos 2x)=\ln\left[2\cos\left(2\cdot\frac{\pi}{6}\right)\right]=\ln\left(2\cdot\frac{1}{2}\right)=\ln 1=0.$$

三、闭区间上连续函数的性质

性质 1 （最大值和最小值性质）在闭区间上连续的函数在该区间上一定能取得它的最大值和最小值.

此定理中“闭区间”和“连续”是两个重要条件，例如函数$y=\dfrac{1}{|x|}$在闭区间$[-1,1]$上有一

个间断点 $x=0$，它在此闭区间内不存在最大值；函数 $y=\tan x$ 在开区间 $\left(-\frac{\pi}{2},\frac{\pi}{2}\right)$ 内连续，它在此开区间内既无最大值也无最小值.

性质 2 （介值性质）若函数 $f(x)$ 在闭区间 $[a,b]$ 上连续，且在这个区间的端点取不同的函数值 $f(a)=A$ 及 $f(b)=B$，则对于 A 与 B 之间的任意一个数 C，在开区间 (a,b) 内至少存在一点 ξ，使得 $f(\xi)=C$.

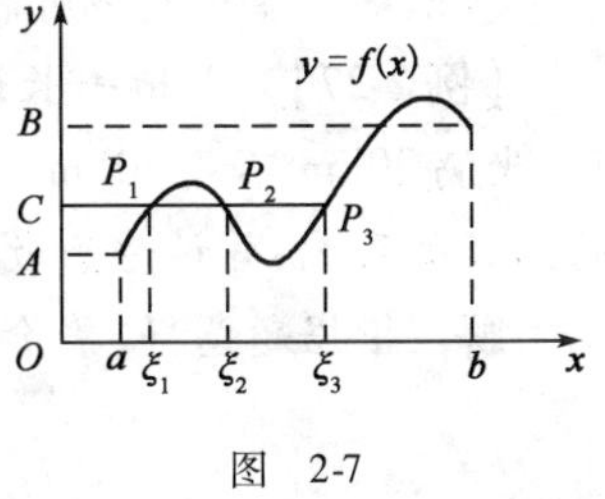

图 2-7

此性质的几何表示如图 2-7 所示.

习题 2-4

1. 求下列函数的连续区间，并画出函数的图形：

(1) $f(x)=\begin{cases}x^2, 0\leqslant x\leqslant 1\\ 2-x, 1<x\leqslant 2\end{cases}$；(2) $f(x)=\begin{cases}x, -1\leqslant x\leqslant 1\\ 1, x<-1 \text{ 或 } x>1\end{cases}$.

2. 设函数 $f(x)=\begin{cases}x+1, x>-1\\ a, x=-1\\ 2x+b, x<-1\end{cases}$ 在 $x=-1$ 连续，确定 a,b 的值.

3. 设函数 $f(x)=\begin{cases}\left(1+\dfrac{x}{2}\right)^{\frac{1}{x}}, x>0\\ k, x\leqslant 0\end{cases}$ 在 $(-\infty,+\infty)$ 内连续，求 k 的值.

第五节　极限的实际应用

【例 2-24】 （本章引例）某工厂对一生产设备的投资额是 1 万元，每年的折旧费为该设备账面价格（即以前各年折旧费提取后余下的价格）的 $\frac{1}{10}$，则该设备的账面价格（单位：万元）第一年为 1，第二年为 $\frac{9}{10}$，第三年为 $\left(\frac{9}{10}\right)^2$，第四年为 $\left(\frac{9}{10}\right)^3$，…，第 n 年为 $\left(\frac{9}{10}\right)^{n-1}$，显然 $\lim\limits_{n\to\infty}\left(\frac{9}{10}\right)^n=0$，这说明，随着年数 n 的不断增加，其账面价格无限接近于 0.

【例 2-25】 某公司推出一种新的游戏光盘，在短期内其销售量会迅速增加，随着时间的推移，其销售量会逐渐下降，假设销售量 y 与时间 t 的函数关系为 $y=\frac{200t}{t^2+100}$，该产品的长期销售量为当 $t\to+\infty$ 时的销售量，因为

$$\lim_{t\to+\infty}\frac{200t}{t^2+100}=0.$$

这说明随着时间的推移，光盘的销售量逐渐下降，人们开始转向购买其他新的游戏光盘。

【例 2-26】 将 100 个细菌放在培养器中，其中有足够的食物，但空间有限，对空间的竞争使得细菌总数 N（个）与时间 t（小时）的关系为 $N=\frac{1\,000}{1+9\mathrm{e}^{-0.115\,8t}}$，求培养器中最多可容纳的细菌数.

解 培养器中最多可容纳的细菌数为当 $t\to+\infty$ 时 N 的极限值. 而

$$\lim_{t\to+\infty}\frac{1\ 000}{1+9e^{-0.115\ 8t}}=1\ 000.$$

所以培养器中最多可容纳1 000个细菌.

【例2-27】 某地一长途汽车行程全长60km,其票价规定如下:乘坐20km以下者票价5元,坐满20km不足40km者票价10元,坐满40km者票价15元.求票价y(元)与路程x(km)的函数关系式,并讨论函数在$x=20$时是否连续.

解 根据题意得,票价y(元)与行程x(km)的函数关系式为

$$y=\begin{cases}5,0<x<20\\10,20\leqslant x<40.\\15,40\leqslant x\leqslant 60\end{cases}$$

显然,$\lim\limits_{x\to20^-}y=5$, $\lim\limits_{x\to20^+}y=10$,即$\lim\limits_{x\to20}y$不存在,所以函数在$x=20$时不连续.也就是说,票价在行程20km时发生调整,同理可知,票价在行程40km时也会发生调整.

第六节 数学实验一:用数学软件包求极限

MATLAB提供了计算函数极限的命令,具体命令格式如下:

命令格式	功能
Limit(f)	计算$\lim\limits_{x\to0}f(x)$,其中f是符号函数
Limit(f,x,a)	计算$\lim\limits_{x\to a}f(x)$,其中f是符号函数
Limit(f,x,inf)	计算$\lim\limits_{x\to\infty}f(x)$,其中$f$是符号函数

【例2-28】 计算极限$\lim\limits_{n\to\infty}\frac{\sin n}{(n+1)^2}$.

解 程序如下:

```
symsn
y = sin(n)/(n+1)^2;   limit(y,n,inf)
```

运行结果:ans=0.

【例2-29】 求极限$\lim\limits_{x\to0}(1+2x)^{\frac{3}{x}}$,$\lim\limits_{x\to0}\frac{e^x-1}{x}$.

解 程序如下:

```
symsx
y1 = (1+2*x)^(3/x);   y2 = (exp(x)-1)/x;   limit(y1)limit(y2)
```

运行结果:ans=exp(6), ans=1.

【例2-30】 求极限$\lim\limits_{x\to0}\frac{\sin5x}{x}$,$\lim\limits_{x\to0}\frac{\tan2x^2}{x^2+(\sin x)^3}$.

解 程序如下:

```
symsx
  y1 = sin(5*x)/x;   y2 = tan(2*x^2)/(x^2+(sin(x))^3);limit(y1)   limit(y2)
```

运行结果:ans=5, ans=2.

习题2-6

上机完成下列运算：

1. $\lim\limits_{x\to1}\dfrac{x^2-3x+2}{x^2-4x+3}$；　2. $\lim\limits_{x\to\frac{\pi}{4}}\dfrac{\sin2x}{2\cos(\pi-x)}$；　3. $\lim\limits_{x\to1}\left(\dfrac{2}{x^2-1}-\dfrac{1}{x-1}\right)$；

4. $\lim\limits_{x\to\infty}x(\sqrt{x^2+1}-x)$；　5. $\lim\limits_{x\to-1}\dfrac{\sqrt{3-x}-2}{\sqrt{8-x}-3}$；　6. $\lim\limits_{x\to\infty}\left(1-\dfrac{3}{2x}\right)^x$.

测 试 题 二

1. 填空题

(1)函数 $y=\sqrt{16-x^2}+\dfrac{x-1}{\ln x}$ 的定义域是________；

(2)复合函数 $y=\ln(2x+1)$ 分解为________；

(3)当 $x\to$________时，函数 $y=\dfrac{x-2}{x^2-3x+7}$ 是无穷小量；

(4)当 $x\to$________时，函数 $y=\dfrac{1}{x-1}$ 是无穷大量；

(5) $\lim\limits_{x\to\infty}\dfrac{x+\sin x}{x}=$______.

2. 求下列极限：

(1) $\lim\limits_{x\to1}\dfrac{x^2-x+2}{(x-1)^3}$；　(2) $\lim\limits_{x\to-1}\dfrac{x^2+3x+2}{x^2-1}$；

(3) $\lim\limits_{x\to2}\dfrac{x^2-x-2}{\sqrt{x+2}-2}$；　(4) $\lim\limits_{x\to0}\dfrac{\sqrt{x^2+1}-1}{x^2}$；

(5) $\lim\limits_{x\to3}\left(\dfrac{1}{x-3}-\dfrac{6}{x^2-9}\right)$；　(6) $\lim\limits_{x\to0}\dfrac{\sin x^2}{1-\cos2x}$；

(7) $\lim\limits_{x\to-2}\dfrac{x^2-4}{\tan(x+2)}$；　(8) $\lim\limits_{x\to0}\dfrac{1-\cos x}{\sqrt{1+x^2}-1}$；

(9) $\lim\limits_{x\to0}\left(1-\dfrac{3x}{2}\right)^{\frac{1}{x}}$；　(10) $\lim\limits_{x\to\infty}\left(1+\dfrac{1}{3x}\right)^{-x}$.

第三章　微分学及其应用

本章问题引入

引例　在工程实践中,经常需要对工程构件进行测量.假设在相同的观测条件下对某个构件量进行了 n 次等精度观测,观测值分别为 $x_1,x_2,\cdots,x_n$,假设其真值为 x,则第 i 次观测值的真误差为

$$\Delta_i = x - x_i \quad (i = 1,2,\cdots,n).$$

因为 $\Delta_i = x - x_i (i = 1,2,\cdots,n)$ 可为正也可为负,不能用它们的和作为 n 次观测的总误差,以免正负误差相互抵消;所以在工程上,一般采用 n 次真误差的平方和作为总误差,即

$$\Delta = (x - x_1)^2 + (x - x_2)^2 + \cdots + (x - x_n)^2.$$

在工程中,我们经常用 n 次等精度观测值的算术平均数作为所观测量的近似值,这样就能使总误差达到最小.为什么呢?这个问题可由一元函数的导数给出结论.

如何利用导数的知识解决工程中的实际问题呢?本章将在极限的基础上引入变化率——导数的概念,并讨论导数与微分的运算及其应用问题.

第一节　导数的概念

在生产实践中,经常需要求一个变量相对于另一个变量变化快慢的程度,即变化率的问题.如速度是路程相对于时间的变化率,电流强度是电量相对于时间的变化率,二氧化碳排放强度是二氧化碳相对于 GDP 的变化率等.

一、导数概念

1. 导数概念引例

(1)变速直线运动的速度

设物体作变速直线运动,其运动方程为 $s = s(t)$,下面考察该物体在 $t = t_0$ 时的运行速度 $v(t_0)$.

当时间由 t_0 变到 $t_0 + \Delta t$ 时,物体经过的路程为 $\Delta s = s(t_0 + \Delta t) - s(t_0)$,这时物体在 Δt 这段时间内的平均速度为

$$\bar{v} = \frac{\Delta s}{\Delta t} = \frac{s(t_0 + \Delta t) - s(t_0)}{\Delta t}.$$

由于运动是变速的，所以平均速度 $\bar{v}$ 只能作为物体在 t_0 时速度的近似值. 显然 $|\Delta t|$ 越小，$\bar{v}$ 就越接近物体在 t_0 时的速度 $v(t_0)$，当 $\Delta t \to 0$ 时，平均速度 $\bar{v}$ 的极限就是物体在 t_0 时的速度，即

$$v(t_0) = \lim_{\Delta t \to 0} \frac{\Delta s}{\Delta t} = \lim_{\Delta t \to 0} \frac{s(t_0 + \Delta t) - s(t_0)}{\Delta t}.$$

(2)非均匀分布荷载的集度

设梁上有一非均匀的分布荷载，如图 3-1 所示，在梁上 x 处其荷载为 $q = q(x)$，下面考察在梁上 x_0 处的荷载集度 $Q(x_0)$（单位长度上梁所承受的荷载称为荷载集度，梁荷载集度表示荷载的密集程度）.

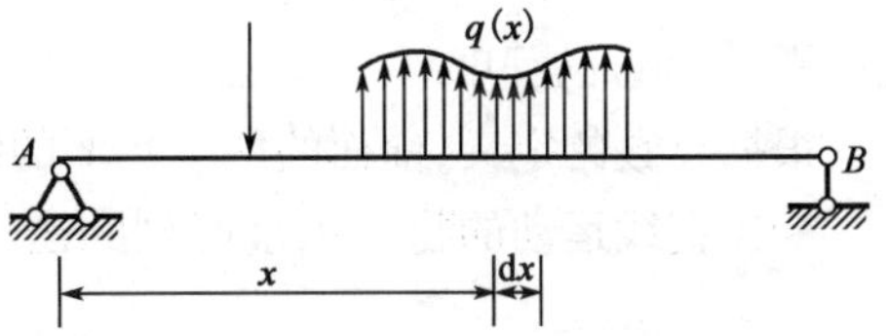

图 3-1

当梁的位置由 x_0 变到 $x_0 + \Delta x$ 时，梁在 Δx 段内的分布荷载为

$$\Delta q = q(x_0 + \Delta x) - q(x_0).$$

这时梁在 Δx 段内的平均荷载集度为

$$\overline{Q} = \frac{\Delta q}{\Delta x} = \frac{q(x_0 + \Delta t) - q(x_0)}{\Delta x}.$$

由于分布荷载是非均匀的，所以平均集度 $\overline{Q}$ 只能作为梁在 x_0 处的荷载集度的近似值. 显然 $|\Delta x|$ 越小，$\overline{Q}$ 就越接近梁上 x_0 处的荷载集度 $Q(x_0)$，当 $\Delta x \to 0$ 时，平均集度 $\overline{Q}$ 的极限就是梁上 x_0 处的荷载集度 $Q(x_0)$，即

$$Q(x_0) = \lim_{\Delta x \to 0} \frac{\Delta q}{\Delta x} = \lim_{\Delta x \to 0} \frac{q(x_0 + \Delta x) - q(x_0)}{\Delta x}.$$

2. 导数的定义

上面所讨论的两个实例，虽然代表两个不同的实际问题，但如果抽去它们所代表的实际含义，单从函数角度看，它们解决问题的思路是相同的，最终的结果都归结为求函数增量与自变量增量之比当自变量增量趋于零时的极限.

在工程实际中，很多问题的解决都可归结为求形如

$$\lim_{\Delta x \to 0} \frac{f(x_0 + \Delta x) - f(x_0)}{\Delta x}$$

的极限. 我们有必要对这类极限单独加以研究，从而得出导数的定义.

定义 3.1 设函数 $y = f(x)$ 在点 x_0 的某个邻域内有定义，当自变量 x 在 x_0 处取得 Δx 时，相应的函数 y 取得增量 $\Delta y = f(x_0 + \Delta x) - f(x_0)$，如果 $\lim\limits_{\Delta x \to 0} \frac{\Delta y}{\Delta x} = \lim\limits_{\Delta x \to 0} \frac{f(x_0 + \Delta x) - f(x_0)}{\Delta x}$ 存在，则称函数 $y = f(x)$ 在点 x_0 处可导，并称此极限值为函数 $y = f(x)$ 在点 x_0 处的导数，记为 $y'|_{x=x_0}$，$f'(x_0)$，$\frac{dy}{dx}|_{x=x_0}$ 或 $\frac{df(x)}{dx}|_{x=x_0}$，即

$$f'(x_0) = \lim_{\Delta x \to 0} \frac{\Delta y}{\Delta x} = \lim_{\Delta x \to 0} \frac{f(x_0 + \Delta x) - f(x_0)}{\Delta x} \tag{3-1}$$

此时，也称函数 $y = f(x)$ 在点 x_0 处可导. 如果式(3-1)的极限不存在，则称函数 $y = f(x)$ 在点 x_0 处不可导. 如果 $\lim\limits_{\Delta x \to 0} \frac{f(x_0 + \Delta x) - f(x_0)}{\Delta x} = \infty$，这时称函数 $y = f(x)$ 在点 x_0 处导数为无穷大.

导数的定义也可写成其他形式，常见的有

$$f'(x_0)=\lim_{x\to x_0}\frac{f(x)-f(x_0)}{x-x_0} \tag{3-2}$$

在导数定义中，$\frac{\Delta y}{\Delta x}=\frac{f(x_0+\Delta x)-f(x_0)}{\Delta x}$表示 y 在以 x_0 和 $x_0+\Delta x$ 为端点的区间上的平均变化率，而导数 $y'|_{x=x_0}=\lim\limits_{\Delta x\to 0}\frac{\Delta y}{\Delta x}$则表示 y 在 x_0 处的变化率，它反映了因变量相对于自变量的变化快慢（大小）的程度.

根据导数的定义，前面的两个实例的结果都可以用导数来表示.

变速直线运动的物体在 t_0 时刻的速度等于其路程相对于时间 t 的导数，即

$$v(t_0)=\frac{\mathrm{d}s(t)}{\mathrm{d}t}\Big|_{t=t_0}.$$

梁在 x_0 处的荷载集度 $Q(x_0)$ 等于其荷载相对于截面位置 x 的导数，即

$$Q(x_0)=\frac{\mathrm{d}q(x)}{\mathrm{d}x}\Big|_{x=x_0}.$$

同理可得，变速直线运动的物体在 t_0 时刻的加速度等于其速度相对于时间 t 的导数，即

$$a(t_0)=\frac{\mathrm{d}v(t)}{\mathrm{d}t}\Big|_{t=t_0}.$$

如果函数 $y=f(x)$ 在开区间 (a,b) 内的每一点处都可导，那么称函数 $y=f(x)$ 在开区间 (a,b) 内可导. 这时，对于开区间 (a,b) 内的任一点 x，都有一个确定的导数值与之对应，这样就构成了一个新的函数，这个新的函数我们就称它为 $y=f(x)$ 在 (a,b) 内的导函数，简称导数，记作 y'，$f'(x)$，$\frac{\mathrm{d}y}{\mathrm{d}x}$或$\frac{\mathrm{d}f(x)}{\mathrm{d}x}$.

将式(3-1)中的 x_0 换成 x 就得到导函数的定义，即

$$f'(x)=\lim_{\Delta x\to 0}\frac{f(x+\Delta x)-f(x)}{\Delta x},x\in(a,b) \tag{3-3}$$

显然，$f(x)$ 在 x_0 点的导数 $f'(x_0)$ 就是导函数 $f'(x)$ 在 x_0 点的函数值，即

$$f'(x_0)=f'(x)\big|_{x=x_0} \tag{3-4}$$

二、导数的几何意义

从 $y=f(x)$ 的几何图形（图 3-2）上可以看出，

$$\frac{\Delta y}{\Delta x}=\frac{f(x_0+\Delta x)-f(x_0)}{\Delta x}$$

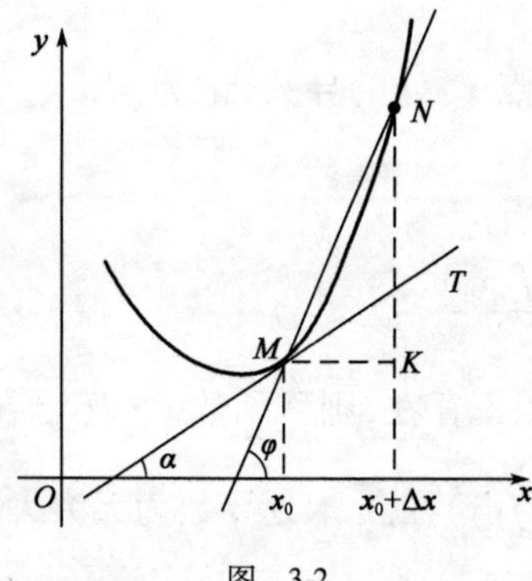

图 3-2

就是割线 MN 的斜率，即 $\tan\varphi=\frac{\Delta y}{\Delta x}$，其中 φ 是割线 MN 的倾斜角.

当 $\Delta x\to 0$ 时，点 N 就沿着曲线无限接近于点 M，而割线 MN 就绕着 N 点无限接近于它的极限位置 MT. 直线 MT 称为曲线 $y=f(x)$ 在点 M 处的切线. 因此切线的倾斜角 α 是割线 MN 的倾斜角 φ 的极限，切线的斜率 $\tan\alpha$ 是割线 MN 斜率 $\tan\varphi$ 的极限，即

$$\tan\alpha=\lim_{\varphi\to\alpha}\tan\varphi=\lim_{\Delta x\to 0}\frac{\Delta y}{\Delta x}=\frac{\mathrm{d}y}{\mathrm{d}x}.$$

由此可见,函数 $y=f(x)$ 在点 x_0 处的导数 $f'(x_0)$ 在几何上表示曲线 $y=f(x)$ 在点 $M(x_0, f(x_0))$ 处切线的斜率,即 $k=f'(x_0)$.

由导数的几何意义,得曲线 $y=f(x)$ 在点 $M(x_0,f(x_0))$ 的切线方程为

$$y-f(x_0)=f'(x_0)(x-x_0) \tag{3-5}$$

过切点 $M(x_0,f(x_0))$ 且与切线垂直的直线称为曲线 $y=f(x)$ 的法线,法线方程为

$$y-f(x_0)=-\frac{1}{f'(x_0)}(x-x_0) \quad (f'(x_0)\neq 0) \tag{3-6}$$

如果曲线 $y=f(x)$ 在点 x_0 处的导数 $f'(x_0)$ 为无穷大,则曲线 $y=f(x)$ 在点 x_0 处的切线垂直于 x 轴,其切线方程为 $x=x_0$.

三、求导举例

下面通过例题具体说明如何利用定义求函数的导数.

【例 3-1】 求函数 $y=C$(C 是常数)的导数.

解 $f'(x)=\lim\limits_{\Delta x\to 0}\dfrac{f(x+\Delta x)-f(x)}{\Delta x}=\lim\limits_{\Delta x\to 0}\dfrac{C-C}{\Delta x}=0$,即

$$(C)'=0.$$

也就是说,常数的变化率为零.

【例 3-2】 求 $y=x^n(n\in \boldsymbol{N}^+)$ 的导数.

解

$$\begin{aligned} f'(x)&=\lim_{\Delta x\to 0}\frac{f(x+\Delta x)-f(x)}{\Delta x}=\lim_{\Delta x\to 0}\frac{(x+\Delta x)^n-x^n}{\Delta x}\\ &=\lim_{\Delta x\to 0}\frac{C_n^1x^{n-1}\Delta x+C_n^2x^{n-2}(\Delta x)^2+\cdots+(\Delta x)^n}{\Delta x}=nx^{n-1}\end{aligned}$$

即

$$(x^n)'=nx^{n-1}.$$

上式可以推广到一般的幂函数,从而得到幂函数的导数公式. 即对于 $y=x^\alpha(\alpha\in \boldsymbol{R})$,都有

$$(x^\alpha)'=\alpha x^{\alpha-1}.$$

类似地,可以推导出所有基本初等函数的导数公式,见表 3-1.

基本初等函数的求导公式 表 3-1

序号	求导公式	序号	求导公式
1	$C'=0$	9	$(\tan x)'=\sec^2 x$
2	$(x^\alpha)'=\alpha x^{\alpha-1}$	10	$(\cot x)'=-\csc^2 x$
3	$(a^x)'=a^x\ln a$	11	$(\sec x)'=\sec x\tan x$
4	$(\mathrm{e}^x)'=\mathrm{e}^x$	12	$(\csc x)'=-\csc x\cot x$
5	$(\log_a x)'=\dfrac{1}{x\ln a}$	13	$(\arcsin x)'=\dfrac{1}{\sqrt{1-x^2}}$
6	$(\ln x)'=\dfrac{1}{x}$	14	$(\arccos x)'=-\dfrac{1}{\sqrt{1-x^2}}$
7	$(\sin x)'=\cos x$	15	$(\arctan x)'=\dfrac{1}{1+x^2}$
8	$(\cos x)'=-\sin x$	16	$(\operatorname{arccot} x)'=-\dfrac{1}{1+x^2}$

四、可导与连续的关系

设函数 $y=f(x)$ 在点 x_0 处可导，即 $f'(x_0)=\lim\limits_{h\to 0}\dfrac{\Delta y}{\Delta x}$ 存在，由极限四则运算法则，得

$$\lim_{\Delta x\to 0}\Delta y=\lim_{\Delta x\to 0}\frac{\Delta y}{\Delta x}\cdot\Delta x=\lim_{\Delta x\to 0}\frac{\Delta y}{\Delta x}\cdot\lim_{\Delta x\to 0}\Delta x=f'(x_0)\cdot 0=0.$$

这说明函数 $y=f(x)$ 在点 x_0 处连续，从而得到以下结论.

定理 3.1 如果一元函数 $y=f(x)$ 在点 x_0 处可导，则 $y=f(x)$ 在点 x_0 处连续.

反之，一个函数在某点连续，却不一定在该点可导.

例如，函数 $f(x)=\sqrt[3]{x}$ 在 $x=0$ 处连续，但在 $x=0$ 处不可导. 因为在 $x=0$ 点，有

$$\lim_{\Delta x\to 0}\frac{f(0+\Delta x)-f(0)}{\Delta x}=\lim_{\Delta x\to 0}\frac{\sqrt[3]{\Delta x}}{\Delta x}=\lim_{\Delta x\to 0}(\Delta x)^{-\frac{2}{3}}=\infty,$$

故函数 $f(x)=\sqrt[3]{x}$ 在 $x=0$ 处不可导.

综上所述，函数连续是函数可导的必要条件，但不是充分条件. 所以，如果函数在某点处不连续，则函数在该点处必不可导.

五、导数概念应用举例

由导数的定义可知，导数 $\dfrac{dy}{dx}$ 的实质就是代表函数 y 相对于 x 在点 x 处的变化率. 而变化是无处不在的，因此导数具有非常广泛的应用. 比如，我们熟知的密度、压强、比热容、功率等概念以及在生活中经常用到的工作效率、降雨强度、车流量等概念，都是在刻画事物的变化率. 在非均匀变化的状态下，对这些概念的精确刻画就是导数.

【例 3-3】 在电工学中，通过导体截面的电量 Q 是时间 t 的函数，$Q=Q(t)$，当时间由 t 变到 $t+\Delta t$ 时，通过导体横截面的电量为 $\Delta Q=Q(t+\Delta t)-Q(t)$，这时导体在 Δt 这段时间内的平均电流强度为

$$\bar{i}=\frac{\Delta Q}{\Delta t}=\frac{Q(t_0+\Delta t)-Q(t_0)}{\Delta t}.$$

由于通过导体的电流不是恒定的，所以平均电流强度 $\bar{i}$ 只能作为导体在 t_0 时电流的近似值. 显然 $|\Delta t|$ 越小，$\bar{i}$ 就越接近物体在 t_0 时的速度 $v(t_0)$，当 $\Delta t\to 0$ 时，平均电流 $\bar{i}$ 的极限就是物体在 t_0 时的电流. 即

$$i=\lim_{\Delta t\to 0}\frac{Q(t_0+\Delta t)-Q(t_0)}{\Delta t}=\frac{dQ(t)}{dt}.$$

$\dfrac{dQ}{dt}$ 表示电量 Q 相对于时间 t 的变化率——电流强度 i（简称电流）.

【例 3-4】 质点运动的速度 v 是时间 t 的函数，$v=v(t)$，它在时刻 t 处的导数 $\dfrac{dv}{dt}$ 表示速度 v 相对于时间 t 的变化率——加速度 a，即 $a=\dfrac{dv}{dt}$.

【例 3-5】 一名机械加工厂的工人上班后开始连续工作，生产的某机械零件数量 y(kg) 是其工作时间 x(h) 的函数。假设该函数 $y=f(x)$ 在 $x=1$ 和 $x=3$ 点的导数分别为 $f'(1)=4$，$f'(3)=3.5$，解释它们的实际意义.

解 导数$f'(1)=4$,说明当时间x趋于1时,平均变化率$\frac{f(x)-f(1)}{x-1}$的值趋于4,它表示该工人上班后工作到1h的时候,其生产速度(即工作效率)为4kg/h,也就是说,如果保持这一工作效率的话,他每小时可以生产4kg的食品;而导数$f'(3)=3.5$,则说明当时间x趋于3时,平均变化率$\frac{f(x)-f(3)}{x-3}$的值趋于3.5,它表示该工人上班后工作至3h的时候,其生产速度即工作效率为3.5kg/h,也就是说,如果保持这一工作效率的话,他每小时可以生产3.5kg的食品.

★课堂思考题

物体从某一时刻开始运动,设s表示此物体经过时间t走过的路程,显然s是时间t的函数,$s=s(t)$,在其运动的过程中测得了如下数据(表3-2):

表3-2

t(s)	0	2	5	10	13	15	…
s(m)	0	6	9	20	32	44	…

试问:(1)物体在0~2s和10~13s这两段时间内,哪一段时间运动得快?

(2)假设函数$s(t)$在$t=1$和$t=3$点的导数分别为$s'(1)=2$,$s'(3)=1$,解释它们的实际意义.

习题3-1

1. 求下列函数的导数:

(1)$y=\sqrt[3]{x^2}$;　(2)$y=\frac{1}{\sqrt{x}}$;　(3)$y=\frac{1}{x}$;

(4)$y=x^3\cdot\sqrt[5]{x}$;　(5)$y=\frac{x\sqrt[3]{x^2}}{\sqrt[4]{x^3}}$;　(6)$y=\log_2 x$.

2. 求曲线$y=\ln x$在点(e,1)处的切线方程和法线方程.

3. 在抛物线$y=x^2$上取横坐标为$x=1$和$x=3$的两点,作过两点的割线,求抛物线上平行于这条割线的切线方程.

4. 证明:双曲线$xy=1$上任一点处的切线与两坐标轴构成的三角形的面积恒等于2.

第二节　导数的运算

在上一节里,我们给出了所有基本初等函数的导数公式,下面我们将介绍求导的基本法则.

一、函数和差积商的求导法则

设函数$u=u(x)$和$v=v(x)$在点x处可导,则函数$u(x)\pm v(x)$、$u(x)\cdot v(x)$和$\frac{u(x)}{v(x)}$都在点x处可导,且

法则1　$[u(x)\pm v(x)]'=u'(x)\pm v'(x)$;

法则2　$[u(x)\cdot v(x)]'=u'(x)v(x)+u(x)v'(x)$;

法则 3 $[Cu(x)]' = Cu'(x)$（C 为常数）；

法则 4 $\left[\dfrac{u(x)}{v(x)}\right]' = \dfrac{u'(x)v(x) - u(x)v'(x)}{v^2(x)}, v(x) \neq 0.$

法则 1 和法则 2 可以推广到任意有限个可导函数的和（差）、积的情形.

设 $u_1 = u_1(x), u_2 = u_2(x), \cdots, u_n = u_n(x)$ 在点 x 处可导，则 $u_1 \pm u_2 \pm \cdots \pm u_n$ 和 $u_1 u_2 \cdots u_n$ 在点 x 处也可导，且

$$(u_1 \pm u_2 \pm \cdots \pm u_n)' = u_1' \pm u_2' \pm \cdots \pm u_n'$$

$$(u_1 u_2 \cdots u_n)' = u_1' u_2 \cdots u_n + u_1 u_2' \cdots u_n + \cdots + u_1 u_2 \cdots u_n'.$$

【例 3-6】 求 $y = 2x^3 - 4x + \dfrac{5}{x} - \ln x$ 的导数.

解 根据法则 1，得

$$y' = (2x^3)' - (4x)' + \left(\frac{5}{x}\right)' - (\ln x)' = 6x^2 - 4 - \frac{5}{x^2} - \frac{1}{x}.$$

【例 3-7】 设 $f(x) = (1 - x^2)(\sin x - x)$，求 $f'(0)$.

解 根据法则 2，得

$$\begin{aligned} f'(x) &= (1 - x^2)'(\sin x - x) + (1 - x^2)(\sin x - x)' \\ &= -2x(\sin x - x) + (1 - x^2)(\cos x - 1). \end{aligned}$$

即 $f'(0) = 0$.

【例 3-8】 求 $y = \dfrac{x^2 - 3x + 7}{x - 1}$ 的导数.

解 根据法则 4，得

$$y = \frac{(x^2 - 3x + 7)'(x - 1) - (x^2 - 3x + 7)(x - 1)'}{(x - 1)^2} = \frac{x^2 - 2x - 4}{(x - 1)^2}.$$

【例 3-9】 求 $y = \dfrac{2x^3 - 5x^2 + 3x - 1}{x\sqrt{x}}$ 的导数.

解 由于商的求导法则较为复杂，所以为简便起见，应先将函数化为和（差）的形式，再利用法则 1 和幂函数的导数公式求导.

$$y = 2x^{\frac{3}{2}} - 5x^{\frac{1}{2}} + 3x^{-\frac{1}{2}} - x^{-\frac{3}{2}}$$

$$y' = 3x^{\frac{1}{2}} - \frac{5}{2}x^{-\frac{1}{2}} - \frac{3}{2}x^{-\frac{3}{2}} + \frac{3}{2}x^{-\frac{5}{2}} = 3\sqrt{x} - \frac{5}{2\sqrt{x}} - \frac{3}{2x\sqrt{x}} + \frac{3}{2x^2\sqrt{x}}.$$

二、反函数的求导法则

设单调连续函数 $x = \varphi(y)$ 在点 y 处可导，且 $\varphi'(y) \neq 0$，则 $x = \varphi(y)$ 的反函数 $y = f(x)$ 在对应点 x 处可导，且

$$f'(x) = \frac{1}{\varphi'(y)} \text{ 或 } \frac{\mathrm{d}y}{\mathrm{d}x} = \frac{1}{\frac{\mathrm{d}x}{\mathrm{d}y}}.$$

【例 3-10】 求 $y = \arcsin x$ 的导数公式.

解 因为 $y = \arcsin x$ 是 $x = \sin y$ 的反函数，则

$$\frac{\mathrm{d}y}{\mathrm{d}x} = \frac{1}{\frac{\mathrm{d}x}{\mathrm{d}y}} = \frac{1}{\cos y} = \frac{1}{\sqrt{1 - \sin^2 y}} = \frac{1}{\sqrt{1 - x^2}}.$$

三、复合函数的求导法则

设函数 $u=\varphi(x)$ 在点 x 处可导，$y=f(u)$ 在相应的点 u 处可导，则复合函数 $y=f[\varphi(x)]$ 在点 x 处可导，且

$$\frac{\mathrm{d}y}{\mathrm{d}x}=\frac{\mathrm{d}y}{\mathrm{d}u}\cdot\frac{\mathrm{d}u}{\mathrm{d}x}.$$

上式也可以写成

$$y'_x=y'_u\cdot u'_x.$$

以上法则也可以推广到有限多次复合的情形.例如

$$y=f(u),u=\varphi(v),v=\varphi(x)$$

都可导，则有

$$\frac{\mathrm{d}y}{\mathrm{d}x}=\frac{\mathrm{d}y}{\mathrm{d}u}\cdot\frac{\mathrm{d}u}{\mathrm{d}v}\cdot\frac{\mathrm{d}v}{\mathrm{d}x}\text{或}y'_x=y'_u\cdot u'_v\cdot v'_x.$$

【例 3-11】 求下列函数的导数：

(1) $y=(1-x)^5$；　(2) $y=\ln(\tan x)$；　(3) $y=\mathrm{e}^{\frac{1+x}{1-x}}$；

(4) $y=\sin^n x\cdot\cos nx$；　(5) $y=\arcsin(x^2+3)$；　(6) $y=\arctan^2\frac{1}{x}$.

解　(1) $y=(1-x)^5$ 是由 $y=u^5$ 与 $u=1-x$ 复合而成，由复合函数求导法则，得

$$y'_x=y'_u\cdot u'_x=5u^4\cdot(-1)=-5(1-x)^4.$$

对复合函数的分解熟练以后，可不写出中间变量，只需把中间变量看成一个整体默记在心，由里向外逐层求导即可.

(2) $y'_x=\frac{1}{\tan x}(\tan x)'=\frac{1}{\tan x}\sec^2 x=\frac{\cos x}{\sin x}\cdot\frac{1}{\cos^2 x}=\frac{2}{\sin 2x}=2\csc 2x.$

(3) $y'_x=\mathrm{e}^{\frac{1+x}{1-x}}\cdot\left(\frac{1+x}{1-x}\right)'=\mathrm{e}^{\frac{1+x}{1-x}}\cdot\frac{(1-x)-(1+x)(-1)}{(1-x)^2}=\frac{2}{(1-x)^2}\cdot\mathrm{e}^{\frac{1+x}{1-x}}.$

(4) $y'_x=n\sin^{n-1}x\cos x\cos nx+\sin^n x(-\sin nx)\cdot n$

$=n\sin^{n-1}x(\cos x\cos nx-\sin x\sin nx)=n\sin^{n-1}x\cos(n+1)x.$

(5) $y'=\frac{1}{\sqrt{1-(x^2+3)^2}}\cdot(x^2+3)'=\frac{2x}{\sqrt{1-(x^2+3)^2}}.$

(6) $y'=2\arctan\frac{1}{x}\cdot\frac{1}{1+\left(\frac{1}{x}\right)^2}\cdot\left(-\frac{1}{x^2}\right)=-\arctan\frac{1}{x}\cdot\frac{2}{1+x^2}.$

四、隐函数和由参数方程所确定函数的导数

1. 隐函数的导数

我们把形如 $y=f(x)$ 的函数称为显函数，显函数的函数关系是显而易见的.如果一个函数的自变量 x 与因变量 y 之间的函数关系是由某个方程 $F(x,y)=0$ 所确定，这样的函数称为隐函数.

在实际问题中,经常要求隐函数的导数,下面给出在隐函数不能或不需要显化的条件下直接求隐函数导数的方法.

【例 3-12】 求由方程 $xy - e^x + e^y = 0$ 所确定隐函数 $y = f(x)$ 的导数$\frac{dy}{dx}$.

解 将方程两边同时对 x 求导,得 $y + x\frac{dy}{dx} - e^x + e^y\frac{dy}{dx} = 0$,解方程,得

$$\frac{dy}{dx} = \frac{e^x - y}{e^y + x}.$$

【例 3-13】 求由方程 $\sin(x + y) = xy$ 所确定隐函数 $y = f(x)$ 的导数.

解 将方程两边同时对 x 求导,得 $\cos(x + y)(1 + y'_x) = y + xy'_x$,解方程,得

$$\frac{dy}{dx} = \frac{y - \cos(x + y)}{\cos(x + y) - x}.$$

2. 由参数方程所确定函数的导数

在工程中,自变量 x 与因变量 y 之间的关系往往是用含有某个参变量的方程来确定的,这样的函数称为由参数方程所确定的函数. 下面讨论由参数方程

$$\begin{cases} x = x(t) \\ y = y(t) \end{cases} \quad (\alpha \leqslant t \leqslant \beta)$$

所确定函数 $y = f(x)$ 的导数.

如果 $x = x(t)$, $y = y(t)$ 都可导,且 $x'(t) \neq 0$,又 $x = x(t)$ 存在单调连续的反函数 $t = x^{-1}(x)$,则由复合函数和反函数的求导法则,得

$$\frac{dy}{dx} = \frac{dy}{dt}\frac{dt}{dx} = \frac{dy}{dt}\frac{1}{\frac{dx}{dt}} = \frac{\frac{dy}{dt}}{\frac{dx}{dt}} \quad 或 \quad \frac{dy}{dx} = \frac{y'(t)}{x'(t)} \tag{3-7}$$

【例 3-14】 设$\begin{cases} x = e^t \sin t \\ y = e^t \cos t \end{cases}$,求$\frac{dy}{dx}$.

解 由公式(3-7),得

$$\frac{dy}{dx} = \frac{y'(t)}{x'(t)} = \frac{e^t \cos t - e^t \sin t}{e^t \sin t + e^t \cos t} = \frac{\cos t - \sin t}{\sin t + \cos t}.$$

【例 3-15】 求曲线$\begin{cases} x = 2e^t \\ y = e^{-t} \end{cases}$ 在 $t = 0$ 时的切线方程和法线方程.

解 当 $t = 0$ 时,对应曲线上点的坐标为(2,1),根据导数的几何意义知,曲线在(2,1)处的切线斜率为$\left.\frac{dy}{dx}\right|_{t=0} = \frac{y'(t)}{x'(t)} = \frac{-e^{-t}}{2e^t} = -\frac{1}{2}$,曲线的切线方程为

$$y - 1 = -\frac{1}{2}(x - 2),即\ x + 2y - 4 = 0.$$

曲线的法线方程为

$$y - 1 = 2(x - 2),即\ 2x - y - 3 = 0.$$

至此,我们已经给出了所有函数的求导公式和求导法则,为便于查阅,我们将这些求导法则归纳如下,见表 3-3.

求导法则 表3-3

序　号	求导法则
1	$(u \pm v)' = u' \pm v'$
2	$(uv)' = u'v + uv'$
3	$(Cu)' = Cu'$（C 为常数）
4	$\left(\dfrac{u}{v}\right)' = \dfrac{u'v - uv'}{v^2}(v \neq 0)$，$\left(\dfrac{1}{v}\right)' = -\dfrac{v'}{v^2}$
5	设 $y = f(x)$ 是 $x = \varphi(y)$ 的反函数，则 $\dfrac{dy}{dx} = \dfrac{1}{\frac{dx}{dy}}$
6	设 $y = f(u)$，$u = \varphi(x)$ 可导，则复合函数 $y = f[\varphi(x)]$ 可导，且 $\dfrac{dy}{dx} = \dfrac{dy}{du} \cdot \dfrac{du}{dx}$
7	设 $\begin{cases} x = x(t) \\ y = y(t) \end{cases}$ $(\alpha \leqslant t \leqslant \beta)$，则 $\dfrac{dy}{dx} = \dfrac{y'(t)}{x'(t)}$

五、高阶导数

如果函数 $y = f(x)$ 的导函数 $f'(x)$ 可导，则称 $f'(x)$ 的导数为 $y = f(x)$ 的二阶导数，记作 y''，$f''(x)$ 或 $\dfrac{d^2y}{dx^2}$.

依此类推，如果函数 $y = f(x)$ 的二阶导数 $f''(x)$ 可导，则称 $f''(x)$ 的导数为 $y = f(x)$ 的三阶导数，记作 y'''，$f'''(x)$ 或 $\dfrac{d^3y}{dx^3}$.

一般地，如果函数 $y = f(x)$ 的 $n-1$ 阶导数 $f^{(n-1)}(x)$ 可导，则称 $f^{(n-1)}(x)$ 的导数为 $y = f(x)$ 的 n 阶导数，记作 $y^{(n)}$，$f^{(n)}(x)$ 或 $\dfrac{d^ny}{dx^n}$.

二阶及二阶以上的导数统称为高阶导数，相应地，函数 $y = f(x)$ 的导数 $f'(x)$ 称为一阶导数.

在力学上，路程 s 对时间 t 的导数表示速度 v，速度 v 对时间 t 的导数表示加速度 a，即加速度是路程 s 对时间 t 的二阶导数.

由高阶导数的定义可知，求函数的高阶导数只需重复利用求导公式和求导法则即可.

【例 3-16】 求 $y = \cos^2 \dfrac{x}{2}$ 的二阶导数.

解 $y' = 2\cos\dfrac{x}{2}\left(-\sin\dfrac{x}{2}\right) \cdot \dfrac{1}{2} = -\dfrac{1}{2}\sin x$，$y'' = -\dfrac{1}{2}\cos x$.

【例 3-17】 求下列函数的 n 阶导数.

(1) $y = \ln(1 + x)$；

(2) $y = \sin x$.

解 (1) $y' = \dfrac{1}{1 + x} = (1 + x)^{-1}$；

$y'' = -(1 + x)^{-2}$；

$y''' = (-1)(-2)(1 + x)^{-3}$；

$y^{(4)}=(-1)(-2)(-3)(1+x)^{-4}$.

依此类推,可以得到

$$y^{(n)}=(-1)^{n-1}(n-1)!(1+x)^{-n}=(-1)^{n-1}\frac{(n-1)!}{(1+x)^n}.$$

(2) $y'=\cos x=\sin\left(\frac{\pi}{2}+x\right)$;

$y''=\cos\left(\frac{\pi}{2}+x\right)=\sin\left(2\cdot\frac{\pi}{2}+x\right)$;

$y'''=\cos\left(2\cdot\frac{\pi}{2}+x\right)=\sin\left(3\cdot\frac{\pi}{2}+x\right)$;

$y^{(4)}=\cos\left(3\cdot\frac{\pi}{2}+x\right)=\sin\left(4\cdot\frac{\pi}{2}+x\right)$.

依此类推,可以得到

$$y^{(n)}=\sin\left(\frac{n\pi}{2}+x\right).$$

★课堂思考题

1. $y=e^x$ 与 $y=\ln x$ 的导数公式有什么关系?

2. 设 $y=e^3+\sin\frac{\pi}{3}+\ln 4$,则 $y'=3e^2+\cos\frac{\pi}{3}+\frac{1}{4}$,该计算结果是否正确?为什么?

习题 3-2

1. 求下列函数的导数:

(1) $y=x^2+2^x+e^2$; (2) $y=\ln x-2\lg x+2\log_2 x$;

(3) $y=\frac{4}{x^3}+\frac{7}{x^4}-\frac{2}{x}+12$; (4) $y=(\sqrt{x}+1)\left(\frac{1}{\sqrt{x}}-1\right)$;

(5) $y=\frac{x-1}{x+1}$; (6) $y=\frac{\sin x}{x}$;

(7) $y=\frac{x}{1-\cos x}$; (8) $y=x^2\ln x\cos x$.

2. 求下列函数的导数:

(1) $y=e^{-3x^2}$; (2) $y=\cos(1-4x)$;

(3) $y=\frac{1}{\sqrt{1-x^2}}$; (4) $y=\ln(x^2+x+1)$;

(5) $y=\arcsin(1-2x)$; (6) $y=\arctan x^2+\operatorname{arc}^2\tan x$;

(7) $y=\sin x^2+\cos^2 x$; (8) $y=\ln\left(x+\sqrt{a^2+x^2}\right)$;

(9) $y=\ln\tan\frac{x}{2}$; (10) $y=\arctan\frac{x+1}{x-1}$;

(11) $y=\ln[\ln(x)]$; (12) $y=\sqrt{x+\sqrt{x}}$;

(13) $y=\sin^2\frac{x}{3}\cdot\cot\frac{x}{2}$; (14) $y=\ln\sqrt{\frac{x^2+1}{x^2-1}}$;

(15) $y=\left(\arctan\frac{x}{2}\right)^2$；　　(16) $y=5^{x\ln x}$.

3. 求由下列方程所确定的隐函数 $y=f(x)$ 的导数$\frac{dy}{dx}$：

(1) $x^3+6xy+5y^3=3$；　　(2) $x\cos y=\sin(x+y)$；

(3) $ye^x+\ln y=1$；　　(4) $\ln\sqrt{x^2+y^2}=\arctan\frac{y}{x}$.

4. 求下列由参数方程所确定的函数的导数$\frac{dy}{dx}$：

(1) $\begin{cases}x=1-t^2\\y=t-t^3\end{cases}$；　　(2) $\begin{cases}x=a(t-\sin t)\\y=a(1-\cos t)\end{cases}$ （t 为参数）；　　(3) $\begin{cases}x=e^t\sin t\\y=e^t\cos t\end{cases}$.

5. 求下列函数的二阶导数：

(1) $y=2x^3+3x^2-4x+1$；　　(2) $y=\ln(1-x^2)$.

6. 求下列函数的 n 阶导数：

(1) $y=e^{-x}$；

(2) $y=a_0x^n+a_1x^{n-1}+\cdots+a_{n-1}x+a_n$（其中 $a_0,a_1,\cdots,a_{n-1},a_n$ 为常数）.

第三节　导数的几何应用

前面我们从具体问题的讨论出发，引出了导数的概念，给出了导数的计算方法. 下面将进一步利用导数研究函数在几何上的某些性态.

一、函数的单调性

利用定义判定函数的单调性是比较困难的，下面我们运用导数来研究函数的单调性.

由图 3-3 可以看出，在 (a,b) 内单调增加的可导函数 $y=f(x)$ 的图像是一条沿 x 轴正向上升的曲线，这时曲线 $y=f(x)$ 上每一点的切线倾斜角都是锐角，即 $f'(x)>0$；由图 3-4 可见，在 (a,b) 内单调减少的可导函数 $y=f(x)$ 的图像是一条沿 x 轴正向下降的曲线，这时曲线 $y=f(x)$ 上每一点的切线倾斜角都是钝角，即 $f'(x)<0$. 这说明函数的单调性可以用导数的符号来判定.

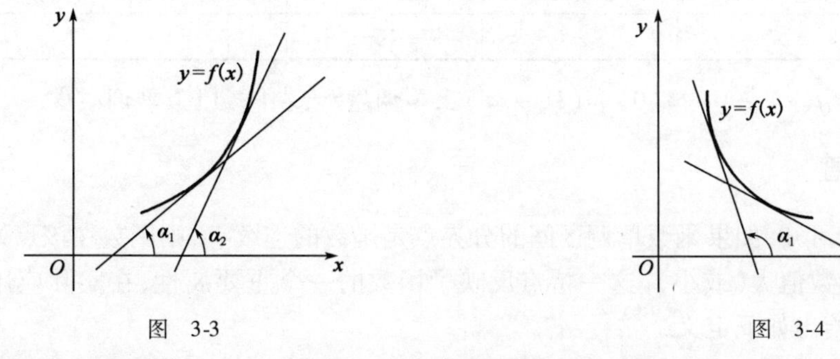

图　3-3　　　　图　3-4

定理 3.2　设函数 $y=f(x)$ 在 $[a,b]$ 上连续，在 (a,b) 内可导.

(1) 如果 $x\in(a,b)$ 时，$f'(x)>0$，则函数 $y=f(x)$ 在 $[a,b]$ 上单调增加；

(2) 如果 $x\in(a,b)$ 时，$f'(x)<0$，则函数 $y=f(x)$ 在 $[a,b]$ 上单调减少.

若将定理 3.2 中的闭区间 $[a,b]$ 换成其他各种区间，定理 3.2 的结论也成立.

【**例 3-18**】 确定函数$f(x)=2x^3-9x^2+12x-3$的单调区间.

解 函数的定义域为$(-\infty,+\infty)$.

$$f'(x)=6x^2-18x+12=6(x-1)(x-2).$$

令$f'(x)>0$,得$x<1$或$x>2$;令$f'(x)<0$,得$1<x<2$,所以$f(x)$在$(-\infty,1)$和$(2,+\infty)$上单调增加,在$[1,2]$上单调减少.

从[例3-18]可以看出,导数等于零的点是函数单调增减区间的分界点.

【**例 3-19**】 确定函数$f(x)=\sqrt[3]{x^2}$的单调区间.

解 函数的定义域为$(-\infty,+\infty)$.

$$f'(x)=\frac{2}{3}x^{-\frac{1}{3}}=\frac{2}{3\sqrt[3]{x}}.$$

令$f'(x)>0$,得$x>0$,令$f'(x)>0$,得$x<0$,所以$f(x)$在$(-\infty,0)$上单调减少,在$[0,+\infty)$上单调增加.

从[例3-19]可以看出,导数不存在的点是函数单调增减区间的分界点.

由此可见,只要用$f'(x)=0$的点或$f'(x)$不存在的点划分$f(x)$的定义区间,就能保证$f'(x)$在每个部分区间上保持固定符号,因而函数$f(x)$在每个部分区间上单调性就能被确定.为此归纳出确定函数$y=f(x)$单调区间的步骤如下:

第1步,求$f(x)$的定义域;

第2步,求$f'(x)$,并求出在定义域内$f'(x)=0$的点和$f'(x)$不存在的点;

第3步,利用上面所求的点划分区间,并讨论$f'(x)$在每个小区间上的符号,确定$f(x)$的单调区间.

【**例 3-20**】 确定函数$f(x)=(2x-5)x^{\frac{2}{3}}$的单调区间.

解 函数的定义域为$(-\infty,+\infty)$.

$$f'(x)=2x^{\frac{2}{3}}+(2x-5)\frac{2}{3}x^{-\frac{1}{3}}=\frac{10}{3}x^{\frac{2}{3}}-\frac{10}{3}x^{-\frac{1}{3}}=\frac{10(x-1)}{3x^{\frac{1}{3}}}.$$

当$x=1$时,$f'(x)=0$;当$x=0$时,$f'(x)$不存在.

列表(表3-4)讨论如下:

表3-4

x	$(-\infty,0)$	0	$(0,1)$	1	$(1,+\infty)$
$f'(x)$	+	不存在	−	0	+
$f(x)$	↗		↘		↗

由表3-4可知,$f(x)$在$(-\infty,0)$和$(1,+\infty)$上单调增加,在$[0,1]$上单调减少.

二、函数的极值

由前面的讨论可知,如果函数单调区间的分界点是函数的连续点,则函数在该点处的函数值要比其附近的函数值大(或小).这一特点反映了函数的一个重要属性,在实际应用中有着重要的意义.为此给出如下定义.

定义 3.2 设函数$y=f(x)$在x_0的某个邻域内有定义.

(1)如果对该邻域内的任一点$x(x\neq x_0)$,都有$f(x)<f(x_0)$,则称$f(x_0)$为函数$y=f(x)$的极大值,称x_0为函数$y=f(x)$的极大值点;

(2)如果对该邻域内的任一点$x(x\neq x_0)$,都有$f(x)>f(x_0)$,则称$f(x_0)$为函数$y=f(x)$的

极小值,称 x_0 为函数 $y=f(x)$ 的极小值点.

极大值与极小值统称为极值,极大值点和极小值点统称为极值点.

注:①函数的极值是一个局部性的概念,如果说 $f(x_0)$ 是极大值(或极小值),仅仅是与 x_0 左右附近的函数值相比,但在整个定义区间上极大值(或极小值)未必是最大值(或最小值);而最大值和最小值是函数在整个定义区间上的性态,二者不可混淆.

②一个函数在定义区间上可能有多个极大值或极小值,而且极大值不一定大于极小值.如图 3-5 中,极小值 $f(x_6)$ 大于极大值 $f(x_2)$.

③函数的极值不能在区间端点处取得,一定在函数区间内部取得,而函数的最大值和最小值可能在内部取得,也可能在端点处取得.

从图 3-5 可以看出,在函数可导的条件下,极值点处曲线的切线是水平的,于是得到以下定理.

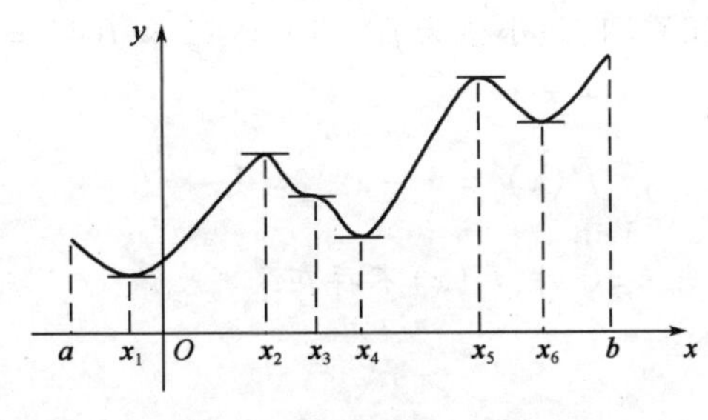

图 3-5

定理 3.3 (极值的必要条件)如果函数 $f(x)$ 在点 x_0 处可导,且在 x_0 处取得极值,则 $f'(x_0)=0$.

使 $f'(x)=0$ 的点称为函数的驻点.定理 3.3 表明,可导函数的极值点一定是驻点,但驻点未必是极值点.图 3-5 中的 x_3 是驻点,但 $f(x_3)$ 不是函数的极值.

如 $x=0$ 是函数 $f(x)=x^3$ 的驻点,但不是它的极值点.

由图 3-5 可以看出,当函数在驻点两侧的单调性发生变化时,驻点才是函数的极值点.

另外,函数的不可导点也可能是函数的极值点,如 $y=|x|$ 在点 $x=0$ 处不可导,但在 $x=0$ 处取得极小值.

综合以上讨论,得出函数取得极值的充分条件.

定理 3.4 设函数 $f(x)$ 在点 x_0 的邻域内可导,且 $f'(x_0)=0$[或 $f(x)$ 在点 x_0 的邻域内除点 x_0 外处处可导,且 $f(x)$ 在点 x_0 处连续],当 x 渐增地经过 x_0 时,若

(1) $f'(x)$ 由正变负,则 $f(x_0)$ 是极大值;

(2) $f'(x)$ 由负变正,则 $f(x_0)$ 是极小值;

(3) $f'(x)$ 不改变符号,则 $f(x_0)$ 不是极值.

由定理 3.3 和定理 3.4,我们归纳出求函数 $y=f(x)$ 极值步骤如下:

第 1 步,求函数 $y=f(x)$ 的定义域;

第 2 步,求 $f'(x)$,并求出在定义域内 $f'(x)=0$ 的点和 $f'(x)$ 不存在的点;

第 3 步,利用上面所求的点划分定义区间,并讨论 $f'(x)$ 在每个小区间上的符号,确定函数的单调区间和极值.

【例 3-21】 求下列函数的单调区间与极值.

(1) $f(x)=x^4-4x^3-8x^2+1$;

(2) $f(x)=x-\frac{3}{2}x^{\frac{2}{3}}$.

解 (1)函数的定义域为$(-\infty,+\infty)$.

$$f'(x)=4x^3-12x^2-16x=4x(x+1)(x-4).$$

令$f'(x)=0$,得$x=0,x=-1,x=4$.

列表(表3-5)讨论如下:

表3-5

x	$(-\infty,-1)$	-1	$(-1,0)$	0	$(0,4)$	4	$(4,+\infty)$
$f'(x)$	$-$	0	+	0	$-$	0	+
$f(x)$	↘	极小值-2	↗	极大值1	↘	极小值-127	↗

由表3-5可知,函数$f(x)$在$(-\infty,-1)$和$(0,4)$上单调减少,在$[-1,0]$和$[4,+\infty)$上单调增加.$f(x)$的极大值为$f(0)=1$,极小值为$f(-1)=-2$和$f(4)=-127$.

(2)函数的定义域为$(-\infty,+\infty)$.

$$f'(x)=1-x^{-\frac{1}{3}}=1-\frac{1}{\sqrt[3]{x}}.$$

令$f'(x)=0$,得$x=1$;当$x=0$时,$f'(x)$不存在.

列表(表3-6)讨论如下:

表3-6

x	$(-\infty,0)$	0	$(0,1)$	1	$(1,+\infty)$
$f'(x)$	+	不存在	$-$	0	+
$f(x)$	↗	极大值0	↘	极小值$-\frac{1}{2}$	↗

由表3-6可知,函数$f(x)$在$(-\infty,0)$和$(1,+\infty)$上单调增加,在$[0,1]$上单调减少.$f(x)$的极大值为$f(0)=0$,极小值为$f(1)=-\frac{1}{2}$.

三、曲线的凹凸与拐点

前面利用导数研究了函数的单调性和极值,由函数的单调性还不足以全面描绘函数的变化状态.如图3-6所示,曲线弧$\overset{\frown}{AB}$和$\overset{\frown}{CD}$都是单调增加的,但它们的弯曲方向不同,曲线弧$\overset{\frown}{AB}$是凸的,而曲线弧$\overset{\frown}{CD}$是凹的.

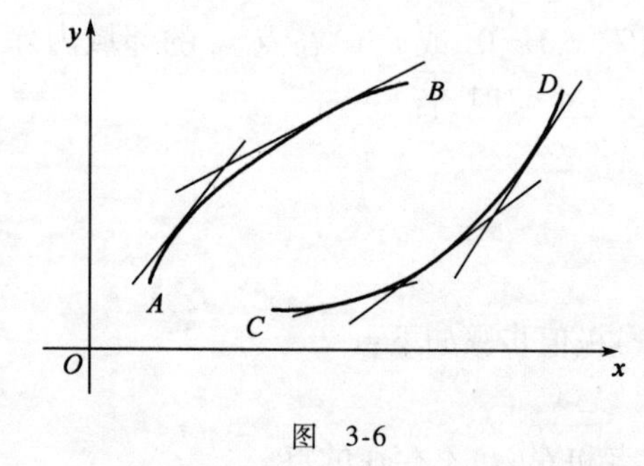

图 3-6

定义3.3 设曲线$y=f(x)$在区间I内的每一点处都有切线,如果曲线位于其上任意一点切线的上方,则称该曲线在区间I上是凹的;如果曲线位于其上任意一点切线的下方,则称该曲线在区间I上是凸的.曲线上凹弧与凸弧的分界点称为曲线的拐点.

由图3-6可以看出,对于凹的曲线弧$f(x)$,其切线的斜率随x的增加而增大,根据导数的几何意义知其导数$f'(x)$是单调增加的,即$f''(x)>0$;相反,对于凸的曲线弧有$f''(x)<0$.由此得到曲线凹凸的判定定理.

定理 3.5 设函数 $y=f(x)$ 在 $[a,b]$ 上连续，在 (a,b) 内具有一阶和二阶导数.

(1) 如果在 (a,b) 内 $f''(x)>0$，则曲线 $y=f(x)$ 在 $[a,b]$ 上是凹的；

(2) 如果在 (a,b) 内 $f''(x)<0$，则曲线 $y=f(x)$ 在 $[a,b]$ 上是凸的.

与确定函数单调区间和极值的方法相对比，我们归纳出确定曲线 $y=f(x)$ 凹凸区间和拐点的步骤如下：

第 1 步，求函数 $y=f(x)$ 的定义域；

第 2 步，求 $f''(x)$，并求出在定义域内 $f''(x)=0$ 的点和 $f''(x)$ 不存在的点；

第 3 步，利用上面所求的点划分定义区间，讨论 $f''(x)$ 在每个小区间上的符号，确定曲线的凹凸区间和拐点.

【例 3-22】 求曲线 $f(x)=(x-2)^{\frac{5}{3}}-\frac{5}{9}x^2$ 的凹凸区间和拐点.

解 函数的定义域为 $(-\infty,+\infty)$.

$$f'(x)=\frac{5}{3}(x-2)^{\frac{2}{3}}-\frac{10}{9}x,f''(x)=\frac{10}{9}(x-2)^{-\frac{1}{3}}-\frac{10}{9}=\frac{10[1-(x-2)^{\frac{1}{3}}]}{9\sqrt[3]{x-2}}.$$

令 $f''(x)=0$，得 $x=3$；当 $x=2$ 时，$f''(x)$ 不存在.

列表（表 3-7）讨论如下：

表 3-7

x	$(-\infty,2)$	2	$(2,3)$	3	$(3,+\infty)$
$f''(x)$	$-$	不存在	$+$	0	$-$
曲线 $f(x)$	$\cap$	拐点 $(2,-\frac{20}{9})$	$\cup$	拐点 $(3,-4)$	$\cap$

由表 3-7 可知，曲线在 $(-\infty,2)$ 和 $(3,+\infty)$ 内是凸的，在 $[2,3]$ 内是凹的；点 $(2,-\frac{20}{9})$ 和 $(3,-4)$ 是曲线的拐点.

【例 3-23】 一跨度为 l、两端固定的梁如图 3-7 所示，受到均匀分布的荷载 q(kg/m) 的作用而发生弯曲，试讨论梁轴线的凹向.

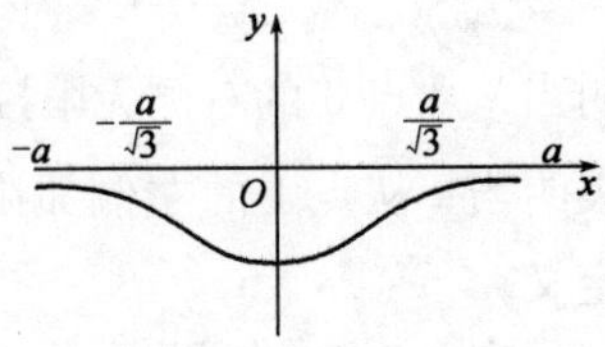

图 3-7

解 若将 Ox 轴取在梁的轴线上，原点位于轴线的中点，Oy 轴向上. 由材料力学可知梁的弯曲方程是

$$y=-\frac{q}{24EJ}\left[x^2-\left(\frac{l}{2}\right)^2\right]^2$$

其中，y 是位移，EJ 是梁截面的抗弯刚度.

下面讨论曲线 $y=-\frac{q}{24EJ}\left[x^2-\left(\frac{l}{2}\right)^2\right]^2$ 的凹向. 为方便起见，令 $\frac{l}{2}=a$，$\frac{q}{24EJ}=c$，则上式可改写成 $y=-c(x^2-a^2)^2$，$x=\pm a$ 是梁的两个端点，函数的定义域为 $[-a,a]$.

$$y'=-4cx(x^2-a^2),y''=-12c\left(x^2-\frac{a^2}{3}\right)=-12c\left(x-\frac{a}{\sqrt{3}}\right)\left(x+\frac{a}{\sqrt{3}}\right).$$

令 $y''=0$，得 $x=\pm\frac{a}{\sqrt{3}}$.

列表（表 3-8）讨论：

表 3-8

x	$\left[-a,-\frac{a}{\sqrt{3}}\right)$	$-\frac{a}{\sqrt{3}}$	$\left(-\frac{a}{\sqrt{3}},\frac{a}{\sqrt{3}}\right)$	$\frac{a}{\sqrt{3}}$	$\left(\frac{a}{\sqrt{3}},a\right]$
y''	-	0	+	0	-
曲线 y	∩	拐点 $\left(-\frac{a}{\sqrt{3}},-\frac{4a^4c}{9}\right)$	∪	拐点 $\left(\frac{a}{\sqrt{3}},-\frac{4a^4c}{9}\right)$	∩

由表 3-8 可见,在区间 $\left[-a,-\frac{a}{\sqrt{3}}\right)$ 和 $\left(\frac{a}{\sqrt{3}},a\right]$ 内梁是凸的,这说明梁的上部受拉,下部受压;在区间 $\left(-\frac{a}{\sqrt{3}},\frac{a}{\sqrt{3}}\right)$ 内梁是凹的,这说明梁的上部受压,下部受拉;点 $\left(-\frac{a}{\sqrt{3}},-\frac{4a^4c}{9}\right)$ 和 $\left(\frac{a}{\sqrt{3}},-\frac{4a^4c}{9}\right)$ 是曲线的拐点.

四、函数作图

在工程实践中,经常需要从函数的图形中观察其变化规律,并进行定性的分析或定量的计算.为了更准确地描绘函数的图形,必须先讨论函数的主要性态,同时还须考察曲线在无穷远处的情况,为此先给出曲线渐近线的概念.

我们知道,$\lim\limits_{x\to\infty}\frac{1}{x}=0$,这表明当曲线 $y=\frac{1}{x}$ 沿 x 轴正、负向伸向无穷远时,曲线上的点与直线 $y=0$ 上的点无限接近.为此给出如下定义.

定义 3.4 如果 $\lim\limits_{x\to\infty}f(x)=a\left[\lim\limits_{x\to+\infty}f(x)=a\right.$ 或 $\left.\lim\limits_{x\to-\infty}f(x)=a\right]$,则称直线 $y=a$ 为曲线 $y=f(x)$ 的水平渐近线.

$\lim\limits_{x\to0}\frac{1}{x}=\infty$ 表明当 x 无限接近点 0 时,曲线 $y=\frac{1}{x}$ 要伸展到无穷远.同理,$\lim\limits_{x\to+0}\ln x=-\infty$ 表明当 x 从点 0 的右侧无限接近点 0 时,曲线 $y=\ln x$ 要伸展到负无穷远;$\lim\limits_{x\to1-0}\log_{\frac{1}{2}}(1-x)=+\infty$ 表明当 x 从点 1 的左侧无限接近点 1 时,曲线 $y=\log_{\frac{1}{2}}x$ 要伸展到正无穷远.为此给出如下定义.

定义 3.5 如果 $\lim\limits_{x\to x_0}f(x)=\infty\left[\lim\limits_{x\to+x_0}f(x)=\infty\right.$ 或 $\left.\lim\limits_{x\to-x_0}f(x)=\infty\right]$,则称直线 $x=x_0$ 为曲线 $y=f(x)$ 的铅直渐近线.

结合前面的讨论,归纳出描绘函数 $y=f(x)$ 的图形的一般步骤如下:

第 1 步,求函数 $y=f(x)$ 的定义域;

第 2 步,求 $f'(x)$、$f''(x)$,并求出在定义域内 $f'(x)=0$ 和 $f'(x)$ 不存在的点以及 $f''(x)=0$ 和 $f''(x)$ 不存在的点;

第 3 步,根据上面所求的点划分定义区间,确定 $f'(x)$、$f''(x)$ 在每个部分区间内的符号,从而确定函数 $y=f(x)$ 的单调性与极值、凹凸性与拐点;

第 4 步,确定曲线的水平渐近线与铅直渐近线;

第 5 步,确定并描出曲线上极值对应的点、拐点、与坐标轴的交点等辅助点;

第 6 步,连接这些点,作出函数 $y=f(x)$ 的图形.

【例 3-24】 作函数 $f(x)=\frac{1}{3}x^3-x$ 的图形.

解 (1)函数的定义域为$(-\infty,+\infty)$.

(2)$f'(x)=x^2-1$,令$f'(x)=0$,得$x=-1,x=1$.

$f''(x)=2x$,令$f''(x)=0$,得$x=0$.

(3)列表(3-9)讨论:

表3-9

x	$(1,+\infty)$	-1	$(-1,0)$	0	$(0,1)$	1	$(1,+\infty)$
$f'(x)$	+	0	−	−	−	0	+
$f''(x)$	−	−	−	0	+	+	+
$f(x)$		极大值 $\frac{2}{3}$		拐点 $(0,0)$		极小值 $-\frac{2}{3}$	

(4)曲线没有渐近线.

(5)依表3-9作图(图3-8).

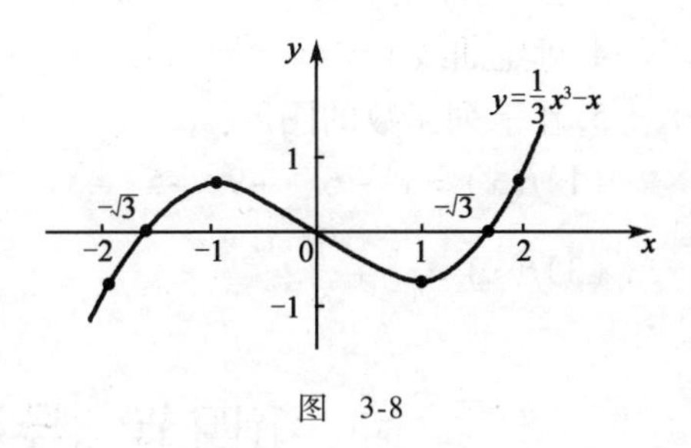

图 3-8

【例3-25】 作函数$f(x)=\frac{1}{\sqrt{2\pi}}e^{-\frac{x^2}{2}}$的图形.

解 (1)函数的定义域为$(-\infty,+\infty)$.

(2)$f'(x)=\frac{1}{\sqrt{2\pi}}e^{-\frac{x^2}{2}}\cdot(-x)=-\frac{x}{\sqrt{2\pi}}e^{-\frac{x^2}{2}}$,

令$f'(x)=0$,得$x=0$.

$$f''(x)=-\frac{1}{\sqrt{2\pi}}[e^{-\frac{x^2}{2}}+xe^{-\frac{x^2}{2}}\cdot(-x)]=\frac{1}{\sqrt{2\pi}}e^{-\frac{x^2}{2}}(x^2-1).$$

令$f''(x)=0$,得$x=-1,x=1$.

(3)列表(表3-10)讨论:

表3-10

x	$(-\infty,-1)$	-1	$(-1,0)$	0	$(0,1)$	1	$(1,+\infty)$
$f'(x)$	+	+	+	0	−	−	−
$f''(x)$	+	0	−	−	−	0	+
$f(x)$		拐点 $\left(-1,\frac{1}{\sqrt{2\pi e}}\right)$		极大值 $\frac{1}{\sqrt{2\pi}}$		拐点 $\left(-1,\frac{1}{\sqrt{2\pi e}}\right)$	

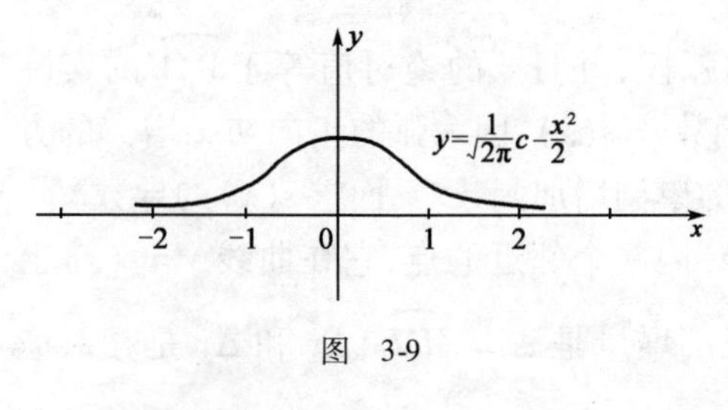

图 3-9

(4)因为$\lim\limits_{x\to\infty}\frac{1}{\sqrt{2\pi}}e^{-\frac{x^2}{2}}=0$,所以直线$y=0$是曲线$f(x)=\frac{1}{\sqrt{2\pi}}e^{-\frac{x^2}{2}}$的水平渐近线;曲线没有铅直渐近线.

(5)依表3-10作图(图3-9).

★课堂思考题

1. 函数的极值与最值有何区别与联系?
2. 设曲线$y=ax^3+\ln x$在$x=1$点附近,其弯曲方向发生了变化,求a的值.

习题3-3

1. 求下列函数的单调区间和极值:

(1) $f(x)=x^3-3x^2-9x-5$;　　(2) $f(x)=2x^2-\ln x$;

(3) $f(x)=x^2e^{-x}$;　　(4) $f(x)=3-\sqrt[3]{(x-2)^2}$;

(5) $f(x)=\dfrac{2x}{1+x^2}$;　　(6) $f(x)=2e^x+e^{-x}$.

2. 求下列曲线的凹凸区间和拐点:

(1) $y=2x^3+3x^2+x+2$;　　(2) $y=xe^{-x}$;

(3) $y=\ln(1+x^2)$;　　(4) $y=(x-2)^{\frac{5}{3}}$.

3. 已知:曲线 $y=x^3+ax^2-9x+4$ 在 $x=1$ 处有拐点,求 a 的值,并求曲线的凹凸区间和拐点.

4. 确定曲线 $y=ax^3+bx^2+cx+d$ 中的 a、b、c、d,使得 $(-2,44)$ 为其驻点,$(1,-10)$ 为拐点.

5. 作下列函数的图形:

(1) $f(x)=x^3-6x^2+9x-5$;　　(2) $f(x)=x^4-2x+10$;

(3) $f(x)=x^2+\dfrac{1}{x}$;　　(4) $f(x)=\ln(1+x^2)$.

第四节　导数在工程实际中的应用

一、曲率

在实践中,我们会常常遇到曲线的弯曲程度问题.在修建公路、铁路时,如果弯道的弯曲程度设计不合理,就容易发生事故;在修建桥梁时,如果梁的弯曲程度太大,就会造成桥断裂.为此有必要讨论曲线的弯曲程度——曲率.

在研究曲线的曲率之前,给出弧长导数的计算公式.

1. 弧长的导数

设 $y=f(x)$ 在 (a,b) 内具有连续的一阶导数,如图3-10所示.在曲线 $y=f(x)$ 上取固定点 $M_0(x_0,y_0)$ 作为度量弧长的起点,并规定依 x 轴增大的方向作为弧的正向,即沿 x 轴的正方向量出的弧长为正数,沿 x 轴的负方向量出的弧长为负数.在曲线 $y=f(x)$ 上任取一点 $M(x,y)$,对应弧 $\overset{\frown}{M_0M}$ 的长度 s 是有向弧段,并且 s 的绝对值等于 $\overset{\frown}{M_0M}$ 的实际长,显然弧长 s 是 x 的函数 $s=s(x)$.因为弧的正向与 x 增大的方向一致,所以 $s(x)$ 是 x 的单调增加函数.下面求 $s(x)$ 的导数.

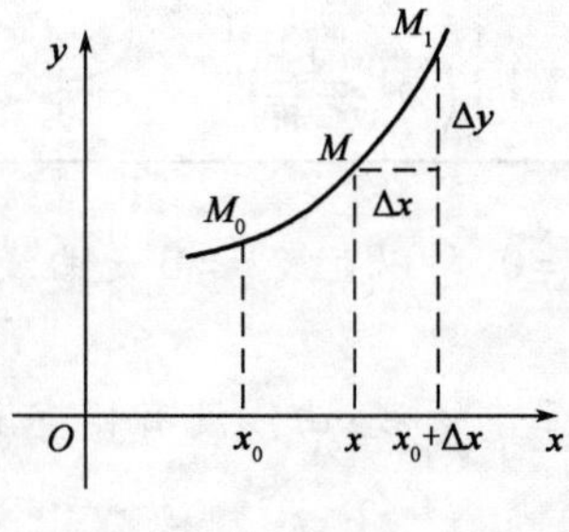

图 3-10

设 $x,x+\Delta x$ 是 (a,b) 内两个邻近的点,它在曲线 $y=f(x)$ 上对应的点是 M、M_1,弧长的增量是 $\Delta s=\overset{\frown}{MM_1}$,$\Delta x$ 和 Δy 是相对应的 x 和 y 的增量,则

$$\left(\frac{\Delta s}{\Delta x}\right)^2=\left(\frac{\overset{\frown}{MM_1}}{MM_1}\right)^2\cdot\left(\frac{MM_1}{\Delta x}\right)^2=\left(\frac{\overset{\frown}{MM_1}}{MM_1}\right)^2\cdot\frac{(\Delta x)^2+(\Delta y)^2}{(\Delta x)^2}=\left(\frac{\overset{\frown}{MM_1}}{MM_1}\right)^2\cdot\left[1+\left(\frac{\Delta y}{\Delta x}\right)^2\right].$$

当 $\Delta x \to 0$ 时，$M_1 \to M$，这时 $\lim\limits_{\Delta x \to 0}\left|\dfrac{\overset{\frown}{MM_1}}{MM_1}\right| = 1$，$y' = \lim\limits_{\Delta x \to 0}\dfrac{\Delta y}{\Delta x}$，所以

$$\frac{\mathrm{d}s}{\mathrm{d}x} = \lim_{\Delta x \to 0}\frac{\Delta s}{\Delta x} = \pm\sqrt{1 + y'^2}.$$

又因为 $s(x)$ 是 x 的单调增加函数，故上式根号前取正号，即

$$\frac{\mathrm{d}s}{\mathrm{d}x} = \sqrt{1 + y'^2} \tag{3-8}$$

式(3-8)就是直角坐标系下的弧长的导数公式.

2. 曲率的定义

我们直觉地认识到，直线不弯曲，半径较小的圆弯曲得比半径较大的圆厉害些，而其他曲线的不同部分弯曲程度也不同. 下面我们就从几何图形上直观地分析曲线的弯曲程度是由哪些量来确定的.

从图 3-11 可以看出，若两弧段长度相等时，切线转角大的弧段弯曲程度较大，即曲线的弯曲程度与切线的转角成正比；而从图 3-12 可见，若两弧段切线的转角相等，则弧长大的弧段弯曲程度较小，即曲线的弯曲程度与弧长成反比.

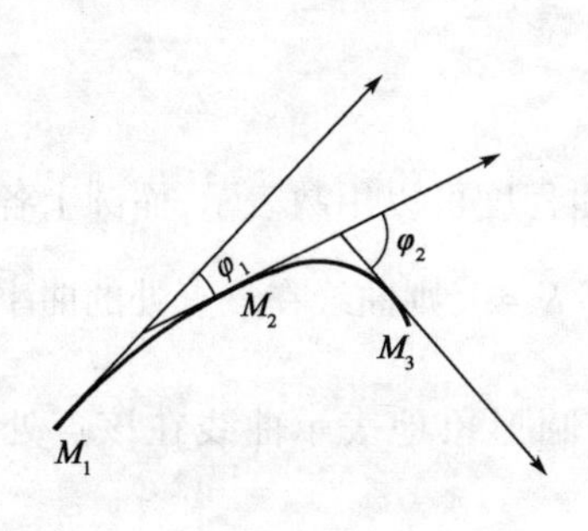

图 3-11

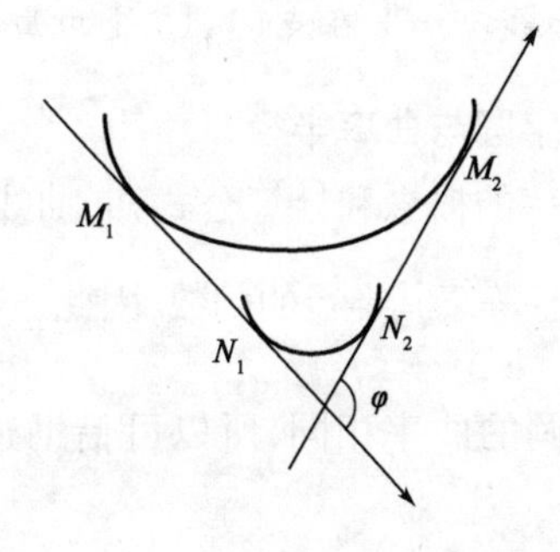

图 3-12

由上面的分析可知，比值 $\left|\dfrac{\Delta\alpha}{\Delta s}\right|$ 即单位弧段上转角的大小，刻画了相应弧段的弯曲程度.

如图 3-13 所示，$\Delta\alpha$ 表示曲线弧 $\overset{\frown}{AB}$ 上切线方向变化的角度，Δs 表示 $\overset{\frown}{AB}$ 的弧长，我们称 $\bar{K} = \left|\dfrac{\Delta\alpha}{\Delta s}\right|$ 为曲线弧 $\overset{\frown}{AB}$ 的平均曲率，它刻画了这一段曲线的平均弯曲程度.

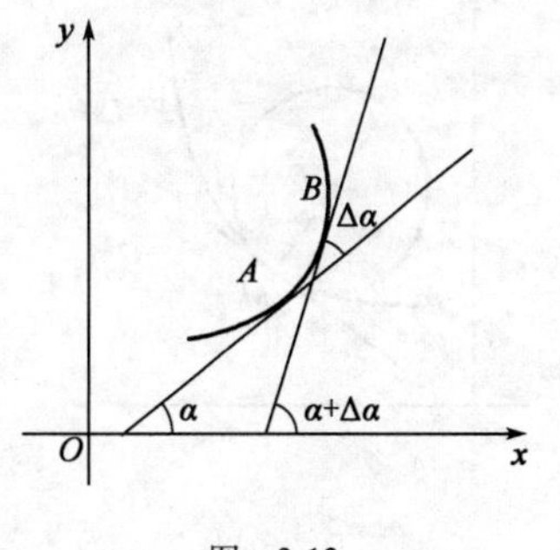

图 3-13

当 $\Delta s \to 0$（即 $B \to A$）时，平均曲率的极限称为曲线在点 A 处的曲率，记作 K，即

$$K = \lim_{\Delta s \to 0}\left|\frac{\Delta\alpha}{\Delta s}\right| = \left|\frac{\mathrm{d}\alpha}{\mathrm{d}s}\right|.$$

下面我们推导曲线在任意一点的曲率计算公式.

设曲线方程为 $y = f(x)$，$f(x)$ 具有二阶导数，由导数的几何意义，得 $y' = \tan\alpha$，$y'' = \sec^2\alpha\dfrac{\mathrm{d}\alpha}{\mathrm{d}x}$，即

$$\frac{\mathrm{d}\alpha}{\mathrm{d}x} = \frac{y''}{\sec^2\alpha} = \frac{y''}{1 + \tan^2\alpha} = \frac{y''}{1 + (y')^2}.$$

又因为$\frac{\mathrm{d}s}{\mathrm{d}x}=\sqrt{1+y'^2}$，所以$\frac{\mathrm{d}\alpha}{\mathrm{d}s}=\frac{\frac{\mathrm{d}\alpha}{\mathrm{d}x}}{\frac{\mathrm{d}s}{\mathrm{d}x}}=\frac{\frac{y''}{1+(y')^2}}{\sqrt{1+(y')^2}}=\frac{y''}{[1+(y')^2]^{\frac{3}{2}}}$，由此可得曲率的计算公式

$$K=\left|\frac{\mathrm{d}\theta}{\mathrm{d}s}\right|=\frac{|y''|}{[1+(y')^2]^{\frac{3}{2}}} \tag{3-9}$$

【例 3-26】 求圆$x^2+y^2=R^2$在任意一点处的曲率.

解 将$x^2+y^2=R^2$两边对x求导，得$2x+2yy'=0$.

$$y'=-\frac{x}{y},\quad y''=-\frac{1+y'^2}{y}=-\frac{R^2}{y^3}.$$

代入曲率公式(3-9)得，$K=\frac{1}{R}$.

上式说明，圆在每一点处的曲率都相等，且等于半径的倒数.

【例 3-27】 计算等边双曲线$xy=1$在点(1,1)处的曲率.

解 由$y=x^{-1}$，得$y'=-x^{-2}$，$y''=2x^{-3}$，所以$y'|_{x=1}=-1$，$y''|_{x=1}=2$，把它们代入曲率公式，便得曲线$xy=1$在点(1,1)处的曲率为$K=\frac{\sqrt{2}}{2}$.

3. 曲率圆与曲率半径

由曲率的概念和计算公式知，曲线上任一点处的弯曲程度可以用数表示，而圆上各点处的曲率相等且等于其半径的倒数. 因此，若曲线上某点的曲率$K\neq0$，则曲线在该点处的曲率和以$\frac{1}{K}$为半径的圆的曲率相同，所以可借助这种以$\frac{1}{K}$为半径的圆形象地表示曲线在该点处的弯曲程度.

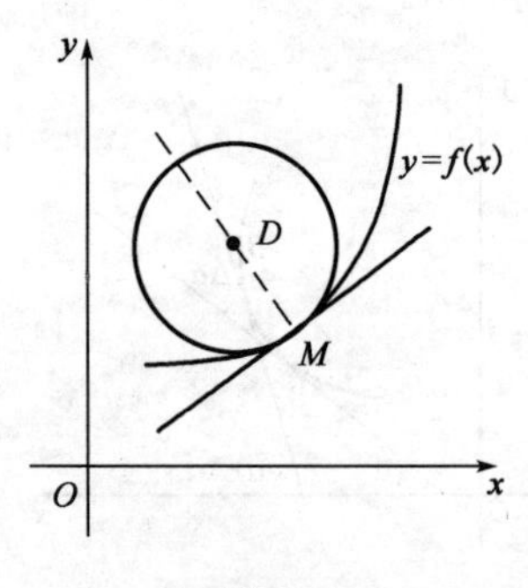

图 3-14

设曲线$y=f(x)$在点$M(x,y)$处的曲率为$K(K\neq0)$，在曲线上的点M处的法线上凹的一侧取一点D，使得$|DM|=\frac{1}{K}=\rho$，以D为圆心，ρ为半径作圆(图 3-14)，称这个圆为曲线$f(x)$在点M处的曲率圆，曲率圆的圆心D称为曲线在点M处的曲率中心，曲率圆的半径ρ称为曲线在点M处的曲率半径.

显然，曲线$y=f(x)$在点M处的曲率半径ρ和曲率K有如下关系：

$$K=\frac{1}{\rho},\ \rho=\frac{1}{K}$$

曲率圆与曲线在点M有相同的切线、相同的曲率和相同的凹凸向. 因此，曲线在一点处的曲率圆也称为密切圆.

【例 3-28】 求抛物线$y=x^2$上任一点处的曲率和曲率半径.

解 因为$y'=2x$，$y''=2$，所以$K=\frac{|y''|}{(1+y'^2)^{\frac{3}{2}}}=\frac{2}{(1+4x^2)^{\frac{3}{2}}}$，曲率半径为

$$\rho=\frac{1}{K}=\frac{(1+4x^2)^{\frac{3}{2}}}{2}.$$

【例 3-29】（公路的弯道分析）设汽车以匀速 v 在公路上行驶. 当汽车转弯时，为了使汽车能够平稳地逐渐转弯，在弯道处必须采取一定的措施，也就是在弯道处将外侧垫高. 公路在弯道前是平坦的直线，公路的高度相同. 弯道的主要部分是圆弧状的曲线（设半径为 R），那里的外侧必须垫高 h. 由直线部分到圆弧部分，外侧的弯曲有一个跳跃，即曲率由 0 直接跳至 $\frac{1}{R}$，这样，车辆的行驶就产生一个冲动，因此，在直线和圆弧部分之间必须接入一缓冲曲线，使公路直线部分的曲率由零连续过渡到圆弧部分的曲率 $\frac{1}{R}$.

国内一般采用的缓冲曲线是三次抛物线（图 3-15），图中 x 轴（$x<0$）表示直线轨道，$\overparen{AB}$ 是圆弧弯道，其圆心为 P，$\overparen{OA}$ 是缓冲曲线，方程为 $y=\frac{x^3}{6Rl}$，其中 l 是曲线弧 $\overparen{OA}$ 的长度. 试验证明，当所取 l 比 R 小得多时，缓冲曲线在 $\overparen{OA}$ 端点 O 处的曲率为 0（直线的曲率），在端点 A 处的曲率近似于 $\frac{1}{R}$（圆弧弯道的曲率）.

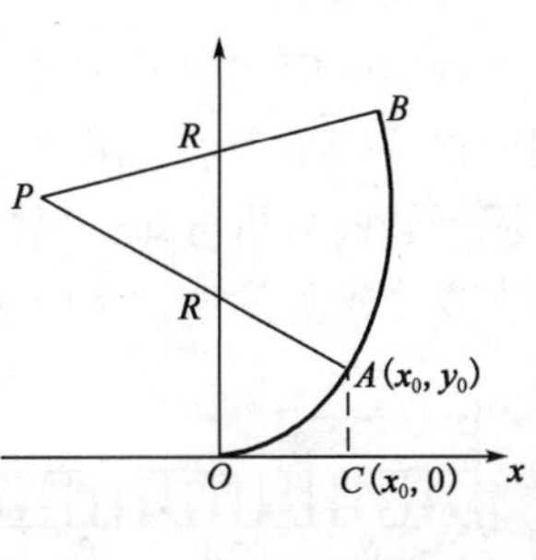

图 3-15

解 由曲率计算公式，得曲线弧 $\overparen{OA}$ 的曲率为

$$K=\frac{|y''|}{[1+(y')^2]^{\frac{3}{2}}}=\frac{8R^2l^2x}{(4R^2l^2+x^4)^{\frac{3}{2}}}.$$

在端点 O 处，$x=0$，所以 $K_0=0$.

在端点 A 处，设 $x=x_0$，实际中 $\overparen{OA}$ 的长度 l 和直线段 OC 的长度 x_0 比较接近，即 $x_0\approx l$，且注意到 l 比 R 小得多，即 $\frac{l}{R}\approx 0$，所以

$$K_A\approx\frac{8R^2l^3}{(4R^2l^2+l^4)^{\frac{3}{2}}}=\frac{1}{R}\frac{1}{\left(1+\frac{l^2}{4R^2}\right)^{\frac{3}{2}}}\approx\frac{1}{R}.$$

因此，缓冲曲线 $\overparen{OA}$ 的曲率由 0 连续变化到 $\frac{1}{R}$，起到了缓冲作用.

在工程技术中往往出现 $|y'|$ 很小的情形，如在土木工程中，梁由于承重而弯曲，但是梁弯曲的程度很小，即各点的倾斜角 θ 很小，此时 $|y'|$ 远小于 1，所以 y'^2 可以忽略不计，于是 $1+y'^2\approx 1$，从而可得曲率的近似计算公式

$$K=\frac{|y''|}{(1+y'^2)^{\frac{3}{2}}}\approx|y''|.$$

二、最大值与最小值

1. 闭区间上连续函数的最大值与最小值

如前所述，函数的最值与极值是两个不同的概念，极值的概念是局部的，而最值的概念是全局的，但是求最值往往借助于极值.

设函数 $y=f(x)$ 在闭区间 $[a,b]$ 上连续，由闭区间上连续函数的性质知，$f(x)$ 在 $[a,b]$ 上一定存在最大值和最小值. $f(x)$ 的最值可能在区间端点取得，也可能在 (a,b) 内取得. 如果 $f(x)$ 的最值在 (a,b) 内的点 x_0 处取得，则 $f(x_0)$ 一定是函数的极值，这时点 x_0 必是 $f(x)$ 的驻点或不

可导点. 由此可见,$[a,b]$上连续函数$f(x)$的最值必在驻点、不可导点或端点处取得,只要把这些点处的函数值进行比较,就可求出$f(x)$的最值.

【例 3-30】 求$f(x)=x^4-2x^2+1$在$[-2,2]$上的最大值与最小值.

解 $f'(x)=4x^3-4x=4x(x-1)(x+1)$.

令$f'(x)=0$,得$x=0,x=-1,x=1$,

$f(0)=1,f(-1)=f(1)=0,f(-2)=f(2)=9$.

比较可得$f(x)$在$[-2,2]$上的最大值为$f(-2)=f(2)=9$,最小值为$f(-1)=f(1)=0$.

2. 实际应用

在实际应用中,经常会遇到如何求成本最低、用料最省、利润最大等问题. 在数学上,这些问题往往归结为求一函数(通常称为目标函数)的最值问题. 求实际问题中的最值时,如果从实际问题的分析可知,函数在给定的区间内必有最值,且函数在该区间内有唯一可能极值点,则在这个点处的值就是所求的最值.

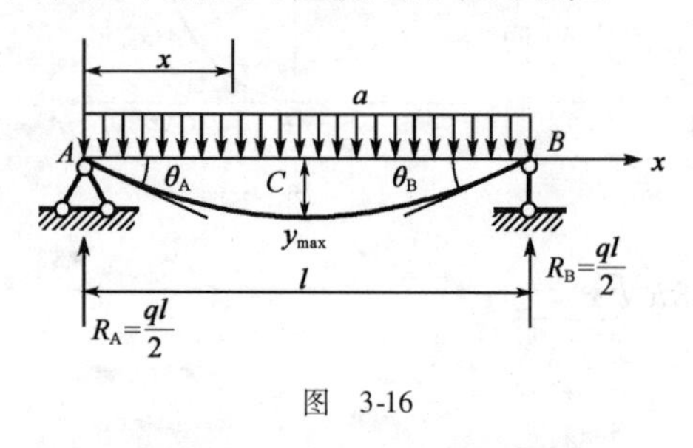

图 3-16

【例 3-31】 简支梁受均匀荷载作用(图 3-16),梁长为l,荷载分布集度为q,在工程中,由于梁的变形都很微小,所以梁的水平位移可以忽略不计,这样梁轴线上任一点在垂直于轴线方向的线位移称为该点的挠度,而梁在变形时其轴线绕过的角度称为转角. 试计算该简支梁在支座A处的转角和梁的最大挠度.

解 建立如图 3-16 所示的直角坐标系,显然梁的挠度y和转角θ是随轴线上点x的变化而变化,即y和θ都是x的函数. 由工程力学知,梁的挠曲线方程为

$$y=\frac{q}{24EI}x(x^3-2lx^2+l^3)\quad(0<x<l)$$

由图 3-16 可知,简支梁在点x处的转角等于在挠曲线上点x处切线的倾斜角,根据导数的几何意义,有$\tan\theta=\frac{\mathrm{d}y}{\mathrm{d}x}$,由于变形很小,所以$\tan\theta\approx\theta$,即

$$\theta=\frac{\mathrm{d}y}{\mathrm{d}x}=\frac{q}{24EI}(4x^3-6lx^2+l^3).$$

在支座A处,$x=0$,此时转角$\theta_A=\frac{ql^3}{24EI}$,令$\frac{\mathrm{d}y}{\mathrm{d}x}=0$,即

$$(2x-l)(2x^2-2lx-l^2)=0.$$

在定义域$(0,l)$得函数y的唯一驻点$x=\frac{l}{2}$,所以当$x=\frac{l}{2}$时,梁的挠度最大,即梁的最大挠度发生在梁的中点,此时梁的转角$\theta=0$,梁的最大挠度为$y_{\max}=\frac{5ql^4}{384EI}$.

【例 3-32】 (本章引例)设在相同的观测条件下对某个量进行了n次等精度测量,测量值分别为$x_1,x_2,\cdots,x_n$. 证明:当取这n个测量值的算术平均值$\frac{x_1+x_2+\cdots+x_n}{n}$作为$x$的近似值时,能使$n$次测量所产生的误差平方和(总误差)$(x-x_1)^2+(x-x_2)^2+\cdots+(x-x_n)^2$为最小.

证明 令$y=(x-x_1)^2+(x-x_2)^2+\cdots+(x-x_n)^2$,则

$$y' = 2(x - x_1) + 2(x - x_2) + \cdots + 2(x - x_n).$$

令 $y'=0$,得函数 y 的唯一驻点 $x = \dfrac{x_1 + x_2 + \cdots + x_n}{n}$.

因为函数 y 的最小值一定存在,所以,当 $x = \dfrac{x_1 + x_2 + \cdots + x_n}{n}$时,误差的平方和最小.

【例 3-33】 铁路线上有 A、B 两城,相距 100km,工厂 C 距 A 城 20km,且 AC 垂直于 AB. 为了运输需要,要在 AB 线上选定一点 D 向工厂 C 修筑一条公路. 已知铁路每公里货物的运费与公路上每公里货物的运费之比为 3∶5 为使货物从 B 城运到工厂 C 的运费最省. 问 D 点应选在何处(图 3-17)?

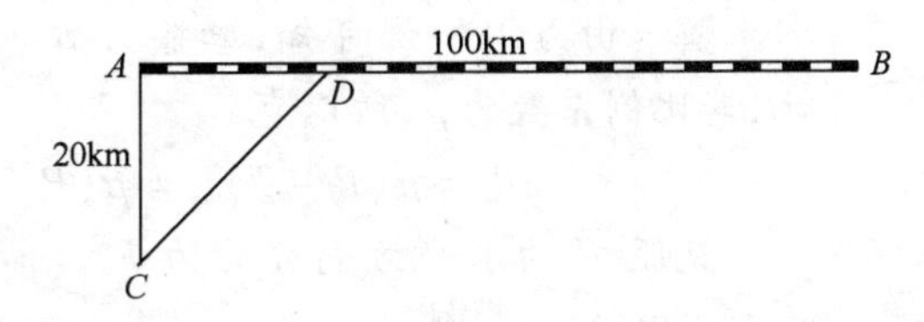

图 3-17

解 设 D 点选在铁路线上距离 A 城 $x$km 处,即 $AD = x$,则

$$DB = 100 - x, CD = \sqrt{400 + x^2}.$$

由于铁路上每公里货物运费与公路上每公里货物的运费之比为 3∶5,因此我们不妨设铁路上每公里货物运费为 $3k$,则公路上每公里货运的运费为 $5k$(k 为某个正数),从 B 城到工厂 C 的总运费为 y,则

$$y = 5k\sqrt{400 + x^2} + 3k(100 - x), (0 \leqslant x \leqslant 100).$$

现在的问题归结为:x 在[0,100]内取何值时目标函数 y 最小.

求 y 对 x 的导数,得

$$y' = 5k\frac{x}{\sqrt{400 + x^2}} - 3k = \frac{k(5x - 3\sqrt{400 + x^2})}{\sqrt{400 + x^2}}.$$

令 $y'=0$,得函数 y 在[0,100]上的唯一驻点 $x = 15$,因此 D 点选在距离 A 城 15km 处,总运费最省.

【例 3-34】 把一根直径为 d 的圆木锯成截面为矩形的梁(图 3-18). 问矩形截面的高 h 和宽 b 应如何选择才能使梁的抗弯截面模量 W($W = \dfrac{1}{6}bh^2$)最大?

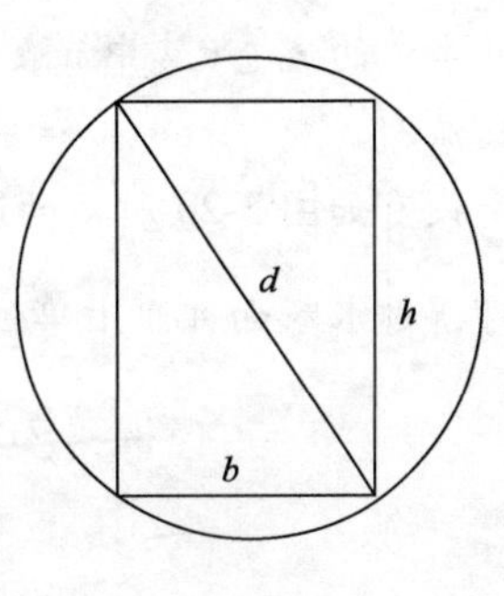

图 3-18

解 由力学分析可知,矩形梁的抗弯截面模量 $W = \dfrac{1}{6}bh^2$.

由图 3-18 可以看出,$h^2 + b^2 = d^2$,所以

$$W = \frac{1}{6}b(d^2 - b^2) \quad (0 < b < d).$$

现在的问题归结为:b 等于多少时目标函数 W 最大.

求 W 对 b 的导数,得

$$W' = \frac{1}{6}(d^2 - 3b^2).$$

令 $W'=0$,得唯一驻点 $b=\sqrt{\frac{1}{3}}d$.

所以,当 $b=\sqrt{\frac{1}{3}}d$ 时,W 的值最大.这时,$h^2=d^2-b^2=d^2-\frac{1}{3}d^2=\frac{2}{3}d^2$,即 $h=\sqrt{\frac{2}{3}}d$.

所以,当 $h=\sqrt{\frac{2}{3}}d,b=\sqrt{\frac{1}{3}}d$ 时,即 $d:h:b=\sqrt{3}:\sqrt{2}:1$ 时,梁的抗弯截面模量最大.

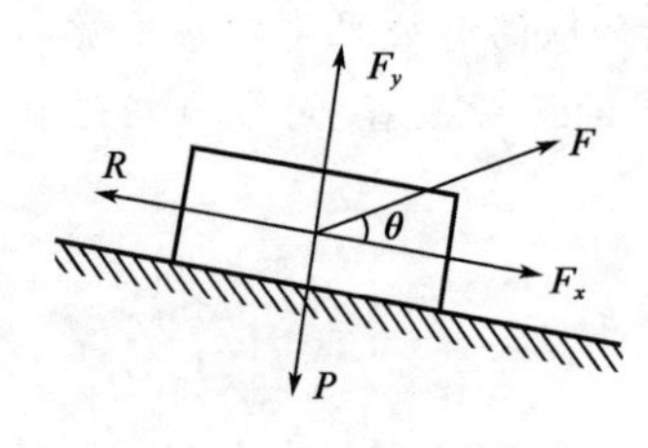

图 3-19

【例 3-35】 在水平面上有一重量为 P 的物体(图 3-19),受力 F 的作用开始移动,设物体与水平面的摩擦系数为 μ,问力 F 与水平面交角 θ 等于多少时,才能使力 F 最小.

解 由力学知识可知,摩擦力 R 与接触面的正压力成正比,其比例系数为 μ,所以有

$$R=\mu(P-F_y)=\mu(P-F\sin\theta).$$

克服 F 的水平方向分力为 $F_x=F\cos\theta$,物体开始移动时,$F_x=R$,即 $F\cos\theta=\mu(P-F\sin\theta)$,由此得

$$F=\frac{\mu P}{\cos\theta+\mu\sin\theta}\quad\left(0\leqslant\theta<\frac{\pi}{2}\right).$$

现在的问题归结为:当 θ 取何值时,目标函数 F 最小.

由于 μP 是常数,要使 $F=\frac{\mu P}{\cos\theta+\mu\sin\theta}$ 最小,只需其分母 $f(\theta)=\cos\theta+\mu\sin\theta$ 最大即可.

求 $f(\theta)$ 对 θ 的导数,得 $f'(\theta)=-\sin\theta+\mu\cos\theta$.

令 $f'(\theta)=0$,得唯一驻点 $\theta=\arctan\mu$,所以当 $\theta=\arctan\mu$ 时,$f(\theta)$ 有最大值,此时,F 有最小值.

三、工程应用

下面通过专业案例说明导数在工程实际中的具体应用.

【例 3-36】 天然河流中的水流现象分为缓流和急流,在工程中通常用公式 $Fr=\frac{\sqrt{\alpha}v}{\sqrt{g\bar{h}}}$ 来判断水流的流态(其中 v 表示实际流速,$\bar{h}$ 表示水深),若 $Fr>1$ 为急流,$Fr=1$ 为临界流,$Fr<1$ 为缓流.

设有如图 3-20 所示的渐变流,由桥涵水力水文知识知,若以渠底平面 O'—O' 为基准面,则可得过水断面 A-A 上单位质量液体所具有的能量(通常称其为断面比能)为 $E_s=h+\frac{\alpha Q^2}{2gA^2}$.

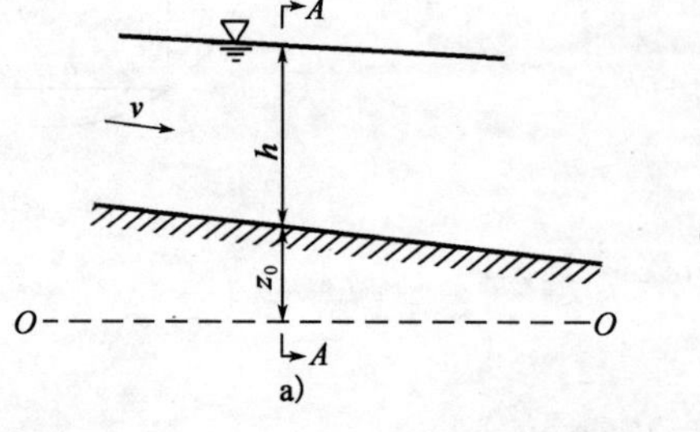

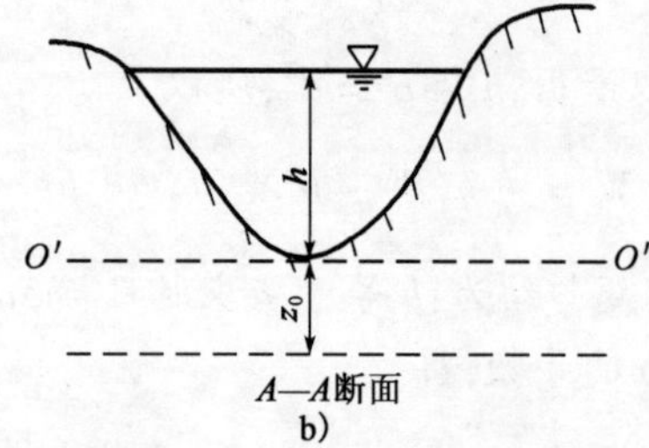

图 3-20

其中,Q 表示某一时刻通过断面的流量,A 表示断面面积.

设渠道断面为矩形,水面宽度 $b=3\text{m}$,边坡系数 $\alpha=1.5$,当通过流量 $Q=8\text{m}^3/\text{s}$ 时,水深为 1m,试计算临界流时的水深,并判别水流的流态.

解 因为渠道断面为矩形,所以 $A=hb$,这时有

$$E_s = h + \frac{\alpha Q^2}{2gA^2} = h + \frac{\alpha Q^2}{2gb^2h^2}.$$

显然 E_s 是 h 的函数,将其对 h 求导,得 $\frac{\mathrm{d}E_s}{\mathrm{d}h}=1-\frac{\alpha Q^2}{gb^2h^3}$,而断面流速 $v=\frac{Q}{A}$,所以有

$$\frac{\mathrm{d}E_s}{\mathrm{d}h} = 1 - \frac{\alpha Q^2}{gb^2h^3} = 1 - \frac{\alpha v^2}{gh} = 1 - Fr^2.$$

令 $\frac{\mathrm{d}E_s}{\mathrm{d}h}=0$,即 $Fr=1$,此时水流为临界流.

由 $\frac{\mathrm{d}E_s}{\mathrm{d}h}=1-\frac{\alpha Q^2}{gb^2h^3}=0$,可得临界水深

$$h = \sqrt[3]{\frac{\alpha Q^2}{gb^2}} = \sqrt[3]{\frac{1.5\times 8^2}{9.8\times 3^2}} \approx \sqrt[3]{1.09}\ .$$

因为临界水深大于实际水深,所以 $\frac{\mathrm{d}E_s}{\mathrm{d}h}=1-\frac{\alpha Q^2}{gb^2h^3}<0$,即 $Fr>1$,故水流为急流.

★课堂思考题

1. 已知一条曲线在点 M 处的曲率为 $\frac{1}{5}$,你能想象出它的弯曲程度吗?

2. 有一个半径为 5 的圆,你能想象出该圆上任一点处的弯曲程度吗?

习题 3-4

1. 求抛物线 $y=x^2+x$ 在点(0,0)处的曲率.
2. 求双曲线 $xy=4$ 在点(2,2)的曲率.
3. 求下列函数在指定区间的最大值和最小值:

(1) $f(x)=x^3-3x^2-9x+5, x\in[-2,6]$;　　(2) $f(x)=x+\sqrt{1-x}, x\in[-5,1]$;

(3) $f(x)=\sin 2x-2, x\in\left[-\frac{\pi}{2},\frac{\pi}{2}\right]$;　　(4) $f(x)=\frac{x^2}{1+x}, x\in\left[-\frac{1}{2},1\right]$.

4. 要做一个容积为 V 的无盖圆柱形水桶,问底圆半径和高各为多少时,才能使其表面积最小.

5. 某地下冷藏库拟建成截面为矩形加半圆形(图 3-21),截面面积为 5m^2. 问底宽 x 为多少时才能使其截面的周长最小,从而使建造时所用的材料最省.

6. 从一块半径为 R 的圆铁片挖去一个扇形,做成一个漏斗(图 3-22),问留下的扇形的中心角 φ 取多大时,做成的漏斗的容积最大.

7. 把一根直径为 d 的圆木锯成矩形横梁,已知梁的强度与矩形的宽成正比,与它的高的平方也成正比,问宽与高如何选择,才能使横梁强度最大.

8. 在曲线 $y=x^2-x$ 上求一点,使其到定点 $M(0,1)$ 的距离最短.

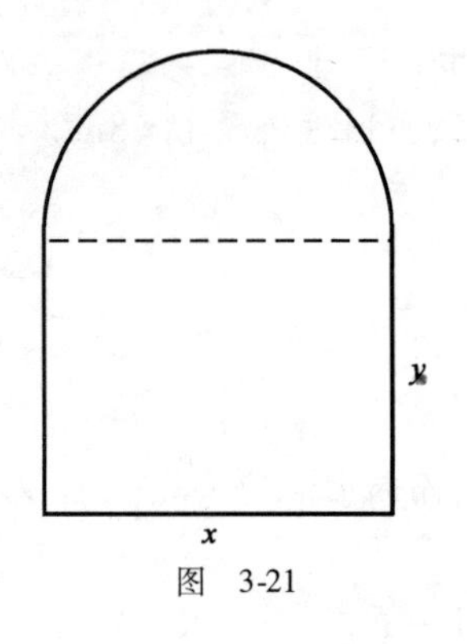

图 3-21

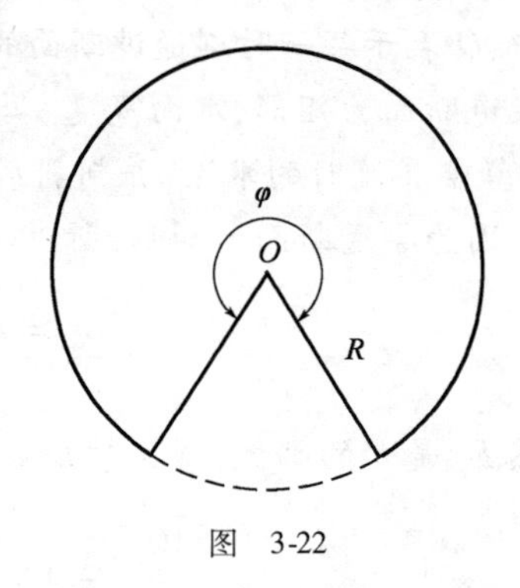

图 3-22

第五节　微分及其应用

在许多实际问题中,当自变量有微小的变化时,需要计算函数的改变量.一般说来,函数改变量的计算比较复杂,如何建立计算函数改变量的近似式,使它即便于计算又有一定的精确度,这就是本节要解决的问题.

一、微分的定义

【例 3-37】　一个正方形金属薄片(图 3-23),当受热时,边长由 x_0 变到 $x_0+\Delta x$,问此薄片的面积大约改变了多少?

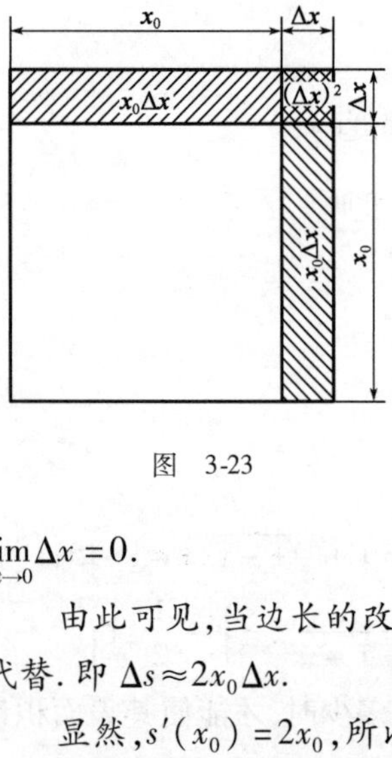

图 3-23

解　设此薄片的边长为 x,面积为 s,则 $s=x^2$.所求薄片面积的改变量,可以看成当自变量 x 在 x_0 取得增量 Δx 时,函数 s 相应的增量 Δs,即

$$\Delta s=(x_0+\Delta x)^2-x_0^2=2x_0\Delta x+(\Delta x)^2.$$

从上式可以看出,Δs 可分成两部分,第一部分 $2x_0\Delta x$ 是 Δx 的线性函数,即图 3-23 中带有斜线的两个矩形面积之和,而第二部分 $(\Delta x)^2$ 在图 3-23 中是带有交叉斜线的小正方形的面积.当 $\Delta x\to 0$ 时,第二部分 $(\Delta x)^2$ 是比 Δx 高阶的无穷小量,即 $\lim\limits_{\Delta x\to 0}\dfrac{(\Delta x)^2}{\Delta x}=\lim\limits_{\Delta t\to 0}\Delta x=0$.

由此可见,当边长的改变很微小,即 Δx 很小时,面积的改变量 Δs 可近似地用第一部分来代替.即 $\Delta s\approx 2x_0\Delta x$.

显然,$s'(x_0)=2x_0$,所以 $\Delta s\approx s'(x_0)\Delta x$.

定义 3.6　设函数 $y=f(x)$ 在 x_0 可导,则称 $f'(x_0)\cdot\Delta x$ 为函数 $y=f(x)$ 在点 x_0 处的微分,记作 $\mathrm{d}y$,即 $\mathrm{d}y=f'(x_0)\cdot\Delta x$,此时,称 $y=f(x)$ 在 x_0 可微.

函数 $y=f(x)$ 在任意点 x 的微分,称为函数的微分,记作 $\mathrm{d}y$ 或 $\mathrm{d}f(x)$,即

$$\mathrm{d}y=f'(x)\Delta x.$$

【例 3-38】　求 $y=x$ 的微分.

解　由微分的定义得,$\mathrm{d}y=\mathrm{d}x=x'\Delta x=\Delta x$,即 $\mathrm{d}x=\Delta x$.

也就是说,自变量 x 的微分 $\mathrm{d}x$ 等于其增量 Δx,于是函数 $y=f(x)$ 的微分计算公式又可记为

$$\mathrm{d}y = f'(x)\mathrm{d}x \tag{3-10}$$

从而有

$$\frac{\mathrm{d}y}{\mathrm{d}x} = f'(x).$$

这就是说,函数的微分 $\mathrm{d}y$ 与自变量的微分 $\mathrm{d}x$ 之商等于该函数的导数.因此导数也叫做"微商".

【例 3-39】 求 $y=x^2$ 在 $x=1$ 处的微分.

解 $\mathrm{d}y\Big|_{x=1} = (x^2)'\Big|_{x=1}\cdot\mathrm{d}x = 2\mathrm{d}x.$

【例 3-40】 求 $y=x^3\mathrm{e}^{2x}$ 的微分.

解 因为 $y' = 3x^2\mathrm{e}^{2x}+2x^3\mathrm{e}^{2x} = x^2(3+2x)\mathrm{e}^{2x}$,所以

$$\mathrm{d}y = x^2(3+2x)\mathrm{e}^{2x}\mathrm{d}x.$$

二、微分的几何意义

为了从直观上理解函数的微分概念,下面讨论它的几何意义.

如图 3-24 所示,函数 $y=f(x)$ 的图形是一条曲线,当自变量 x 由 x_0 变到 $x_0+\Delta x$ 时,曲线上的对应点由 $M(x_0,y_0)$ 变到点 $M'(x_0+\Delta x, y_0+\Delta y)$.过点 M 作曲线的切线 MT,它的倾角为 α,从图 3-24 可知,$PQ = MQ\tan\alpha = f'(x_0)\Delta x$,即

$$\mathrm{d}y = PQ.$$

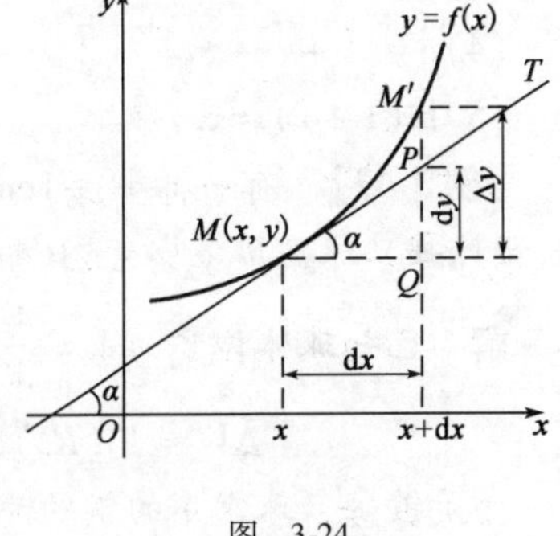

图 3-24

由此可见,函数 $y=f(x)$ 在 x_0 点的微分,就是曲线 $y=f(x)$ 在点 $M(x_0,y_0)$ 的切线 MT 上当横坐标由 x_0 变到 $x_0+\Delta x$ 时,对应的纵坐标的改变量.

显然,当 $|\Delta x|$ 很小时,$\Delta y\approx \mathrm{d}y$,并且 $|\Delta x|$ 越小,近似程度就越好.从图 3-24 中我们还看到,当 $|\Delta x|$ 很小时,可以用切线段近似地代替曲线段.这正是高等数学中的一个重要思想——"以直代曲",这种思路我们还将在今后的学习中用到.

三、微分形式的不变性

设函数 $y=f(u)$ 在点 u 可微,则

(1)若 u 为自变量,则 $\mathrm{d}y = f'(u)\mathrm{d}u$;

(2)若 u 是中间变量,$u=\varphi(x)$,且 $\varphi'(x)$ 存在,则复合函数 $y=f[\varphi(x)]$ 的微分

$$\mathrm{d}y = f'(u)\varphi'(x)\mathrm{d}x.$$

由于 $\mathrm{d}u = \varphi'(x)\mathrm{d}x$,所以 $\mathrm{d}y = f'(u)\mathrm{d}u$.

由此可知,无论 u 是自变量还是中间变量,函数 $y=f(u)$ 的微分形式总可以表示为 $\mathrm{d}y = f'(u)\mathrm{d}u$.这一性质称为微分形式的不变性.

【例 3-41】 求函数 $y=\sin\mathrm{e}^x$ 的微分.

解 $\mathrm{d}y = \mathrm{d}(\sin\mathrm{e}^x) = \cos\mathrm{e}^x\mathrm{d}(\mathrm{e}^x) = \mathrm{e}^x\cos\mathrm{e}^x\mathrm{d}x.$

【例 3-42】 求函数 $y=\ln\tan 2x$ 的微分.

解 $\mathrm{d}y = \dfrac{1}{\tan 2x}\mathrm{d}(\tan 2x) = \cot 2x\sec^2 2x\mathrm{d}(2x) = 2\cot 2x\sec^2 2x\mathrm{d}x.$

$$=\frac{2}{\sin 2x\cos 2x}\mathrm{d}x=\frac{4}{\sin 4x}\mathrm{d}x=4\csc 4x\mathrm{d}x.$$

四、微分的应用

1. 近似计算

在工程问题中，经常会遇到一些复杂的计算公式，如果直接用这些公式进行计算比较繁琐，利用微分往往可以把一些复杂的计算公式用简单的近似公式来代替.

当函数 $y=f(x)$ 在点 x_0 处的导数 $f'(x_0)\neq 0$ 且 $|\Delta x|$ 很小时，有

$$\Delta y=f(x_0+\Delta x)-f(x_0)\approx f'(x_0)\Delta x \tag{3-11}$$

或

$$f(x_0+\Delta x)\approx f(x_0)+f'(x_0)\Delta x \tag{3-12}$$

利用式(3-11)可以计算 Δy 的近似值，利用式(3-12)可以计算 $f(x)$ 的近似值，当 $|x|$ 很小时，利用式(3-12)可推导出工程上常用的近似公式：

(1) $\sqrt[n]{1+x}\approx 1+\frac{1}{n}x$；

(2) $\sin x\approx x$；

(3) $\tan x\approx x$；

(4) $\mathrm{e}^x\approx 1+x$；

(5) $\ln(1+x)\approx x$.

【例 3-43】 有一批半径 1cm 的球，为了提高球面的光洁度，要镀上一层厚度为 0.01cm 的铜，预计每只球需用多少克铜(铜的密度是 $8.9\mathrm{g/cm^3}$)？

解 已知球体体积为 $V=\frac{4}{3}\pi R^3$，$R_0=1\mathrm{cm}$，$\Delta R=0.01\mathrm{cm}$，镀层的体积为

$$\Delta V\approx V'(R_0)\Delta R\cong 4\times 3.14\times 1^2\times 0.01=0.13(\mathrm{cm})^3.$$

于是镀每只球需用的铜约为

$$0.13\times 8.9=1.16(\mathrm{g}).$$

【例 3-44】 利用微分计算 $\sin 30°30'$ 的近似值.

解 已知 $30°30'=\frac{\pi}{6}+\frac{\pi}{360}$，$x_0=\frac{\pi}{6}$，$\Delta x=\frac{\pi}{360}$

$$\sin 30°30'=\sin(x_0+\Delta x)\approx\sin x_0+\cos x_0(\Delta x)$$

$$=\sin\frac{\pi}{6}+\cos\frac{\pi}{6}\cdot\frac{\pi}{360}=\frac{1}{2}+\frac{\sqrt{3}}{2}\cdot\frac{\pi}{360}=0.5076.$$

即 $\sin 30°30'\approx 0.5076$.

【例 3-45】 计算 $\sqrt{1.05}$ 的近似值.

解 因为 $\sqrt[n]{1+x}\approx 1+\frac{1}{n}x$，所以

$$\sqrt{1.05}=\sqrt{1+0.05}\approx 1+\frac{1}{2}\times 0.05=1.025.$$

2. 误差估计

在工程实践中，经常要测量各种数据，但是有的数据不易直接测量，这时我们可通过测量其他有关数据后，根据某种公式算出所要的数据. 由于测量仪器的精度、测量的条件和测量的方法等各种因素的影响，测得的数据往往带有误差，而根据带有误差的数据计算所得的结果也

会有误差,我们把它叫做间接测量误差.

下面就讨论怎样用微分来估计间接测量误差.

如果某个量的精确值(或真值)为A,它的近似值(或测量值)为a,则称$|A-a|$为a的绝对误差,$\frac{|A-a|}{|a|}$为a的相对误差.

在工程实际中,某个量的精确值往往是无法知道的,于是绝对误差和相对误差也就无法求得.但是,在工程实际中,往往可以根据测量仪器的精度等因素,能够确定误差的范围.假设规定真值A与测量值a的误差不超过δ_A,即$|A-a|\leqslant\delta_A$,则称δ_A为测量A的绝对误差限,$\frac{\delta_A}{|a|}$为测量A的相对误差限.

绝对误差限与相对误差限简称为绝对误差与相对误差.

一般地,根据测量值的x值和公式$y=f(x)$计算y值时,如果已知测量x的绝对误差是δ_x,即$|x|\leqslant\delta_x$,则当$y'\neq0$时,有

$$|\Delta y|\approx|\mathrm{d}y|=|y'|\cdot|\Delta x|\leqslant|y'|\cdot\delta_x,$$

即y的绝对误差约为$\delta_y=|y'|\delta_x$,y的相对误差约为

$$\frac{\delta_y}{|y|}=\left|\frac{y'}{y}\right|\cdot\delta_x.$$

【例3-46】 设测得圆钢截面的直径$D=60.03\mathrm{mm}$,测量D的绝对误差限$\delta_D=0.05$,利用公式$A=\frac{\pi}{4}D^2$计算圆钢的截面面积时,试估计面积的绝对误差和相对误差.

解 $\Delta A\approx\mathrm{d}A=A'\cdot\Delta D=\frac{\pi}{2}D\cdot\Delta D$, $|\Delta A|\approx|\mathrm{d}A|=\frac{\pi}{2}D\cdot|\Delta D|\leqslant\frac{\pi}{2}D\cdot\delta_D$.

已知$D=60.03$,$\delta_D=0.05$,所以圆钢截面的绝对误差和相对误差分别为

$$\delta_A=\frac{\pi}{2}D\cdot\delta_D=\frac{\pi}{2}\times60.03\times0.05=4.715(\mathrm{mm}^2)$$

$$\frac{\delta_A}{A}=\frac{\frac{\pi}{2}D\cdot\delta_D}{\frac{\pi}{4}D^2}=2\cdot\frac{\delta_D}{D}=2\times\frac{0.05}{60.03}\approx0.17\%$$

$$=0.5\pi^2=4.93(\mathrm{cm/s^2}).$$

3.工程应用

在相同的观测条件下,对某个量进行了n次等精度观测,观测值分别为$x_1,x_2,\cdots,x_n$,假设其真值为x,则第i次观测值的真误差为

$$\Delta_i=x-x_i\quad(i=1,2,\cdots,n).$$

在工程测量学中,各真误差平方的平均数的平方根

$$m=\pm\sqrt{\frac{(\Delta_1^2+\Delta_2^2+\cdots+\Delta_n^2)}{n}}$$

称为观测量的中误差,它是衡量测量精度的指标之一.

在工程实际中,我们往往会遇到某些量的大小并不能直接观测,而是通过先观测其他相关的量后再根据这个量和相关量的函数关系计算得到.由自变量的中误差而导致函数的中误差公式可利用微分导出.

设函数 $y=f(x)$，x 的中误差为 m_x，由微分的定义可得 y 的中误差为

$$m_y = \pm f'(x) m_x \tag{3-13}$$

【例 3-47】 在 1∶500 的地形图上，测得某线段 AB 的平距 $d_{AB}=51.2\text{mm}\pm0.2\text{mm}$，求线段 AB 的实地平距及其中误差.

解 由已知条件知，实地平距 $D_{AB}=500\cdot d_{AB}=25\,600\text{mm}$

$$D'_{AB} = 500, m_d = \pm 0.2\text{mm}.$$

将上式代入公式(3-13)得

$$m_D = \pm D'_{AB}\cdot m_d = \pm 500\times0.2=\pm100.$$

即线段 AB 的实地平距为 $25.6\text{m}\pm0.1\text{m}$，其中误差为 $\pm0.1\text{m}$.

★课堂思考题

1. 已知 $dy=(3x^2-2x+1)dx$，求 y 的表达式.
2. 函数在一点处的导数与微分的区别是什么？

习题 3-5

1. 请在下列括号中填写正确的内容：

(1) $d(\quad)=3dx$； (2) $d(\quad)=2xdx$；

(3) $d(\quad)=e^{2x}dx$； (4) $d(\quad)=\sin x dx$；

(5) $d(\quad)=\cos x dx$； (6) $d(\quad)=\frac{1}{x}dx$；

(7) $d(\quad)=\frac{1}{\sqrt{1-x^2}}dx$； (8) $d(\quad)=\frac{1}{1+x^2}dx$.

2. 求下列函数的微分：

(1) $y=\frac{2}{x}-\ln 2x$； (2) $y=x\cos 2x$；

(3) $y=\frac{x^2-1}{x^2+1}$； (4) $y=e^{2x}\sin 3x$；

(5) $y=\tan^3(1+2x^2)$； (6) $y=5^{2x}\arcsin 3x$；

(7) $y=\frac{\tan x}{x}$； (8) $y=\sec^2 5x$；

(9) $y=(2x^2+1)^{50}$； (10) $y=\frac{1}{\sqrt{x^2+1}}$.

3. 已知 $y=x^3-x$，当 $x=2$ 时，计算当 Δx 分别等于 0.1，0.01 时的 Δy 和 dy.

4. 利用微分求近似值：

(1) $e^{1.01}$； (2) $\cos 151°$；

(3) $\sqrt[3]{1.02}$； (4) $\lg 11$.

5. 半径为 15cm 的球，半径伸长 2mm，球的体积约增加多少？

6. 甲乙两个小组，在各自相同的观测条件下，对某三角形的内角和分别进行了 7 次观测，求得每次三角形内角和的真误差分别为：

甲组：+2″，-2″，+3″，+5″，-8″，+9″；

乙组：$-3'', +4'', 0'', -9'', -4'', +1'', 13''$.
问：甲、乙两组哪一组的观测精度更高.

第六节　数学实验二：用数学软件包求导数和微分

一、用 MATLAB 求函数的导数

函数 diff 可以用于求一元函数的导数，其格式如下（表 3-11）：

表 3-11

命令形式	功　能
diff(f)	求一元函数 $f(x)$ 的导数
diff(f,'x')	求函数 f 对指定自变量 x 的一阶导数
diff(f,'x',n)	求一元函数 $f(x)$ 的 n 阶导数

【例 3-48】　设函数 $f(x)=\cos 3x$，用 MATLAB 求 $f'(x)$，$f^{(9)}(x)$.

解　程序如下：

```
symsx;   f = cos(3 * x);   f1 = diff(f)   f9 = diff(f,9)
```

运行结果：f1 = -3 * sin(3 * x)，f9 = -19683 * sin(3 * x).

【例 3-49】　设 $f(x)=e^{1-x^2}\ln\left(x+\dfrac{1}{x}\right)$，求 $f'(x)$，$f''(x)$.

解　程序如下：

```
symsx;   f = exp(1 - x^2) * log(x + 1/x); f1 = diff(f)   f2 = diff(f,2)
```

运行结果：

```
f1 = -2 * x * exp(1 - x^2) * log(x + 1/x) + exp(1 - x^2) * (1 - 1/x^2)/(x + 1/x)
f2 = -2 * exp(1 - x^2) * log(x + 1/x) + 4 * x^2 * exp(1 - x^2) * log(x + 1/x) -
     4 * x * exp(1 - x^2) * (1 - 1/x^2)/(x + 1/x) + 2 * exp(1 - x^2)/x^3/(x + 1/x)
     - exp(1 - x^2) * (1 - 1/x^2)^2/(x + 1/x)^2.
```

说明：diff 可以同时计算几个函数的导数.

【例 3-50】　设参数方程 $\begin{cases}x=t(1-\sin t)\\ y=t\cos t\end{cases}$，求 $\dfrac{dy}{dx}$.

解　程序如下：

```
symst;   x = t * (1 - sin(t));   y = t * cos(t);   dx = diff(x,t);
dy = diff(y,t);      pretty(dy/dx);
```

运行结果：dx = 1 - sin(t) - t * cos(t)，dy = cos(t) - t * sin(t)

$$\frac{dy}{dx}=\frac{\cos(t)-t\sin(t)}{1-\sin(t)-t\cos(t)}.$$

二、用 MATLAB 求函数的极值

函数 fminbnd 可以用于求一元函数的极值，其主要调用格式如下（表 3-12）：

表 3-12

命令形式	功能
x = fminbnd(f,x1,x2)	该函数通过迭代算法可求出一元函数$f(x)$的局部极小值,也可求极大值,只需要求函数$-f(x)$的极小值即可

【例 3-51】 求函数$f(x)=x^3-x^2-x+1$在$[-2,2]$内的极小值与极大值.

解 程序如下:

```
symsx;  f = 'x^3 - x^2 - x + 1';[x1,minf] = fminbnd(f, -2,2)
f1 = ' - x^3 + x^2 + x - 1';[x2,maxf] = fminbnd(f1, -2,2)
maxf = - maxf
```

运行结果:x1 = 1.0000,minf = 3.5776e - 010,x2 = - 0.3333,maxf = - 1.1852,maxf = 1.1852.

习题 3-6

上机完成下列各题:

1. 已知$f(x)=e^x\sin x$,求$f'(x)$,$f'''(x)$.

2. 求参数方程$\begin{cases}x=t(2-t\sin t)\\y=t^2\tan t\end{cases}$的导数.

3. 求函数$f(x)=x^4-5x^3+3x^2+4$的极值点并画出其图像.

4. 求函数$f(x)=1-(x-2)^{\frac{2}{3}}$的极值点并画出其图像.

5. 求曲线$y=x^3-5x^2+3x+5$的拐点.

测 试 题 三

1. 填空题

(1)已知函数$f(x)=\sin\dfrac{1}{x}$,则$f'(\dfrac{1}{\pi})=$________;

(2)设$f(x)=x(x-1)(x-2)(x-3)$,则$f'(0)=$________;

(3)设$y=e^{x2-3x+1}$,则 $dy=$________;

(4)$f(x)=x^2-4x+6$在$[-3,10]$上的最大值是________,最小值是________;

(5)圆$x^2+y^2=R^2$在点$(0,R)$处的曲率为________.

2. 求下列函数的导数:

(1)$y=\dfrac{x^5+2\sqrt{x}-3}{x^3}$;　　(2)$y=e^{2x}\sin 3x$;　　(3)$y=(2+3x^2)\sqrt{1+5x}$;

(4)$y=\ln\sqrt{x^2-2x+5}$;　　(5)$y=\tan^2 x^2$;　　(6)$y=(\arcsin 2x)^3$.

3. 计算下列各题:

(1)设$y=\ln(1-x^2)$,求y''.

(2)设$y=e^{\cos 2x}$,求 dy.

(3) 设 $\cos(xy)=x$ 确定的函数,求$\frac{dy}{dx}$.

(4) 设$\begin{cases}x=\ln(1+t^2)\\y=1-\arctan t\end{cases}$,求$\frac{dy}{dx}$.

4. 曲线弧 $y=\sin x(0<x<\pi)$ 上哪一点的曲率半径最小?求出该点处的曲率半径.

5. 讨论函数 $y=x^3-3x^2+2$ 的单调性、极值、凹凸性和拐点,并据此作出函数的图像.

第四章　积分学及其应用

本章问题引入

引例　有一拱桥桥洞上沿是抛物线形状,拱桥的跨度是10m,桥洞高5m,求此拱桥的横截面面积(图4-1).

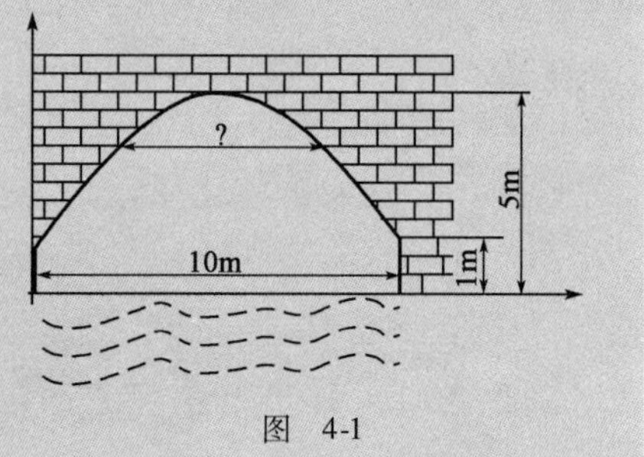

图　4-1

在生产实践中,经常需要计算一些几何量、物理量和工程量.例如,由曲线所围成的平面图形的面积、旋转体的体积、变力所做的功、非均匀密度的平面薄片的质量和重心、平面薄片的转动惯量等问题,这些问题可用积分学理论来解决.本章将在极限理论的基础上引入定积分的概念,进一步给出定积分和不定积分的计算方法,并给出定积分在实际问题中的应用.

第一节　定积分的概念与性质

一、定积分问题引例

在工程实际中,经常需要计算由任意曲线所围成的平面图形的面积,如何求这些平面图形的面积呢? 通常可以用一组水平直线和一组竖直直线将平面图形分割成若干部分,如图4-2a)所示.

从图4-2a)可以看出,除中间部分是规则的矩形外,边缘部分的图形是类似的.其中一部分是由三条直线和一条曲线围成[图4-2b)],我们称这种图形为曲边梯形.另一部分是由两条直线和一条曲线围成[图4-2c)],我们称这样的图形为曲边三角形.显然,曲边三角形是曲边梯形的一种特殊情形,它可以看作是曲边梯形的两条平行线中的一条缩成了一点.

由此可见,求任意曲线所围成平面图形的面积可转化为求曲边梯形的面积.

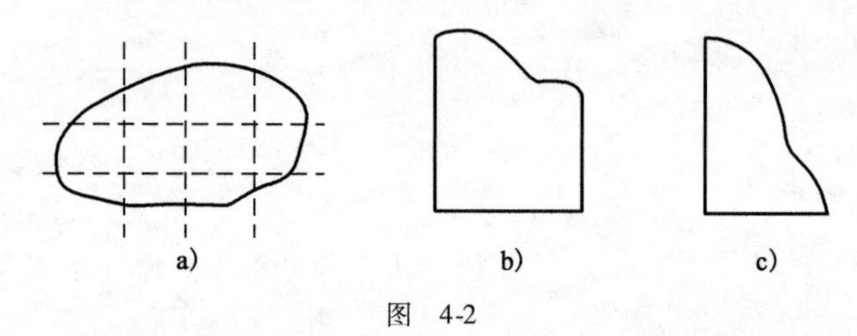

图　4-2

1. 曲边梯形的面积

设函数 $y=f(x)[f(x)\geqslant 0]$ 在闭区间 $[a,b]$ 上连续,由曲线 $y=f(x)$,直线 $x=a,x=b$ 及 $y=0$ 所围成的平面图形称为曲边梯形,如图 4-3 所示.

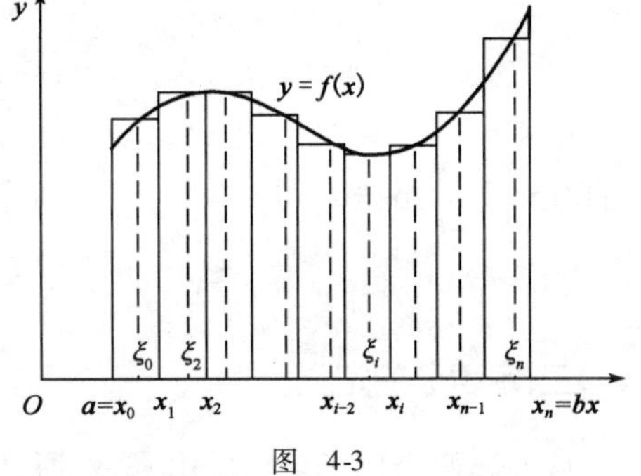

图 4-3

由于函数 $y=f(x)$ 在区间 $[a,b]$ 上是一条变化的曲线,因此曲边梯形的面积不能用初等数学中的面积公式计算. 但是函数 $f(x)$ 在区间 $[a,b]$ 上是连续的,在很小的区间上,$f(x)$ 变化很小,因此将区间 $[a,b]$ 分割成若干个小区间,相应地把整个曲边梯形也分割成若干个小曲边梯形,而每一个小曲边梯形都可以近似地看成小矩形,所有的小矩形面积之和就是整个曲边梯形面积的近似值. 显然,分割越细,近似程度就越高,当这种分割无限细密,使得最长的小区间长度无限趋于零时,所有小矩形面积之和的极限值就是我们要求的曲边梯形的面积.

根据上述分析,可按下面四个步骤计算曲边梯形的面积:

第 1 步,"分割". 在区间 $[a,b]$ 内任意插入 $n-1$ 个分点,

$$a=x_0<x_1<x_2<\cdots<x_{n-1}<x_n=b$$

把区间 $[a,b]$ 分成 n 个小区间 $[x_{i-1},x_i]\ (i=1,2,\cdots,n)$,小区间 $[x_{i-1},x_i]$ 的长度记为 $\Delta x_i=x_i-x_{i-1}\ (i=1,2,\cdots,n)$,过每一个分点作平行于 y 轴的直线,把曲边梯形分成 n 个小曲边梯形,其中第 i 个小曲边梯形的面积记为 $\Delta A_i\ (i=1,2,\cdots,n)$.

第 2 步,"取近似". 在每个小区间 $[x_{i-1},x_i]$ 上任取一点 $\xi_i\ (x_{i-1}\leqslant\xi_i\leqslant x_i)$,以 $f(\xi_i)$ 为高(长)、Δx_i 为底(宽)作小矩形,用第 i 个小矩形面积 $f(\xi_i)\Delta x_i$ 近似代替第 i 个小曲边梯形面积 ΔA_i,即

$$\Delta A_i\approx f(\xi_i)\Delta x_i\quad(i=1,2,\cdots,n).$$

第 3 步,"求和". 把 n 个小矩形面积加起来,得曲边梯形面积 A 的近似值,即

$$A=\sum_{i=1}^{n}\Delta A_i\approx\sum_{i=1}^{n}f(\xi_i)\Delta x_i.$$

第 4 步,"取极限". 记最长的小区间长度为 $\lambda\ (\lambda=\max\{\Delta x_1,\Delta x_2,\cdots,\Delta x_n\})$,当 $\lambda\to 0$ 时,上述和式的极限值就是曲边梯形的面积 A,即

$$A=\lim_{\lambda\to 0}\sum_{i=1}^{n}f(\xi_i)\Delta x_i.$$

2. 变速直线运动的路程

设物体作变速直线运动,速度 $v=v(t)[(v(t)\geqslant 0)]$ 是时间间隔 $[a,b]$ 上的连续函数,其运动的路程显然不能直接用匀速直线运动的路程公式计算. 但在一段很短的时间内,速度的变化很小,近似于匀速直线运动,因此,我们可以采用求曲边梯形面积的方法来求物体在时间 $[a,b]$ 内的路程.

第 1 步,"分割". 在时间间隔 $[a,b]$ 内任意插入 $n-1$ 个分点,把区间 $[a,b]$ 分成 n 个小时间段

$$[a,t_1],[t_1,t_2],\cdots,[t_{i-1},t_i],\cdots,[t_{n-1},b]$$

第 i 个小时间段 $[t_{i-1},t_i]$ 的长度记为 $\Delta t_i=t_i-t_{i-1}\ (i=1,2,\cdots,n)$,物体在第 i 段时间 $[t_{i-1},t_i]$ 内所走的路程记为 $\Delta s_i\ (i=1,2,\cdots,n)$.

第 2 步,"取近似". 在每个小区间 $[t_{i-1},t_i]$ 上,用任一时刻 ξ_i 的速度 $v(\xi_i)\ (t_{i-1}\leqslant\xi_i\leqslant t_i)$ 来

近似代替各点变化的速度，从而得到 Δs_i 的近似值，即 $\Delta s_i = v(\xi_i)\Delta t_i (i=1,2,\cdots,n)$.

第 3 步，“求和”. 把这 n 个小时间段上路程的近似值相加，即得变速直线运动路程的近似值

$$s \approx v(\xi_1)\Delta t_1 + v(\xi_2)\Delta t_2 + \cdots + v(\xi_n)\Delta t_n = \sum_{i=1}^{n} v(\xi_i)\Delta t_i.$$

第 4 步，“求极限”. 记 $\lambda(\lambda = \max\{\Delta t_1, \Delta t_2, \cdots, \Delta t_n\})$，当 $\lambda \to 0$ 时，上述和式的极限就是变速直线运动的路程 s，即

$$s = \lim_{\lambda \to 0}\sum_{i=1}^{n} v(\xi_i)\Delta t_i.$$

二、定积分的定义

从上述两个例子可以看出，虽然所计算的量具有不同的实际意义，但计算这些量的方法和步骤都是相同的，如果抽去它们的实际意义，其问题的解决最终归结为一个和式的极限，对于这种和式极限，给出如下定义：

定义 4.1 设函数 $f(x)$ 在区间 $[a,b]$ 上有界，在 $[a,b]$ 中任意插入若干个分点

$$a = x_0 < x_1 < x_2 < \cdots < x_{n-1} < x_n = b$$

将区间 $[a,b]$ 分成 n 个小区间 $[x_{i-1},x_i]$，其长度记为 $\Delta x_i = x_i - x_{i-1} (i=1,2,\cdots,n)$，在每个小区间 $[x_{i-1},x_i]$ 上任取一点 $\xi_i (x_{i-1} \leqslant \xi_i \leqslant x_i)$，作 $f(\xi_i)\Delta x_i (i=1,2,\cdots,n)$ 的和式

$$\sum_{i=1}^{n} f(\xi_i)\Delta x_i.$$

记 $\lambda = \max\{\Delta x_1, \Delta x_2, \cdots, \Delta x_n\}$，若当 $\lambda \to 0$ 时，上述和式极限存在，且与区间 $[a,b]$ 分法及 ξ_i 的取法无关，，则称此极限为 $f(x)$ 在 $[a,b]$ 上的定积分，记作 $\int_a^b f(x)\,dx$，即

$$\int_a^b f(x)\,dx = \lim_{\lambda \to 0}\sum_{i=1}^{n} f(\xi_i)\Delta x_i.$$

其中 $f(x)$ 称为被积函数，$f(x)\,dx$ 称为被积表达式，x 称为积分变量，a 称为积分下限，b 称为积分上限，$[a,b]$ 称为积分区间.

根据定积分的定义，曲边梯形面积 A 用定积分可以表示成 $A = \int_a^b f(x)\,dx$，变速直线运动的路程 s 用定积分可以表示成 $s = \int_a^b v(t)\,dt$.

关于定积分的定义作如下几点说明：

(1) 定积分是和式极限，是一个数值，它只与被积函数和积分区间有关，而与积分变量的记号无关，即

$$\int_a^b f(x)\,dx = \int_a^b f(t)\,dt = \int_a^b f(u)\,du.$$

(2) 在定义中要求积分限 $a<b$，对于 $a>b$ 和 $a=b$ 的情况，补充如下规定：

$$\int_a^b f(x)\,dx = -\int_b^a f(x)\,dx \quad (a > b);$$

$$\int_a^a f(x)\,dx = 0.$$

(3) 若 $\int_a^b f(x)\,dx$ 存在，则称 $f(x)$ 在 $[a,b]$ 上可积.

三、定积分的几何意义

由前面的讨论可知，当$f(x)$在$[a,b]$上连续且$f(x)\geqslant 0$时，定积分$\int_a^b f(x)\mathrm{d}x$在几何上表示由曲线$y=f(x)$、直线$x=a$、$x=b$及x轴所围成的曲边梯形的面积(图4-3)，即

$$\int_a^b f(x)\mathrm{d}x = A.$$

当$f(x)$在$[a,b]$上连续且$f(x)\leqslant 0$时，定积分$\int_a^b f(x)\mathrm{d}x$在几何上表示由曲线$y=f(x)$、直线$x=a$、$x=b$及x轴所围成的曲边梯形的面积的相反数(图4-4)，即

$$\int_a^b f(x)\mathrm{d}x = -A.$$

当$f(x)$在$[a,b]$上既有正值又有负值时，函数$f(x)$的图形某些部分在x轴上方，而某些部分在x轴下方，则定积分$\int_a^b f(x)\mathrm{d}x$在几何上表示曲线$f(x)$在x轴上方部分与下方部分面积的代数和(图4-5)，即

$$\int_a^b f(x)\mathrm{d}x = A_1 - A_2 + A_3.$$

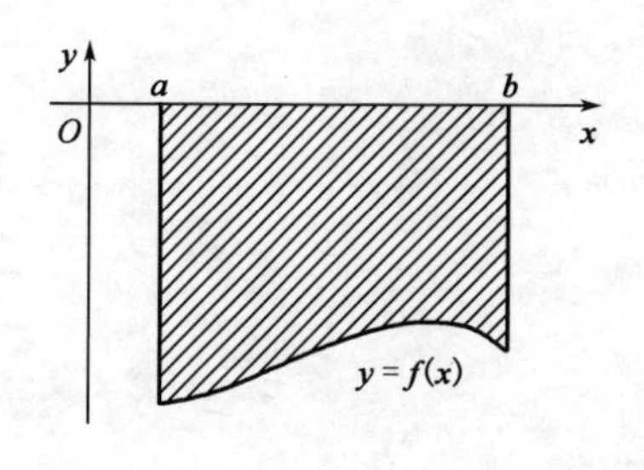

图 4-4

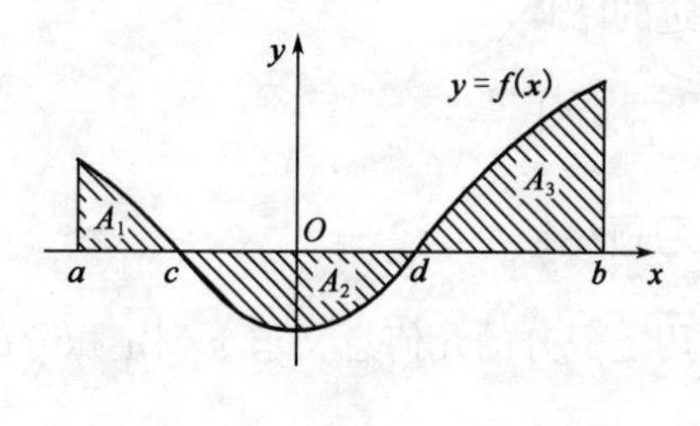

图 4-5

由定积分的几何意义，可直接得到以下结论：

若函数$f(x)$在$[-a,a]$上连续$(a>0)$，则

(1)当$f(x)$为偶函数时，$\int_{-a}^a f(x)\mathrm{d}x = 2\int_0^a f(x)\mathrm{d}x$；

(2)当$f(x)$为奇函数时，$\int_{-a}^a f(x)\mathrm{d}x = 0.$

四、定积分的性质

设函数$f(x)$和$g(x)$在区间$[a,b]$上可积，则有

性质1　函数的和(差)的定积分等于它们定积分的和(差)，即

$$\int_a^b [f(x)\pm g(x)]\mathrm{d}x = \int_a^b f(x)\mathrm{d}x \pm \int_a^b g(x)\mathrm{d}x.$$

这个性质还可以推广到有限多个可积函数的情形.

性质2　被积函数的常数因子可以提到积分号外面，即

$$\int_a^b kf(x)\mathrm{d}x = k\int_a^b f(x)\mathrm{d}x \quad (k\text{为常数}).$$

性质3　对于任意的常数c，若$f(x)$在$[a,c]$和$[c,b]$上可积，有

$$\int_a^b f(x)\mathrm{d}x = \int_a^c f(x)\mathrm{d}x + \int_c^b f(x)\mathrm{d}x.$$

【**例 4-1**】 由定积分的几何意义,求下列定积分的值.

(1) $\int_0^1 \sqrt{1-x^2}\mathrm{d}x$;　　(2) $\int_2^3 (1-x)\mathrm{d}x$.

解 (1)因为在[0,1]上 $f(x)=\sqrt{1-x^2}\geqslant 0$,所以 $\int_0^1 \sqrt{1-x^2}\mathrm{d}x$ 表示以 $y=\sqrt{1-x^2}$ 为曲边,以[0,1]为底边的四分之一圆的面积,即

$$\int_0^1 \sqrt{1-x^2}\mathrm{d}x = \frac{\pi}{4}.$$

(2)因为在[2,3]上 $f(x)=1-x\leqslant 0$,所以 $\int_2^3 (1-x)\mathrm{d}x$ 表示以 $f(x)=1-x$ 为边,以[2,3]为底边的梯形的面积的相反数,即

$$\int_2^3 (1-x)\mathrm{d}x = -\frac{3}{2}.$$

★课堂思考题

1. 一物体沿直线以 $v=2t+1$(t 的单位:s;v 的单位:m/s)的速度运动,求该物体在 1 ~ 2s 间行进的路程.

2. 计算 $\int_a^b \mathrm{d}x$.

习题 4-1

用定积分的几何意义求下列定积分的值:

(1) $\int_0^2 x\mathrm{d}x$;　　(2) $\int_{-\frac{\pi}{2}}^{\frac{\pi}{2}} \sin x\mathrm{d}x$.

第二节　牛顿—莱布尼兹公式

上一节,我们从实际问题中引入了定积分概念,并讨论了定积分的性质,如果应用定积分解决实际问题,那么必须解决定积分的计算问题. 但用定积分的定义和性质去求定积分的值是比较困难的(有时甚至无法计算),所以需要寻求简便而有效的计算方法,现在从变速直线运动中物体的位置函数和速度函数的关系进行分析.

设物体在 s 轴上运动,位置函数为 $s=s(t)$,速度为 $v=v(t)$,由上一节知道,物体在时间间隔$[a,b]$内通过的路程为 $s=\int_a^b v(t)\mathrm{d}t$.

另一方面,这一段路程又可通过位置函数 $s(t)$ 在时间间隔$[a,b]$上的增量表示,即 $s=s(b)-s(a)$,所以

$$s = \int_a^b v(t)\mathrm{d}t = s(b)-s(a) \quad [s'(t)=v(t)].$$

所以求定积分 $\int_a^b v(t)\mathrm{d}t$ 的值就转化为求导数为 $v(t)$ 的 $s(t)$ 以及 $s(t)$ 在积分上、下限处函数值的差. 为此,给出如下定义.

一、原函数的概念

定义 4.2 如果$f'(x)=f(x)$或 $dF(x)=f(x)dx$,则称 $F(x)$是$f(x)$的一个原函数.

例如,因为$(x^2)'=2x$,所以 x^2 是 $2x$ 的一个原函数. 又如,因为$(\sin x)'=\cos x$,所以 $\sin x$ 就是 $\cos x$ 的一个原函数.

不难验证 $\sin x+1$, $\sin x+2$, $\sin x+C$(其中 C 为任意常数)也都是 $\cos x$ 的原函数,也就是说,如果一个函数的原函数存在,则必有无数多个原函数. 为此给出如下结论.

定理 4.1 (原函数族定理)如果 $F(x)$是$f(x)$的一个原函数,则$f(x)$有无穷多个原函数,且$f(x)$的任意两个原函数之差是常数.

由此可知,若 $F(x)$是$f(x)$的一个原函数,则 $F(x)+C$ 就是$f(x)$的全部原函数.

二、牛顿—莱布尼兹(Newton-Leibniz)公式

由前面的讨论知,物体在时间间隔$[a,b]$内所经过的路程为

$$\int_a^b v(t)\,dt = s(b) - s(a).$$

因为 $s(t)$是 $v(t)$的一个原函数,所以定积分$\int_a^b v(t)\,dt$ 的值等于被积函数 $v(t)$的一个原函数在积分上、下限处的函数值的差 $s(b)-s(a)$.

将上述结论推广,得到如下结论.

定理 4.2 如果函数 $F(x)$是$f(x)$在$[a,b]$上的一个原函数,则有

$$\int_a^b f(x)\,dx = F(b) - F(a).$$

上式称为牛顿—莱布尼兹(Newton-Leibniz)公式,它为定积分的计算提供了有效而简便的方法,即要计算函数$f(x)$在区间$[a,b]$上的定积分,只要求出$f(x)$在区间$[a,b]$上的一个原函数 $F(x)$,然后计算 $F(b)-F(a)$就可以了.

上式的右端 $F(b)-F(a)$可以用记号 $F(x)\big|_a^b$或$[F(x)]_a^b$ 表示,这样牛顿—莱布尼兹公式可记为$\int_a^b f(x)\,dx = [F(x)]_a^b$.

【例 4-2】 求定积分$\int_0^1 \frac{1}{1+x^2}dx$.

解 因为$(\arctan x)'=\frac{1}{1+x^2}$,所以 $\arctan x$ 是$\frac{1}{1+x^2}$的一个原函数,由牛顿—莱布尼兹公式得

$$\int_0^1 \frac{1}{1+x^2}dx = [\arctan x]_0^1 = \arctan 1 - \arctan 0 = \frac{\pi}{4}.$$

【例 4-3】 计算下列定积分:

(1) $\int_1^4 x^3\,dx$; (2) $\int_{\frac{\pi}{6}}^{\frac{\pi}{4}} \cos x\,dx$; (3) $\int_{-1}^1 e^{-x}\,dx$.

解 (1)因为$\left(\frac{1}{4}x^4\right)'=x^3$,所以由牛顿—莱布尼兹公式,得

$$\int_1^4 x^3\,dx = \left[\frac{1}{4}x^4\right]_1^4 = \frac{1}{4}(4^4 - 1^4) = \frac{255}{4}.$$

(2) 因为 $(\sin x)'=\cos x$，所以由牛顿—莱布尼兹公式，得

$$\int_{\frac{\pi}{6}}^{\frac{\pi}{4}}\cos x\mathrm{d}x = [\sin x]_{\frac{\pi}{6}}^{\frac{\pi}{4}} = \sin\frac{\pi}{4}-\sin\frac{\pi}{6} = \frac{\sqrt{2}-1}{2}.$$

(3) 因为 $(-\mathrm{e}^{-x})'=\mathrm{e}^{-x}$，所以由牛顿—莱布尼兹公式，得

$$\int_{-1}^{1}\mathrm{e}^{-x}\mathrm{d}x = [-\mathrm{e}^{-x}]_{-1}^{1} = -(\mathrm{e}^{-1}-\mathrm{e}^{-(-1)}) = \mathrm{e}-\frac{1}{\mathrm{e}}.$$

★课堂思考题

1. 如何计算 $\int_{-1}^{1}|x|\mathrm{d}x$ 的值？

2. 由曲线 $y=\sin x$ 与 x 轴围成的在 $[0,\pi]$ 之间的面积等于多少？

习题 4-2

计算下列定积分：

(1) $\int_{1}^{\mathrm{e}}\frac{1}{x}\mathrm{d}x$；　　(2) $\int_{0}^{1}x^5\mathrm{d}x$；

(3) $\int_{0}^{\frac{\pi}{4}}\sin x\mathrm{d}x$；　　(4) $\int_{-1}^{1}\mathrm{e}^{-x}\mathrm{d}x$.

第三节　不定积分的概念与性质

一、不定积分的定义

在上一节中，我们曾利用牛顿—莱布尼兹公式计算了一些简单函数的定积分，这些函数的原函数可用观察的方法直接得到，但对于一般的函数很难用观察的方法求出其原函数，本节将在原函数概念的基础上给出不定积分的概念，推导出求原函数的基本公式和法则，给出求原函数最基本的方法——直接积分法.

定义 4.3　函数 $f(x)$ 的全部原函数 $F(x)+C$（C 为任意常数）称为 $f(x)$ 的不定积分，记为 $\int f(x)\mathrm{d}x$，即

$$\int f(x)\mathrm{d}x = F(x)+C.$$

其中，$\int$ 称为积分号，$f(x)$ 称为被积函数，$f(x)\mathrm{d}x$ 称为被积表达式，x 称为积分变量，C 为积分常数.

由定义可知，求函数 $f(x)$ 的不定积分实际只需求出它的一个原函数 $F(x)$，再加上任意常数 C 即可. 如 $(x^2)'=2x$，则 $\int 2x\mathrm{d}x = x^2+C$.

根据不定积分的定义可知，求“不定积分”与“求导数”是两种互逆运算，即

(1) $\left(\int f(x)\mathrm{d}x\right)' = f(x)$　或　$\mathrm{d}\int f(x)\mathrm{d}x = f(x)\mathrm{d}x$；

(2) $\int f'(x)\mathrm{d}x = F(x)+C$　或　$\int \mathrm{d}F(x) = F(x)+C$.

二、基本积分公式

由于求不定积分是求导数的逆运算，所以由导数的基本公式对应地可以得到不定积分的基本公式.

(1) $\int k\mathrm{d}x = kx + C \quad$ (k 为常数)；

(2) $\int x^{a}\mathrm{d}x = \frac{1}{a+1}x^{a+1} + C \quad (a \neq -1)$；

(3) $\int a^{x}\mathrm{d}x = \frac{1}{\ln a}a^{x} + C \quad$ ($a > 0$ 且 $a \neq 1$)；

(4) $\int \mathrm{e}^{x}\mathrm{d}x = \mathrm{e}^{x} + C$；

(5) $\int \frac{1}{x}\mathrm{d}x = \ln|x| + C$；

(6) $\int \cos x\mathrm{d}x = \sin x + C$；

(7) $\int \sin x\mathrm{d}x = -\cos x + C$；

(8) $\int \sec^{2}x\mathrm{d}x = \tan x + C$；

(9) $\int \csc^{2}x\mathrm{d}x = -\cot x + C$；

(10) $\int \sec x\tan x\mathrm{d}x = \sec x + C$；

(11) $\int \csc x\cot x\mathrm{d}x = -\csc x + C$；

(12) $\frac{1}{\sqrt{1-x^{2}}}\mathrm{d}x = \arcsin x + C$；

(13) $\int \frac{1}{1+x^{2}}\mathrm{d}x = \arctan x + C$.

基本积分公式是求不定积分的基础，一定要熟记.

三、不定积分的性质

性质 1 $\int kf(x)\mathrm{d}x = k\int f(x)\mathrm{d}x \quad$ (常数 $k \neq 0$).

性质 2 $\int [f(x) \pm g(x)]\mathrm{d}x = \int f(x)\mathrm{d}x \pm \int g(x)\mathrm{d}x$.

性质 2 可以推广到有限多个函数的代数和的情形.

【例 4-4】 求 $\int (3x^{2} - \cos x + \frac{5}{x})\mathrm{d}x$.

解

$$\begin{aligned}\int (3x^{2} - \cos x + \frac{5}{x})\mathrm{d}x &= \int 3x^{2}\mathrm{d}x - \int \cos x\mathrm{d}x + \int \frac{5}{x}\mathrm{d}x \\ &= x^{3} + C_{1} - \sin x + C_{2} + 5\ln|x| + C_{3} \\ &= x^{3} - \sin x + 5\ln|x| + C\ (C = C_{1} + C_{2} + C_{3}).\end{aligned}$$

逐项求积分后,每个不定积分都含有任意常数,由于任意常数之和仍为任意常数,所以只需写一个任意常数 C 即可.

【例 4-5】 求 $\int\frac{1-x+x^2-x^3}{x^2}\mathrm{d}x$.

解 $\int\frac{1-x+x^2-x^3}{x^2}\mathrm{d}x=\int\left(\frac{1}{x^2}-\frac{1}{x}+1-x\right)\mathrm{d}x=-\frac{1}{x}-\ln|x|+x-\frac{1}{2}x^2+C.$

【例 4-6】 求 $\int\frac{x^2}{1+x^2}\mathrm{d}x$.

解 $\int\frac{x^2}{1+x^2}\mathrm{d}x=\int\frac{x^2+1-1}{1+x^2}\mathrm{d}x=\int\mathrm{d}x-\int\frac{1}{1+x^2}\mathrm{d}x=x-\arctan x+C.$

【例 4-7】 求 $\int\frac{x^3+x+1}{1+x^2}\mathrm{d}x$.

解 $\int\frac{x^3+x+1}{1+x^2}\mathrm{d}x=\int\frac{x(x^2+1)+1}{1+x^2}\mathrm{d}x=\int x\mathrm{d}x+\int\frac{1}{1+x^2}\mathrm{d}x=\frac{x^2}{2}+\arctan x+C$.

在以上的计算中,需要将被积函数经过适当的恒等变形,再利用不定积分性质和基本积分公式求出结果,这样的积分方法称为直接积分法.

【例 4-8】 求 $\int\frac{1}{\sin^2 x\cos^2 x}\mathrm{d}x$.

解 $\int\frac{1}{\sin^2 x\cos^2 x}\mathrm{d}x=\int\frac{\sin^2 x+\cos^2 x}{\sin^2 x\cos^2 x}\mathrm{d}x=\int\frac{1}{\cos^2 x}\mathrm{d}x+\int\frac{1}{\sin^2 x}\mathrm{d}x.$

$$=\int\sec^2 x\mathrm{d}x+\int\csc^2 x\mathrm{d}x=\tan x-\cot x+C.$$

【例 4-9】 求 $\int 2^x\mathrm{e}^x\mathrm{d}x$.

解 $\int 2^x\mathrm{e}^x\mathrm{d}x=\int(2\mathrm{e})^x\mathrm{d}x=\frac{(2\mathrm{e})^x}{\ln 2\mathrm{e}}+C=\frac{2^x\mathrm{e}^x}{1+\ln 2}+C.$

【例 4-10】 求 $\int\sin^2\frac{x}{2}\mathrm{d}x$.

解 $\int\sin^2\frac{x}{2}\mathrm{d}x=\int\frac{1-\cos x}{2}\mathrm{d}x=\frac{1}{2}x-\frac{1}{2}\sin x+C.$

【例 4-11】 已知物体以速度 $v=2t^2+1(\mathrm{m/s})$ 沿 x 轴做直线运动,当 $t=1\mathrm{s}$ 时,物体经过的路程为 3m,求物体的运动方程.

解 设物体的运动方程为 $x=x(t)$,于是有 $x'(t)=v=2t^2+1$. 即

$$x(t)=\int(2t^2+1)\mathrm{d}t=\frac{2}{3}t^3+t+C.$$

将已知条件 $t=1\mathrm{s}$ 时,$x=3\mathrm{m}$ 代入上式,得 $C=\frac{4}{3}$,故所求物体的运动方程为

$$x(t)=\frac{2}{3}t^3+t+\frac{4}{3}.$$

★课堂思考题

以下算式是否正确,为什么?

1. 因为 $\int\sin x\mathrm{d}x=-\cos x+C$,所以 $\int\sin 2x\mathrm{d}x=-\cos 2x+C$.

2. 因为$\int e^x dx = e^x + C$,所以$\int e^2 dx = e^2 + C$.

习题 4-3

1. 验证下列等式是否成立:

(1) $\int \frac{x^3}{\sqrt{1+x^4}}dx = \frac{1}{2}\sqrt{1+x^4} + C$;

(2) $\int \sin 2x dx = -\frac{1}{2}\cos 2x + C$.

2. 计算下列不定积分:

(1) $\int (x^2 + 3\sqrt{x} - 2\cos x)dx$;

(2) $\int (x^3 + 3^x)dx$;

(3) $\int (\sqrt{x} + 1)^2 dx$;

(4) $\int (\sqrt{x} - 1)(x + 2)dx$;

(5) $\int 2^x \cdot 3^x dx$;

(6) $\int \frac{3x^2 + 5}{x^3}dx$;

(7) $\int \frac{x^4}{1+x^2}dx$;

(8) $\int \frac{1+2x^2}{x^2(1+x^2)}dx$;

(9) $\int (a^{\frac{2}{3}} + x^{\frac{2}{3}})^2 dx$;

(10) $\int \left(1 + \frac{2}{x^2} + \frac{1}{\sqrt{1-x^2}}\right)dx$;

(11) $\int \frac{e^{2x} - 1}{e^x + 1}dx$;

(12) $\int \sec x(\sec x - \tan x)dx$;

(13) $\int \frac{1}{1+\cos 2x}dx$;

(14) $\int \cot^2 x dx$.

第四节　不定积分的计算

上一节给出了基本积分公式和不定积分的性质,并给出了一种最简单、最基本的积分方法——直接积分法.但是直接积分法只能求一些简单函数的不定积分,为解决更多的、较复杂的不定积分问题,还需进一步探讨求不定积分的其他方法.本节将介绍最重要的两种积分方法——换元积分法和分部积分法.

一、换元积分法

1. 第一类换元积分法(凑微分法)

【例 4-12】　$\int \cos 2x dx$.

解　在基本积分公式中,有$\int \cos x dx = \sin x + C$.

要想利用上面的公式求解,就需要将原不定积分凑成和上式一样的形式,为此,作如下的变量代换

$$\int \cos 2x dx = \int \cos 2x \cdot \frac{1}{2}d(2x) \xlongequal{令 2x=u} \frac{1}{2}\int \cos u du = \frac{1}{2}\sin u + C$$

$$\xlongequal{回代 u=2x} \frac{1}{2}\sin 2x + C.$$

容易验证,该结果是正确的.上述解法称为第一类换元积分法.

【例 4-13】 求$\int(1+2x)^3\mathrm{d}x$.

解 和基本积分公式$\int x^\alpha\mathrm{d}x=\frac{1}{\alpha+1}x^{\alpha+1}+C$作对比,将$\mathrm{d}x$凑成$\mathrm{d}x=\frac{1}{2}\mathrm{d}(1+2x)$,则

$$\int(1+2x)^3\mathrm{d}x=\int\frac{1}{2}(1+2x)^3\mathrm{d}(1+2x)=\frac{1}{2}\int(1+2x)^3\mathrm{d}(1+2x)$$

$$\xlongequal{令1+2x=u}\frac{1}{2}\int u^3\mathrm{d}u=\frac{1}{8}u^4+C\xlongequal{回代u=1+2x}\frac{1}{8}(1+2x)^4+C.$$

在熟悉第一类换元积分法后,可省略引入中间变量这一过程,只需在形式上直接凑成基本积分公式即可.

【例 4-14】 求$\int\frac{1}{3x+1}\mathrm{d}x$.

解 $\int\frac{1}{3x+1}\mathrm{d}x=\frac{1}{3}\int\frac{\mathrm{d}(3x+1)}{3x+1}=\frac{1}{3}\ln|3x+1|+C.$

【例 4-15】 求$\int\frac{1}{a^2+x^2}\mathrm{d}x$.

解 $\int\frac{1}{a^2+x^2}\mathrm{d}x=\int\frac{1}{a^2\left(1+\frac{x^2}{a^2}\right)}\mathrm{d}x=\frac{1}{a}\int\frac{\mathrm{d}\left(\frac{x}{a}\right)}{1+\left(\frac{x}{a}\right)^2}=\frac{1}{a}\arctan\frac{x}{a}+C.$

【例 4-16】 求$\int\frac{1}{a^2-x^2}\mathrm{d}x$.

解
$$\begin{aligned}\int\frac{1}{a^2-x^2}\mathrm{d}x&=\int\frac{1}{(a+x)(a-x)}\mathrm{d}x\\&=\frac{1}{2a}\int\frac{(a+x)+(a-x)}{(a+x)(a-x)}\mathrm{d}x=\frac{1}{2a}\int\left(\frac{1}{a-x}+\frac{1}{a+x}\right)\mathrm{d}x\\&=\frac{1}{2a}\left(\int\frac{1}{a-x}\mathrm{d}x+\int\frac{1}{a+x}\mathrm{d}x\right)=\frac{1}{2a}(-\ln|a-x|-\ln|a+x|)+C\\&=\frac{1}{2a}\ln\left|\frac{a+x}{a-x}\right|+C.\end{aligned}$$

类似地可得 $\int\frac{1}{x^2-a^2}\mathrm{d}x=\frac{1}{2a}\ln\left|\frac{x-a}{x+a}\right|+C.$

【例 4-17】 求$\int\frac{1}{\sqrt{a^2-x^2}}\mathrm{d}x\quad(a>0)$.

解 $\int\frac{1}{\sqrt{a^2-x^2}}\mathrm{d}x=\int\frac{1}{a\sqrt{1-\left(\frac{x}{a}\right)^2}}\mathrm{d}x=\int\frac{1}{\sqrt{1-\left(\frac{x}{a}\right)^2}}\mathrm{d}\left(\frac{x}{a}\right)=\arcsin\frac{x}{a}+C.$

【例 4-18】 求$\int3x\mathrm{e}^{x^2}\mathrm{d}x$.

解 被积函数中含有e^{x^2}项,而$x\mathrm{d}x=\mathrm{d}\left(\frac{x^2}{2}\right)=\frac{1}{2}\mathrm{d}x^2$,则

$$\int3x\mathrm{e}^{x^2}\mathrm{d}x=\frac{3}{2}\int\mathrm{e}^{x^2}\mathrm{d}(x^2)=\frac{3}{2}\mathrm{e}^{x^2}+C.$$

【例 4-19】 求$\int\frac{\cos\sqrt{x}}{\sqrt{x}}dx$.

解 $\int\frac{\cos\sqrt{x}}{\sqrt{x}}dx = 2\int\cos\sqrt{x}\,d(\sqrt{x}) = 2\sin\sqrt{x} + C$.

由以上例子可知,在利用第一类换元积分法求不定积分时,关键是根据被积函数和基本积分公式,将被积表达式凑成两部分,一部分是 $d\varphi(x)$,另一部分是 $\varphi(x)$ 的函数,因此第一类换元积分也叫"凑微分"法.为此,我们不但要熟记不定积分基本公式,还需要掌握一些常用的微分式子,如:

$$dx = \frac{1}{a}d(ax) = \frac{1}{a}d(ax \pm b);\quad xdx = \frac{1}{2}dx^2 = \frac{1}{2a}d(ax^2 + b);\quad e^x dx = de^x;$$

$$\frac{1}{x}dx = d(\ln x);\quad \frac{1}{\sqrt{x}}dx = 2d(\sqrt{x});\quad \cos x dx = d(\sin x);$$

$$\sin x dx = -d(\cos x);\quad \frac{dx}{\sqrt{1-x^2}} = d(\arcsin x);\quad \frac{dx}{1+x^2} = d(\arctan x).$$

【例 4-20】 求$\int\frac{1}{x(\ln x + 1)}dx$.

解 $\int\frac{1}{x(\ln x+1)}dx = \int\frac{d(\ln x)}{\ln x + 1} = \int\frac{d(\ln x + 1)}{\ln x + 1} = \ln|\ln x + 1| + C$.

【例 4-21】 求$\int\tan x dx$.

解 $\int\tan x dx = \int\frac{\sin x}{\cos x}dx = -\int\frac{d(\cos x)}{\cos x} = -\ln|\cos x| + C$.

同理可得

$$\int\cot x dx = \ln|\sin x| + C.$$

【例 4-22】 求$\int e^x\cos(2e^x + 1)dx$.

解 $\int e^x\cos(2e^x+1)dx = \int\cos(2e^x+1)de^x = \frac{1}{2}\int\cos(2e^x+1)d(2e^x+1)$

$$= \sin(2e^x + 1) + C.$$

【例 4-23】 求$\int\frac{\sin x}{(2-3\cos x)^2}dx$.

解 $\int\frac{\sin x}{(2-3\cos x)^2}dx = \int\frac{1}{(2-3\cos x)^2}d(-\cos x) = \frac{1}{3}\int\frac{1}{(2-3\cos x)^2}d(2-3\cos x)$

$$= -\frac{1}{3(2-3\cos x)} = \frac{1}{3(3\cos x - 2)}.$$

2. 第二类换元积分法

【例 4-24】 求$\int\frac{1}{1+\sqrt{x}}dx$.

解 被积函数中含有根式$\sqrt{x}$,为了去掉根式,可设 $x = t^2(t>0)$,则 $dx = 2tdt$,所以

$$\int\frac{1}{1+\sqrt{x}}dx = \int\frac{2t}{1+t}dt = 2\int\left(1-\frac{1}{1+t}\right)dt = 2[t - \ln(1+t)] + C = 2[\sqrt{x} - \ln(1+\sqrt{x})] + C.$$

【例 4-25】 求 $\int \frac{1}{\sqrt[3]{x}+\sqrt{x}}\mathrm{d}x$.

解 被积函数中含有$\sqrt[3]{x}$和$\sqrt{x}$两个根式，为了同时去掉两个根号，设 $x=t^6(t>0)$，则 $\mathrm{d}x=6t^5\mathrm{d}t$，所以

$$\int \frac{\mathrm{d}x}{\sqrt[3]{x}+\sqrt{x}}=\int \frac{6t^5\mathrm{d}t}{t^2+t^3}=\int \frac{6t^3}{1+t}\mathrm{d}t=6\int\left(t^2-t+1-\frac{1}{1+t}\right)\mathrm{d}t$$

$$=6\int(t^2-t+1)\mathrm{d}t-6\int\frac{1}{1+t}\mathrm{d}t=2t^3-3t^2+6t-6\ln(t+1)+C$$

$$=2\sqrt{x}-3\sqrt[3]{x}+6\sqrt[6]{x}-6\ln(\sqrt[6]{x}+1)+C.$$

【例 4-26】 求 $\int x\cdot\sqrt[3]{x-3}\,\mathrm{d}x$.

解法一 令 $x-3=t^3$，则 $\mathrm{d}x=3t^2\mathrm{d}t$，所以

$$\int x\cdot\sqrt[3]{x-3}\,\mathrm{d}x=\int(3+t^3)t\cdot 3t^2\mathrm{d}t=3\int(3t^3+t^6)\mathrm{d}t$$

$$=3\left(\frac{3}{4}t^4+\frac{1}{7}t^7\right)+C=\frac{9}{4}(x-3)^{\frac{4}{3}}+\frac{3}{7}(x-3)^{\frac{7}{3}}+C.$$

解法二 $\int x\cdot\sqrt[3]{x-3}\,\mathrm{d}x=\int(x-3+3)\cdot\sqrt[3]{x-3}\,\mathrm{d}x=\int[(x-3)^{\frac{4}{3}}+3\cdot(x-3)^{\frac{1}{3}}]\mathrm{d}(x-3)$

$$=\frac{9}{4}(x-3)^{\frac{4}{3}}+\frac{3}{7}(x-3)^{\frac{7}{3}}+C.$$

显然，解法二较解法一简单. 由前面计算可知，第一类换元积分法应先进行凑微分，然后再换元，可省略换元过程. 第二类换元积分法必须先进行换元，不可省略换元及回代过程，运算起来比第一类换元积分法复杂.

二、分部积分法

有一些积分如 $\int x\sin x\mathrm{d}x$，$\int x\mathrm{e}^x\mathrm{d}x$，$\int x\ln x\mathrm{d}x$ 等用换元法难以求解，为此本节将根据两个函数乘积的微分公式，推导出解决这类积分的基本方法——分部积分法.

设函数 $u=u(x)$，$v=v(x)$具有连续导数，则 $\mathrm{d}(uv)=u\mathrm{d}v+v\mathrm{d}u$，移项、两边积分，有

$$\int u\mathrm{d}v=uv-\int v\mathrm{d}u \tag{4-1}$$

称公式(4-1)为分部积分公式，当计算 $\int u\mathrm{d}v$ 有困难，而计算 $\int v\mathrm{d}u$ 较为容易时，分部积分公式就可以发挥作用了，下面举例来说明其应用.

【例 4-27】 求 $\int x\cos x\mathrm{d}x$.

解 设 $u=x$，$\mathrm{d}v=\cos x\mathrm{d}x=\mathrm{d}(\sin x)$，则 $\mathrm{d}u=\mathrm{d}x$，$v=\sin x$.

由分部积分公式，得

$$\int x\cos x\mathrm{d}x=\int x\mathrm{d}(\sin x)=x\sin x-\int\sin x\mathrm{d}x=x\sin x+\cos x+C.$$

【例 4-28】 求 $\int x\mathrm{e}^{2x}\mathrm{d}x$.

解 设 $u=x$，$\mathrm{d}v=\mathrm{e}^{2x}\mathrm{d}x=\mathrm{d}(\frac{1}{2}\mathrm{e}^{2x})$，则 $\mathrm{d}u=\mathrm{d}x$，$v=\frac{1}{2}\mathrm{e}^{2x}$.

由分部积分公式,得

$$\int x e^{2x} dx = \int x d\left(\frac{1}{2}e^{2x}\right) = \frac{1}{2}xe^{2x} - \frac{1}{2}\int e^{2x} dx = \frac{1}{2}xe^{2x} - \frac{1}{4}e^{2x} + C.$$

如果我们设 $u = e^{2x}$,$dv = xdx = d\left(\frac{1}{2}x^2\right)$,那么 $du = de^{2x}$,$v = \frac{1}{2}x^2$,代入分部积分公式,得

$$\int x e^{2x} dx = \int e^{2x} d\left(\frac{1}{2}x^2\right) = \frac{1}{2}x^2 e^{2x} - \frac{1}{2}\int x^2 de^{2x} = \frac{1}{2}x^2 e^{2x} - \int x^2 e^{2x} dx.$$

上式右端的不定积分比原来的不定积分更难求出.

由此可见,在使用分部积分法时,恰当地选取 u 与 dv 是关键. 选取 u 与 dv 一般要注意以下两点:

(1)较容易凑出 dv;

(2)转换后的积分 $\int v du$ 要比原积分 $\int u dv$ 容易求出.

当公式运用熟练时,可不必设出 u 与 dv,直接应用公式(4-1)即可.

【例 4-29】 求 $\int \ln x dx$.

解 直接利用分部积分公式,得

$$\int \ln x dx = x\ln x - \int dx = x\ln x - x + C.$$

【例 4-30】 求 $\int x\arctan x dx$.

解

$$\begin{aligned}\int x\arctan x dx &= \int \frac{1}{2}\arctan x d(x^2) = \frac{1}{2}x^2\arctan x - \frac{1}{2}\int \frac{x^2}{1+x^2}dx \\ &= \frac{1}{2}x^2\arctan x - \frac{1}{2}\int\left(\frac{1+x^2-1}{1+x^2}\right)dx \\ &= \frac{1}{2}x^2\arctan x - \frac{1}{2}x + \frac{1}{2}\arctan x + C \\ &= \frac{1}{2}(x^2+1)\arctan x - \frac{1}{2}x + C.\end{aligned}$$

从以上四个例题可以看出,当被积函数是幂函数和三角函数、指数函数、对数函数、反三角函数相乘时,就可以考虑使用分部积分公式.

★课堂思考题

1. 求 $\int\left(\frac{1}{x^2}+1\right)dx^2$.

2. 若 $\int f(x)dx = \sin(2x^2+1) + C$,求 $f(x)$.

习题 4-4

1. 请在下列括号中填写正确的内容:

(1)$dx = (\quad)d(ax+b)(a \neq 0)$; (2)$dx = (\quad)d(3-2x)$;

(3)$xdx = (\quad)d(3x^2-2)$; (4)$x^2dx = (\quad)d(2x^3+1)$;

(5)$\frac{1}{2x}dx = d(\quad)$; (6)$e^{-2x}dx = (\quad)d(e^{-2x})$;

(7) $\frac{2}{x}dx = d(\quad)$；

(8) $\sin 2x dx = (\quad)d(\cos 2x)$；

(9) $\cos\frac{x}{3}dx = (\quad)d(\sin\frac{x}{3})$；

(10) $\frac{\ln x}{x}dx = \ln x d(\quad) = d(\quad)$.

2. 用第一类换元积分求下列不定积分：

(1) $\int\sqrt{1-2x}dx$；

(2) $\int\cos 3x dx$；

(3) $\int(2x-1)^{20}dx$；

(4) $\int e^{-2x}dx$；

(5) $\int\frac{x}{1+4x^2}dx$；

(6) $\int x^2(1+2x^3)^4dx$；

(7) $\int\frac{(1+\ln x)^2}{x}dx$；

(8) $\int\frac{\sin\sqrt{x}}{\sqrt{x}}dx$；

(9) $\int\frac{1}{1+4x^2}dx$；

(10) $\int\frac{1}{\sqrt{4-9x^2}}dx$；

(11) $\int(1-2\cos x)^3\sin x dx$；

(12) $\int\sin^2x\cos x dx$；

(13) $\int\frac{e^x}{1+e^{2x}}dx$；

(14) $\int\frac{1}{\arcsin x\sqrt{1-x^2}}dx$；

(15) $\int\frac{\arctan x}{1+x^2}dx$；

(16) $\int\frac{e^{2x}}{1+e^{2x}}dx$；

(17) $\int\frac{1}{\sqrt{x}(1+x)}dx$；

(18) $\int\frac{1}{\sqrt{x}(1+\sqrt{x})}dx$.

3. 用第二类换元积分求下列不定积分：

(1) $\int\frac{1}{1+\sqrt{2x}}dx$；

(2) $\int\frac{x^2}{\sqrt[3]{2-x}}dx$；

(3) $\int\frac{1}{\sqrt{x}+\sqrt[4]{x}}dx$；

(4) $\int x^2(x-2)^{10}dx$

(5) $\int x\sqrt{x-1}dx$；

(6) $\int\frac{x}{\sqrt{x-3}}dx$.

4. 用分部积分求下列不定积分：

(1) $\int x\sin 2x dx$；

(2) $\int x\cos 2x dx$；

(3) $\int xe^{-x}dx$；

(4) $\int x^2e^xdx$；

(5) $\int x^3\ln x dx$；

(6) $\int x\arctan x dx$；

(7) $\int\arccos x dx$；

(8) $\int x^3e^{-x^2}dx$.

第五节　定积分与广义积分的计算

一、定积分的计算

与不定积分的基本积分方法相对应，定积分也有换元法和分部积分法. 下面讨论定积分的这两种计算方法.

1. 定积分的换元法

如果函数$f(x)$为区间$[a,b]$上连续,$x=\varphi(t)$满足下列条件:

(1)$x=\varphi(t)$在区间$[\alpha,\beta]$上单调且有连续的导数;

(2)当t从α变到β时,$x=\varphi(t)$在$[a,b]$上变化,且有$\varphi(\alpha)=a,\varphi(\beta)=b$;则$\int_a^b f(x)\mathrm{d}x=\int_\alpha^\beta f[\varphi(t)]\varphi'(t)\mathrm{d}t$.

在应用上述公式进行计算时,须注意换元必换限,(原)上限对(新)上限,(原)下限对(新)下限.

【例 4-31】 求$\int_0^3 \frac{x}{\sqrt{1+x}}\mathrm{d}x$.

解 设$\sqrt{1+x}=t$,则$x=t^2-1,\mathrm{d}x=2t\mathrm{d}t$,当$x=0$时,$t=1$,当$x=3$时,$t=2$,于是

$$\int_1^3 \frac{x}{\sqrt{1+x}}\mathrm{d}x=\int_1^2 \frac{t^2-1}{t}2t\mathrm{d}t=2\int_1^2(t^2-1)\mathrm{d}t=2\left[\frac{t^3}{3}-t\right]_1^2=\frac{8}{3}.$$

【例 4-32】 求$\int_2^4 \frac{1}{x\sqrt{x-1}}\mathrm{d}x$.

解 设$\sqrt{x-1}=t$,则$x=1+t^2,\mathrm{d}x=2t\mathrm{d}t$,当$x=2$时,$t=1$,当$x=4$时,$t=\sqrt{3}$,于是

$$\int_2^4 \frac{1}{x\sqrt{x-1}}\mathrm{d}x=\int_1^{\sqrt{3}} \frac{2t}{(1+t^2)t}\mathrm{d}t=2[\arctan t]_1^{\sqrt{3}}=\frac{\pi}{6}.$$

【例 4-33】 计算$\int_0^{\frac{\pi}{2}}\cos^3 x\sin x\mathrm{d}x$.

解 $\int_0^{\frac{\pi}{2}}\cos^3 x\sin x\mathrm{d}x=-\int_0^{\frac{\pi}{2}}\cos^3 x\mathrm{d}(\cos x)=-\left[\frac{1}{4}\cos^4 x\right]_0^{\frac{\pi}{2}}=\frac{1}{4}.$

可以看出,在计算中只是凑了微分,不换元,因此在计算过程中不换限.

2. 定积分的分部法

设$u=u(x),v=v(x)$在区间$[a,b]$上有连续的导数,则有

$$\int_a^b uv'\mathrm{d}x=[uv]_a^b-\int_a^b vu'\mathrm{d}x.$$

【例 4-34】 求$\int_0^1 x\mathrm{e}^x\mathrm{d}x$.

解 由定积分的分部积分公式,得

$$\int_0^1 x\mathrm{e}^x\mathrm{d}x=\int_0^1 x\mathrm{d}(\mathrm{e}^x)=[x\mathrm{e}^x]_0^1-\int_0^1 \mathrm{e}^x\mathrm{d}x=\mathrm{e}-[\mathrm{e}^x]_0^1=1.$$

【例 4-35】 求$\int_0^{\sqrt{3}}\arctan x\mathrm{d}x$.

解 由定积分的分部积分公式,得

$$\begin{aligned}\int_0^{\sqrt{3}}\arctan x\mathrm{d}x&=[x\arctan x]_0^{\sqrt{3}}-\int_0^{\sqrt{3}}\frac{1}{1+x^2}\mathrm{d}x\\&=\frac{\sqrt{3}}{3}\pi-\left[\frac{1}{2}\ln(1+x^2)\right]_0^{\sqrt{3}}=\frac{\sqrt{3}}{3}\pi-\ln 2.\end{aligned}$$

【例 4-36】 求$\int_1^2 x\ln x\mathrm{d}x$.

解 由定积分的分部积分公式,得

$$\int_1^2 x\ln x\mathrm{d}x = \frac{1}{2}\int_1^2 \ln x\mathrm{d}(x^2) = \left[\frac{1}{2}x^2\ln x\right]_1^2 - \frac{1}{2}\int_1^2 x\mathrm{d}x.$$

$$= 2\ln 2 - \left[\frac{1}{4}x^2\right]_1^2 = 2\ln 2 - \frac{3}{4}.$$

二、广义积分的计算

我们前面讨论的定积分,都是在有限区间上的积分,但在某些实际问题中,往往会遇到无穷区间上的积分,这些特殊的积分统称为广义积分.

定义 4.4 设$f(x)$在区间$[a,+\infty)$上连续,若$\lim\limits_{b\to+\infty}\int_a^b f(x)\mathrm{d}x$存在,则称此极限为函数$f(x)$在$[a,+\infty)$上的广义积分,记为$\int_a^{+\infty}f(x)\mathrm{d}x$,即

$$\int_a^{+\infty}f(x)\mathrm{d}x = \lim_{b\to+\infty}\int_a^b f(x)\mathrm{d}x.$$

这时也称广义积分$\int_a^{+\infty}f(x)\mathrm{d}x$收敛;如果上述极限不存在,则称$\int_a^{+\infty}f(x)\mathrm{d}x$发散.

类似地,$f(x)$在$(-\infty,b]$上的广义积分为$\int_{-\infty}^b f(x)\mathrm{d}x = \lim\limits_{a\to-\infty}\int_a^b f(x)\mathrm{d}x$.

$f(x)$在$(-\infty,+\infty)$上的广义积分定义为:

$$\int_{-\infty}^{+\infty}f(x)\mathrm{d}x = \int_{-\infty}^{c}f(x)\mathrm{d}x + \int_{c}^{+\infty}f(x)\mathrm{d}x,\ c\in(-\infty,+\infty).$$

当广义积分$\int_{-\infty}^{c}f(x)\mathrm{d}x$与$\int_{c}^{+\infty}f(x)\mathrm{d}x$都收敛时,称广义积分$\int_{-\infty}^{+\infty}f(x)\mathrm{d}x$收敛,否则称广义积分$\int_{-\infty}^{+\infty}f(x)\mathrm{d}x$发散.

由上述定义及牛顿—莱布尼兹公式,可得如下结果.

若$\int f(x)\mathrm{d}x = F(x)+C$,且记$F(+\infty) = \lim\limits_{x\to+\infty}F(x)$,$F(-\infty) = \lim\limits_{x\to-\infty}F(x)$.当极限存在时,以上三种广义积分可表示为

$$\int_a^{+\infty}f(x)\mathrm{d}x = [F(x)]_a^{+\infty} = F(+\infty) - F(a);$$

$$\int_{-\infty}^{b}f(x)\mathrm{d}x = [F(x)]_{-\infty}^{b} = F(b) - F(-\infty);$$

$$\int_{-\infty}^{+\infty}f(x)\mathrm{d}x = [F(x)]_{-\infty}^{+\infty} = F(+\infty) - F(-\infty).$$

【例 4-37】 求$\int_0^{+\infty}\frac{x}{1+x^2}\mathrm{d}x$.

解 $\int_0^{+\infty}\frac{x}{1+x^2}\mathrm{d}x = \frac{1}{2}\int_0^{+\infty}\frac{1}{1+x^2}\mathrm{d}(1+x^2) = \frac{1}{2}[\ln(1+x^2)]_0^{+\infty} = +\infty.$

所以广义积分$\int_0^{+\infty}\frac{x}{1+x^2}\mathrm{d}x$发散.

【例 4-38】 求 $\int_{-\infty}^{0} e^x dx$.

解 $\int_{-\infty}^{0} e^x dx = [e^x]_{-\infty}^{0} = 1 - \lim_{x \to -\infty} e^x = 1 - 0 = 1$.

【例 4-39】 求 $\int_{-\infty}^{+\infty} \frac{1}{1+x^2} dx$.

解 $\int_{-\infty}^{+\infty} \frac{1}{1+x^2} dx = [\arctan x]_{-\infty}^{+\infty} = \lim_{x \to +\infty} \arctan x - \lim_{x \to -\infty} \arctan x = \frac{\pi}{2} - \left(-\frac{\pi}{2}\right) = \pi$.

★课堂思考题

1. 设 $f(3)=5, f(1)=2$, 求 $\int_{1}^{3} f'(x) dx$.

2. 求广义积分 $\int_{1}^{+\infty} x^{-2} dx$.

习题 4-5

1. 计算下列定积分:

(1) $\int_{-2}^{1} \frac{1}{(11+5x)^3} dx$;

(2) $\int_{1}^{2} \left(x+\frac{1}{x}\right)^2 dx$;

(3) $\int_{4}^{9} \frac{\sqrt{x}}{\sqrt{x}-1} dx$;

(4) $\int_{-1}^{0} \frac{1}{\sqrt{4-5x}-1} dx$;

(5) $\int_{0}^{1} x e^x dx$;

(6) $\int_{1}^{e} x^2 \ln x dx$;

(7) $\int_{0}^{\frac{\pi}{2}} x \sin x dx$;

(8) $\int_{0}^{\sqrt{3}} 2x \arctan x dx$.

2. 计算下列广义积分:

(1) $\int_{0}^{+\infty} e^{-x} dx$;

(2) $\int_{1}^{+\infty} x^{-\frac{4}{3}} dx$.

第六节　定积分的应用

一、定积分的元素法

定积分所要解决的问题是积分学的第二个基本问题——求某个不均匀分布的整体量 U, 这个量可能是一个几何量(如曲边梯形的面积),也可能是一个物理量(如变速直线运动的路程). 由于这些量是不规则或不均匀分布的,因而不可能直接求出. 为此先把整体量化为部分量之和,用"以直代曲"或"以不变代变"的方法求出部分量的近似值,然后累加,再求极限,从而求得整体量. 这就是用定积分来解决实际问题的基本思想,即"分割—取近似—求和—取极限". 这就是定积分元素法的基本思想.

为了说明用元素法解决问题的具体方法,我们回顾一下求曲边梯形面积的过程.

由前面的讨论可知,由连续曲线 $y=f(x)\,[f(x) \geqslant 0]$, $x=a$, $x=b$ 及 x 轴围成的曲边梯形的面积 A,通过"分割—取近似—求和—取极限"四步可将其表达为

$$A = \lim_{\lambda \to 0} \sum_{i=1}^{n} f(\xi) \Delta x_i = \int_{a}^{b} f(x) dx.$$

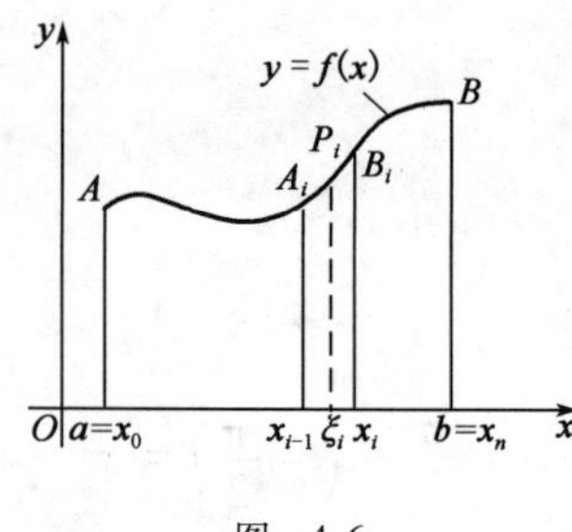

图 4-6

其中$f(\xi_i)\Delta x_i$为分割成的第i个小曲边梯形的面积ΔA_i的近似值(图4-6),即$\Delta A_i \approx f(\xi_i)\Delta x_i$.

由于A的值与对应区间$[a,b]$的分法及ξ_i的取法无关,为此将任意小区间$[x_{i-1},x_i]$记为$[x,x+\mathrm{d}x]$,取$\xi_i=x$,则$\Delta A \approx f(x)\mathrm{d}x$. 我们称近似值$f(x)\mathrm{d}x$为面积微元(或元素),记作$\mathrm{d}A$,则

$$A = \int_a^b \mathrm{d}A = \int_a^b f(x)\mathrm{d}x.$$

由此可见,曲边梯形的面积A就是面积元素$\mathrm{d}A$在区间$[a,b]$上的定积分(无穷累积).

将上述方法推广,就得到用元素法解决实际问题的具体步骤.

(1)根据所求量U的具体情况,确定积分变量及积分变量的变化区间;

(2)在$[a,b]$内,任取一小区间(如$[x,x+\mathrm{d}x]$),求出该小区间上所对应部分量ΔU的近似值,这个近似值就是所求量U的微元(或元素),记作$\mathrm{d}U$;

(3)将$\mathrm{d}U$在区间$[a,b]$上积分(即无限累加),就可以得到所求量U的精确值,即

$$U = \int_a^b \mathrm{d}U.$$

二、定积分在几何中的应用

1. 平面图形的面积

设平面图形是由曲线$y=f(x)$,$y=g(x)$ $[g(x)\leqslant f(x)]$和直线$x=a$,$x=b(a<b)$围成,如图4-7所示,称这样的平面图形为x-型.

取x为积分变量,则$x\in[a,b]$,在$[a,b]$上任取一小区间$[x,x+\mathrm{d}x]$,$[x,x+\mathrm{d}x]$上对应的小窄曲边图形的面积(图4-7阴影部分的面积)可用以$\mathrm{d}x$为底、$f(x)-g(x)$为高的小矩形面积近似代替,即面积元素为

$$\mathrm{d}A = [f(x) - g(x)]\mathrm{d}x.$$

则平面图形的面积为

$$A = \int_a^b [f(x) - g(x)]\mathrm{d}x \tag{4-2}$$

【例4-40】 一片花瓣的形状由抛物线$y=x^2$和$y^2=x$所围成,求此花瓣的图形面积.

解 由方程组$\begin{cases} y^2 = x \\ y = x^2 \end{cases}$得两条抛物线交点$(0,0)$及$(1,1)$,由图4-8知该图形为$x$-型,由公式(4-2)得所求花瓣的面积为

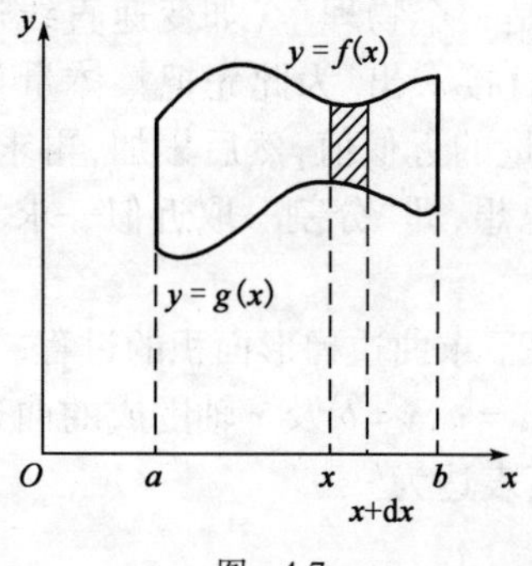

图 4-7

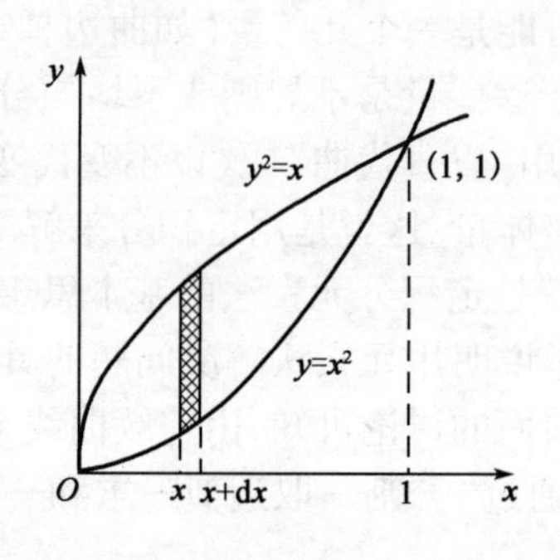

图 4-8

$$A = \int_0^1 (\sqrt{x} - x^2)\,\mathrm{d}x = \left[\frac{2}{3}x^{\frac{3}{2}} - \frac{1}{3}x^3\right]_0^1 = \frac{1}{3}.$$

类似地,若平面图形是由曲线 $x=\varphi(y)$,$x=\psi(y)$ $[\psi(y)\leqslant\varphi(y)]$ 和直线 $y=c$,$y=d(c<d)$ 围成,如图 4-9 所示,称这样的平面图形为 y-型,其面积为

$$A = \int_c^d [\varphi(y) - \psi(y)]\,\mathrm{d}y \tag{4-3}$$

【例 4-41】 某城市的街边公园的形状是由抛物线 $y^2=2x$ 和直线 $y=x-4$ 所围成(图 4-10),求此公园的面积.

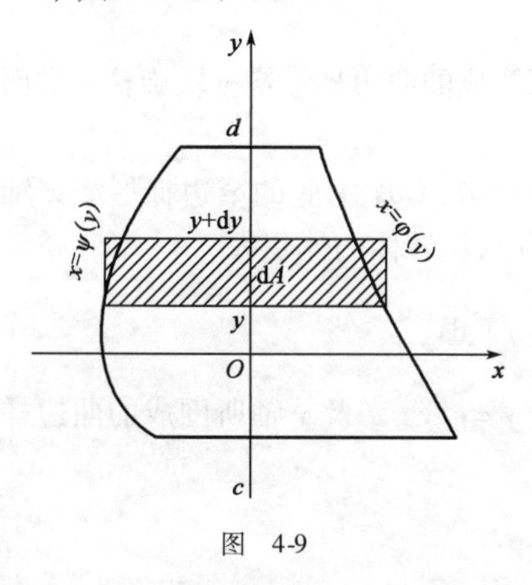

图 4-9

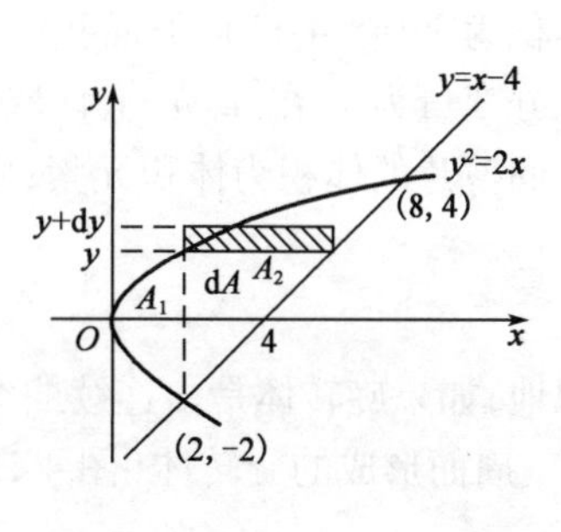

图 4-10

解 由方程组 $\begin{cases} y^2=2x \\ y=x-4 \end{cases}$ 得抛物线与直线的交点为(0,0)及(1,1),由图 4-10 知该图形为 y-型,由公式(4-3)得所求公园的面积为

$$A = \int_{-2}^4 \left(y + 4 - \frac{1}{2}y^2\right)\mathrm{d}y = \left[\frac{y^2}{2} + 4y - \frac{y^3}{6}\right]_{-2}^4 = 18.$$

如果按 x-型,所求面积需要分成两个部分:

$$A_1 = \int_0^2 [\sqrt{2x} - (-\sqrt{2x})]\,\mathrm{d}x = \int_0^2 2\sqrt{2x}\,\mathrm{d}x = \frac{4\sqrt{2}}{3}[x^{\frac{3}{2}}]_0^2 = \frac{16}{3};$$

$$A_2 = \int_2^8 [\sqrt{2x} - (x-4)]\,\mathrm{d}x = \left[\frac{2\sqrt{2}}{3}x^{\frac{3}{2}} - \frac{x^2}{2} + 4x\right]_2^8 = \frac{38}{3}.$$

所求面积为

$$A = A_1 + A_2 = \frac{16}{3} + \frac{38}{3} = 18.$$

显然,取 y 为积分变量要简单得多.因此,对具体问题,选取适当的积分变量可简化计算.

【例 4-42】 (本章引例)有一拱桥桥洞上沿是抛物线形状,拱桥的跨度是 10m,桥洞高 5m,求此拱桥的横截面面积(图 4-1).

解 设拱桥桥洞上沿抛物线的方程为

$$y = ax^2 + bx + c$$

由图 4-1 可知,点(0,0),(10,0),(5,5)都在抛物线上,代入抛物线方程,得

$$\begin{cases} c = 0 \\ 100a + 10b = 0 \\ 25a + 5b = 0 \end{cases}$$

解方程组得 $a=-\frac{1}{5},b=2,c=0$，即得拱桥桥洞上沿抛物线方程为 $y=-\frac{1}{5}x^2+2x$，由公式(4-3)得所求拱桥的截面面积为

$$A=\int_0^{10}\left(-\frac{1}{5}x^2+2x\right)\mathrm{d}x=\left[-\frac{1}{15}x^3+x^2\right]_0^{10}=\frac{100}{3}(\mathrm{m}^2).$$

2. 旋转体体积

由一个平面图形绕这个平面内一条直线旋转一周而成的立体称为旋转体，这条直线称为旋转轴. 如圆柱、圆锥、球体等都是旋转体.

设由连续曲线 $y=f(x)$、直线 $x=a$、$x=b$ 及 x 轴所围成的曲边梯形绕 x 轴旋转一周而成的旋转体体积为 V（图 4-11），下面我们用元素法求其值.

取积分变量为 x，在 $[a,b]$ 上任取小区间 $[x,x+\mathrm{d}x]$，取以 $\mathrm{d}x$ 为底的窄边梯形绕 x 轴旋转一周而成的薄片的体积为体积元素，则 $\mathrm{d}V=\pi[f(x)]^2\mathrm{d}x$，旋转体的体积为

$$V=\int_a^b\mathrm{d}V=\int_a^b\pi[f(x)]^2\mathrm{d}x. \tag{4-4}$$

类似地，如果旋转体是由连续曲线 $x=\varphi(y)$、直线 $y=c$、$y=d$ 及 y 轴所围成的曲边梯形绕 y 轴旋转一周而形成的旋转体（图 4-12），其体积为

$$V=\int_c^d\pi[\varphi(y)]^2\mathrm{d}y. \tag{4-5}$$

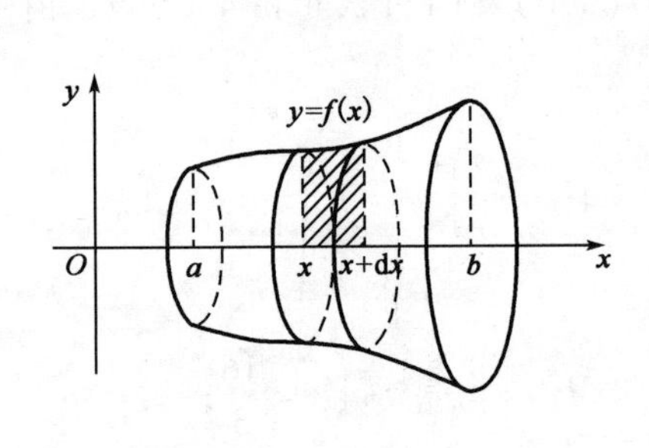

图 4-11

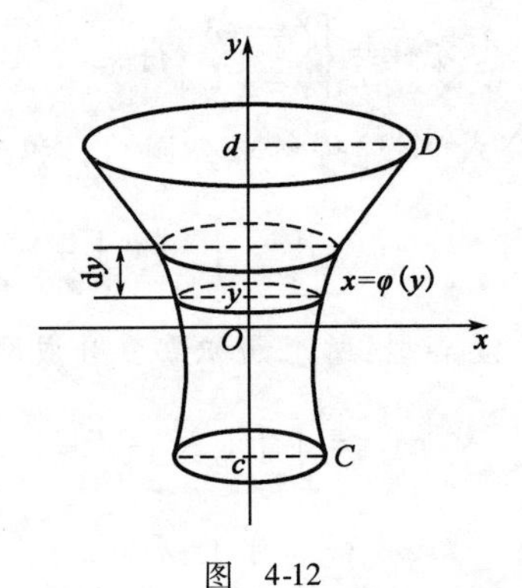

图 4-12

【例 4-43】 求如图 4-13 所示的圆锥体的体积.

解 该圆锥体可以看作是由直线 $y=\frac{H}{R}x$、$y=H$ 及 y 轴所围成直角三角形绕 y 轴旋转一周而成，由公式(4-5)，得

$$V=\int_0^H\pi\left(\frac{R}{H}y\right)^2\mathrm{d}y=\frac{\pi R^2}{3H^2}[y^3]_0^H=\frac{\pi}{3}R^2H.$$

3. 平面曲线的弧长

设曲线弧为 $y=f(x)\ (a\leqslant x\leqslant b)$，如图 4-14 所示.

其中 $f(x)$ 在 $[a,b]$ 上有一阶连续导数. 取积分变量为 x，在区间 $[a,b]$ 上任取小区间 $[x,x+\mathrm{d}x]$，以对应小切线段的长代替小弧段的长，小切线段的长为

$$\sqrt{(\mathrm{d}x)^2+(\mathrm{d}y)^2}=\sqrt{1+y'^2}\,\mathrm{d}x.$$

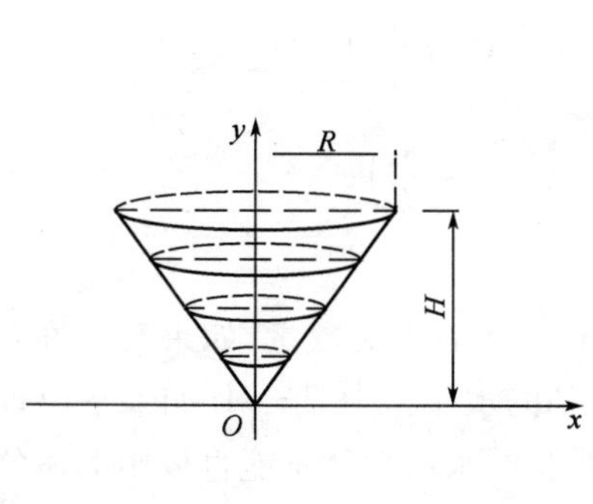

图 4-13

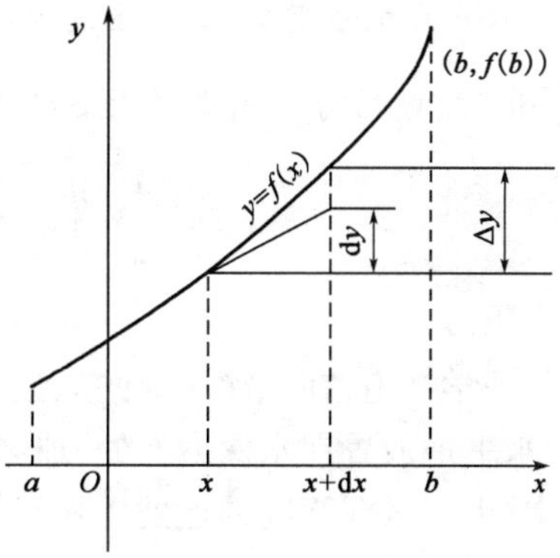

图 4-14

弧长微分 $$ds = \sqrt{1 + y'^2}\,dx.$$

弧长 $$s = \int_a^b \sqrt{1 + y'^2}\,dx.$$

【例 4-44】 求曲线 $y = \frac{2}{3}x^{\frac{3}{2}}$ 上相应于 x 从 a 到 b 的一段弧的长度.

解 因为 $y' = x^{\frac{1}{2}}$，所以 $ds = \sqrt{1 + (x^{\frac{1}{2}})^2}\,dx = \sqrt{1+x}\,dx$，所求弧长为

$$s = \int_a^b \sqrt{1+x}\,dx = \left[\frac{2}{3}(1+x)^{\frac{3}{2}}\right]_a^b = \frac{2}{3}\left[(1+b)^{\frac{3}{2}} - (1+a)^{\frac{3}{2}}\right].$$

三、定积分在物理中的应用

1. 变力做功

物体在常力 F 的作用下作直线运动，当位移为 s 时，F 所做的功为 $W = F \cdot s$. 如果物体在运动的过程中所受到的力是变化的，则不能直接用上述公式计算功. 下面用定积分的元素法来解决这类问题.

设物体在变力 $F(x)$ 的作用下沿 x 轴从 a 移动到 b（图 4-15），计算变力 $F(x)$ 所做的功.

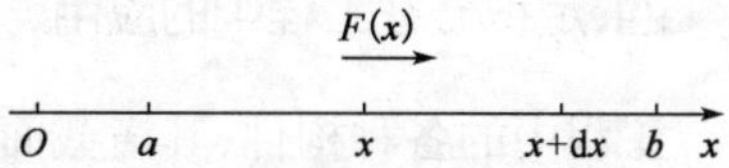

图 4-15

在区间 $[a,b]$ 上任取一小区间 $[x, x + dx]$，当物体从点 x 移动到点 $x + dx$ 时，变力 $F(x)$ 所做的功可以近似地看作常力所做的功，从而得到功元素为

$$dW = F(x)\,dx.$$

则变力 $F(x)$ 在 $[a,b]$ 上所做的功为

$$W = \int_a^b F(x)\,dx.$$

【例 4-45】 把一个带 $+q$ 电量的点电荷放在 r 轴上的坐标原点处，它产生一个电场. 该电场对周围的电荷有作用力. 由物理学知道，如果一个单位正电荷放在这个电场中距离原点为 r 的地方，那么电场对它的作用力的大小为 $F = k\frac{q}{r^2}$（k 是常数），如图 4-16 所示，当这个单位正电荷在电场中从 $r = a$ 处沿 r 轴移动到 $r = b$ 处时，计算电场力 F 对它所做的功.

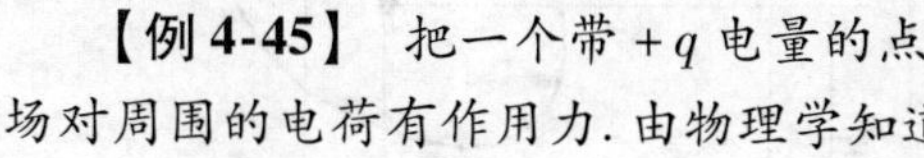

图 4-16

解 取 r 为积分变量,积分区间为 $[a,b]$,任取一小区间 $[r,r+\mathrm{d}r]$,当单位正电荷从 r 移动到 $r+\mathrm{d}r$ 时,电场力 F 所做的功近似于 $F\mathrm{d}r$,即功元素为 $\mathrm{d}W=k\frac{q}{r^2}\mathrm{d}r$,所求的功为

$$W=\int_a^b k\frac{q}{r^2}\mathrm{d}r=kq\left[-\frac{1}{r}\right]_a^b=kq\left(\frac{1}{a}-\frac{1}{b}\right).$$

2. 水压力

由物理学知道,在水深 h 处的压强为 $p=\gamma h$,这里 γ 是水的相对数量. 如果有一面积为 A 的平板,水平地放置在水深为 h 处,那么,平板一侧所受到的水压力为 $P=pA$. 如果平板垂直放置在水中,由于水深不同的点处压强不相等,平板一侧所受的水压力就不能直接用上述公式计算,这类问题同样可用元素法来解决.

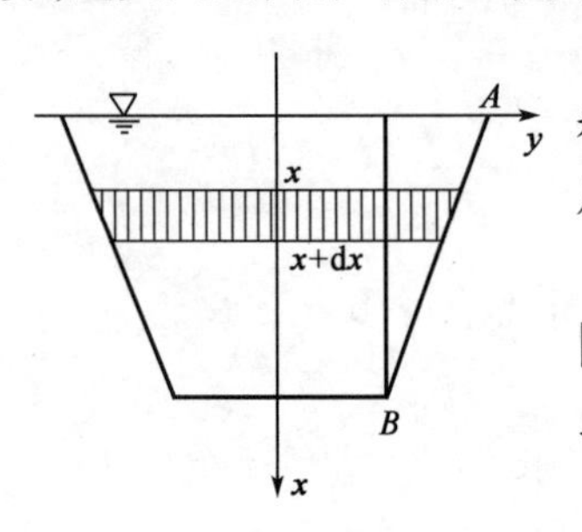

图 4-17

【例 4-46】 有一等腰梯形水渠闸门,它的两底长分别为 10m 和 6m,高为 20m. 较长的底与水面齐平,求闸门一侧所受到的水压力.

解 建立如图 4-17 所示直角坐标系,取 x 为积分变量,$x\in[0,20]$,任取小区间 $[x,x+\mathrm{d}x]$,等腰梯形被截下一窄条. 由条件可知:$A(0,5)$,$B(20,3)$,所以直线 AB 的方程为 $y=5-\frac{x}{10}$,窄条的面积元素为 $\mathrm{d}A=2(5-\frac{x}{10})\mathrm{d}x$,由于这一窄条很窄,因此可以把它看作是水平放置在水中的,而且深度在 x 处,所以它所受到的水压力为

$$\mathrm{d}F=\gamma x2(5-\frac{x}{10})\mathrm{d}x.$$

于是

$$F=\int_0^{20}\gamma x2(5-\frac{x}{10})\mathrm{d}x=\gamma\left[5x^2-\frac{x^3}{15}\right]_0^{20}\approx 1.44\times10^7(\mathrm{N}).$$

四、定积分在工程中的应用

工程中的各种构件,其横截面都是具有一定几何形状的平面图形,构件在外力作用下产生的应力和变形,都与构件横截面的形状和尺寸有关,而构件的尺寸和形状对其承载能力的影响主要通过构件的某些几何量来反映,如形心、静矩等.

设有如图 4-18 所示的平面图形,其面积为 A. 从平面图形中坐标为 (z,y) 处取一面积微元 $\mathrm{d}A$,则 $z\mathrm{d}A$ 和 $y\mathrm{d}A$ 分别称为微元面积 $\mathrm{d}A$ 对于 y 轴和 z 轴的静矩. 称

$$S_y=\int_A z\mathrm{d}A,\ S_z=\int_A y\mathrm{d}A$$

分别为该图形对于 y 轴和 z 轴的静矩.

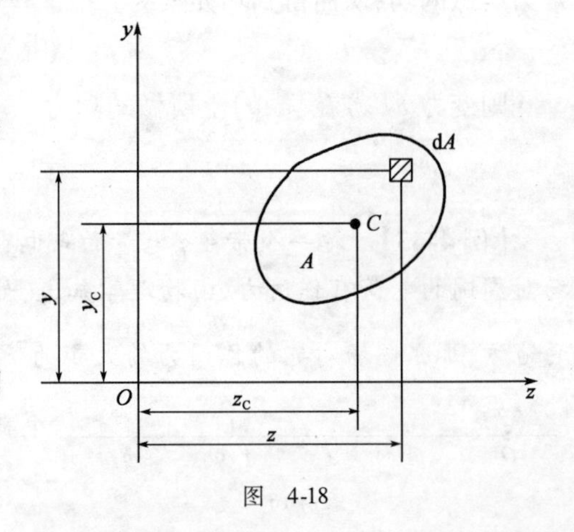

图 4-18

由于均质薄板的重心与平面图形的形心有相同的坐标 z_C 和 y_C,则

$$A\cdot z_C=S_y, A\cdot y_C=S_z.$$

所以均质薄板的重心坐标和形心坐标均为

$$z_C = \frac{\int_A z\mathrm{d}A}{A}, \quad y_C = \frac{\int_A y\mathrm{d}A}{A}.$$

其中，A 为均质薄板的面积.

【例 4-47】 确定如图 4-19 所示半径为 R 的半圆的形心位置.

解 由对称性知形心一定在对称轴上，所以

$$z_C = 0.$$

取平行于 z 轴的微面积 $\mathrm{d}A$，则

$$\mathrm{d}A = b(y)\mathrm{d}y = 2\sqrt{R^2 - y^2}\mathrm{d}y.$$

所以

$$S_z = \int_A y\mathrm{d}A = \int_0^R 2y\sqrt{R^2 - y^2}\mathrm{d}y = \frac{2}{3}R^3$$

$$y_C = \frac{S_z}{A} = \frac{\frac{2R^3}{3}}{\frac{\pi R^2}{2}} = \frac{4R}{3\pi}.$$

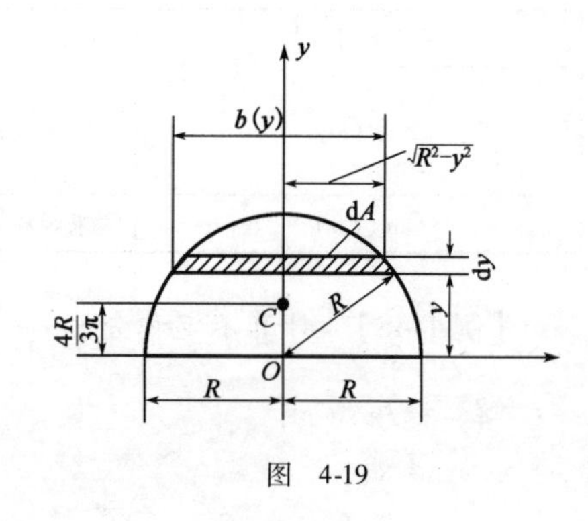

图 4-19

★课堂思考题

1. 根据定积分的几何应用，试推导圆柱体体积的计算公式.
2. 根据定积分的几何应用，试推导圆周长的计算公式.

习题 4-6

1. 求下列各组曲线所围成平面图形的面积：

(1) $y = \frac{1}{x}, y = x, x = 2$.

(2) $y = x^2, y = 3x + 4$.

(3) $y = \mathrm{e}^x, y = \mathrm{e}^{-x}, x = 1$.

(4) $y = x^3, y = 1, y = 2, x = 0$.

2. 求下列曲线所围图形绕指定轴旋转所成的旋转体的体积：

(1) $y = x^2, y^2 = 8x$，分别绕 x 轴和 y 轴；

(2) $x^2 + (y-5)^2 = 16$，绕 x 轴.

3. 求曲线 $y = \frac{\sqrt{x}}{3}(3 - x)(1 \leqslant x \leqslant 3)$ 的弧长.

4. 由胡克定律知道，弹簧的伸长与拉力成正比. 已知一弹簧伸长 1cm 时拉力为 1N，求把弹簧拉长 10cm 所做的功.

5. 一底为 8cm、高为 6cm 的等腰三角形，铅直沉没在水中，顶在上，底在下，而顶离水面 3cm. 试求其一侧所受的水压力.

第七节　数学实验三:用数学软件包求积分

一、用 MATLAB 求不定积分

在 MATLAB 中,我们输入一个命令,便可以非常方便地求出不定积分,见表 4-1.

表 4-1

命令形式	功能
int(f)	求函数 f 对默认变量的不定积分,用于函数中只有一个变量的情况
int(f,v)	求函数 f 对变量 v 的不定积分

【例 4-48】 计算不定积分 $\int \frac{x^2}{(1+x)^3}\mathrm{d}x$.

解 程序如下:

```
syms x;
y = x^2/(x+1)^3;   int(y);   pretty(int(y))
```

运行结果:$\ln(x+1)-\frac{1}{2}\frac{1}{(x+1)^2}+\frac{2}{x+1}$.

【例 4-49】 计算不定积分 $\int \sin^2 x\cos^2 x\mathrm{d}x$.

解 程序如下:

```
syms x;
y = (sin(x))^2 * (cos(x))^2;   int(y);   pretty(int(y))
```

运行结果:$-\frac{1}{4}\sin(x)\cos^3(x)+\frac{1}{8}\cos(x)\sin(x)+\frac{1}{8}x$.

二、用 MATLAB 求定积分

定积分的计算是比较复杂费时的问题,而且有时还会遇到难以求出原函数的情况.针对这种情况,只要在 MATLAB 中输入一个命令,就可以快速求出结果,见表 4-2.

表 4-2

命令形式	功能
int(f,x,a,b)	用微积分基本公式计算积分 $\int_a^b f(x)\mathrm{d}x$

【例 4-50】 计算定积分 $\int_1^2 (x^2+\frac{1}{x^2})\mathrm{d}x$.

解 程序如下:

```
syms x;
f = x^2 + 1/x^2;   int(f,x,1,2);   pretty(int(f,x,1,2))
```

运行结果:17/6.

【例 4-51】 计算定积分$\int_{-1}^{0}\frac{3x^4+3x^2+1}{x^2+1}dx$.

解 程序如下:

```
syms x
f=(3*x^4+3*x^2+1)/(x^2+1);   int(f,x,-1,0);   pretty(int(f,x,-1,0))
```

运行结果:1+1/4pi.

习题 4-7

上机完成下列各题:

1. 计算下列不定积分:

(1) $\int\frac{x-1}{x^2+1}dx$; (2) $\int\sin^3 2x\cos x dx$.

2. 计算下列定积分:

(1) $\int_{0}^{\frac{\pi}{2}}\sin ax dx$; (2) $\int_{2}^{3}\frac{x}{\ln x}dx$.

测 试 题 四

1. 填空题

(1) $e^{-x}dx=d$ ________;

(2) $\int f'(x)dx=$ ________;

(3) 若$\int f(x)dx=\sin^2 x+C$,则$f(x)=$ ________;

(4) $\int_{-\pi}^{\pi}\frac{x^2\sin x}{1+x^2}dx=$ ________;

(5) $\int_{-1}^{1}\sqrt{1-x^2}dx=$ ________(据定积分的几何意义计算);

(6) $\int_{1}^{+\infty}\frac{1}{x^2}dx=$ ________.

2. 计算下列各题:

(1) $\int(\sqrt{x}-2)^2dx$; (2) $\int\frac{x}{3x^2+2}dx$; (3) $\int\cos x\sqrt{1-2\sin x}dx$; (4) $\int\frac{x^2}{2x^2+1}dx$;

(5) $\int\frac{1}{x^2(1+x^2)}dx$; (6) $\int_{0}^{1}x^2e^{-x}dx$; (7) $\int_{2}^{9}\frac{x}{\sqrt{x-1}}dx$; (8) $\int_{-\infty}^{0}e^x dx$.

3. 求由$y=x^2,y=x,y=2x$所围成平面图形的面积.

4. 求曲线$y=\frac{2}{3}x^{\frac{3}{2}}$在区间[0,3]上的弧长.

第五章　常微分方程

本章问题引入

引例　井是吸取地下水源和降低地下水位的重要建筑物，在工程中，把在具有自由水面的潜水含水层中所开凿的井且井底直达不透水层的井称为普通完全井. 设有如图 5-1 所示的普通完全井，其半径为 0.5m，含水层厚度为 8m，土的渗透系数为 0.001 5m/s，抽水时井中水深为 5m，试计算井中的涌水量.

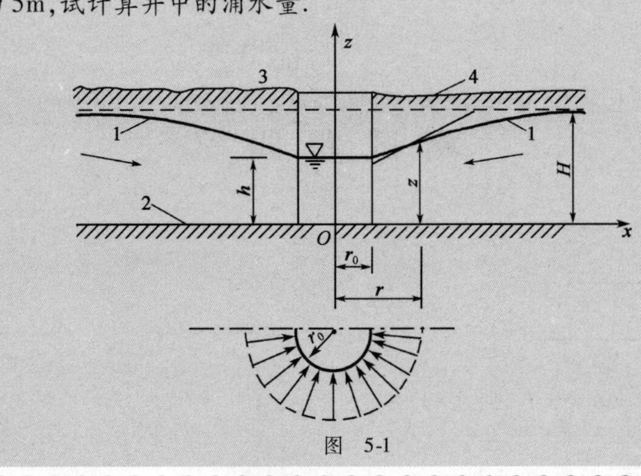

图　5-1

在生产实践中，经常需要建立工程问题中的函数关系. 然而，在许多实际问题中，往往不能直接找出所需要的函数关系. 但根据问题所给的条件，有时可以列出含有要找的函数及其导数的关系式，这样的关系式就是微分方程. 通过解微分方程，就可以得到所求的函数关系. 本章将从解决这类问题入手，引进微分方程的基本概念，并讨论几种常用的微分方程的解法及其应用问题.

第一节　微分方程的概念

一、微分方程问题引例

【例 5-1】　已知简支梁在梁轴线上任一点 x 处的转角

$$\theta=\frac{q}{24EI}(4x^3-6lx^2+l^3).$$

其中，抗弯刚度 EI、梁的跨度 l 及荷载集度 q 均为常数. 求简支梁的挠曲线方程.

解 设简支梁的挠曲线方程为 $y=f(x)$,由第三章第三节的[例 3-25]结果得

$$\theta=\frac{dy}{dx}=\frac{q}{24EI}(4x^3-6lx^2+l^3) \tag{5-1}$$

由图 3-3 知,梁在原点处的挠度为零,即

$$y|_{x=0}=0 \tag{5-2}$$

对式(5-1)两边积分,得

$$y=\frac{q}{24EI}(x^4-2lx^3+l^3x)+C \tag{5-3}$$

把式(5-2)代入式(5-3),得 $C=0$.

把 $C=0$ 代入式(5-3),得简支梁的挠曲线方程为

$$y=\frac{q}{24EI}(x^4-2lx^3+l^3x) \tag{5-4}$$

【例 5-2】 汽车在公路上以 110km/h 的速度行驶. 当汽车制动时,其加速度是 -0.2km/h,求制动后汽车的运动规律.

解 设汽车制动后的运动方程为 $s=s(t)$,根据二阶导数的力学意义,函数 $s=s(t)$ 满足关系式

$$\frac{d^2s}{dt^2}=-0.2 \tag{5-5}$$

根据已知条件,$s=s(t)$ 还应满足

$$s|_{t-0}=0, v|_{t=0}=\left.\frac{ds}{dt}\right|_{t=0}=110 \tag{5-6}$$

对式(5-5)两边积分,得

$$\frac{ds}{dt}=-0.2t+C_1 \tag{5-7}$$

再对式(5-7)两边积分,得

$$s=-0.1t^2+C_1t+C_2 \quad (C_1, C_2 \text{ 为任意常数}) \tag{5-8}$$

把式(5-6)代入式(5-7)、式(5-8)得 $C_1=110, C_2=0$,把 $C_1=110, C_2=0$ 代入式(5-8),得汽车制动后的运动方程为

$$s=-0.1t^2+110t \tag{5-9}$$

上面两个实例的解决都归结为同一问题:首先建立所求函数的导数(或微分)的关系式,然后从这个关系式中求出满足所给附加条件的函数. 为此给出如下定义.

二、微分方程的基本概念

定义 5.1 含有未知函数导数(或微分)的方程称为微分方程. 如果微分方程中的未知函数是一元函数,则称这种方程为常微分方程;如果微分方程中的未知函数是多元函数,则称这种方程为偏微分方程.

本章我们只讨论常微分方程的基本知识及其应用,为方便起见,常微分方程简称为微分方程.

微分方程中出现的未知函数的最高阶导数的阶数,称为微分方程的阶.

如[例 5-1]中的微分方程(5-1)是一阶微分方程,[例 5-2]中的微分方程(5-5)是二阶微分方程. 方程 $x^2y'''-\sin x(y')^2+3y=3x$ 是三阶微分方程. 二阶及二阶以上的微分方程称为高阶微分方程.

如果将某一函数代入微分方程后,使该方程成为恒等式,则称这个函数为微分方程的解.

[例 5-1]中式(5-3)和式(5-4)的都是微分方程(5-1)的解;[例 5-2]中的式(5-8)和式(5-9)都是微分方程(5-5)的解.

如果微分方程的解中含有任意常数,且相互独立的任意常数的个数和微分方程的阶数相同,这种解称为微分方程的通解.

[例 5-1]中的式(5-3)是微分方程(5-1)的通解;[例 5-2]中的式(5-8)是微分方程(5-5)的通解.

通过某些附加条件将通解中的任意常数确定后所得的解称为微分方程的特解.

[例 5-1]中的式(5-4)是微分方程(5-1)的特解;[例 5-2]中的式(5-9)是微分方程(5-5)的特解.

用以确定通解中任意常数的附加条件称为微分方程的初始条件(或边界条件).

[例 5-1]中的式(5-2)是微分方程(5-1)的初始条件;[例 5-2]中的式(5-6)是微分方程(5-5)的初始条件.

由于一阶微分方程的通解中含有一个任意初常数,所以用以确定任意常数的初始条件只需一个,通常写成 $y|_{x=x_0}=y_0$.

同理可知,二阶微分方程的初始条件需两个,通常写成 $y|_{x=x_0}=y_0, y'|_{x=x_0}=y'_0$.

一般地,n 阶微分方程的初始条件写成 $y|_{x=x_0}=y_0, y'|_{x=x_0}=y'_0, y^{(n-1)}|_{x=x_0}=y_0^{(n-1)}$.

★课堂思考题

1. $y'=0$ 是微分方程吗?若是,其通解表达式是什么?
2. $y=0$ 是微分方程 $y'=xy$ 的解吗?

习题 5-1

1. 下列方程中哪些是微分方程,并说明它们的阶数:

(1) $dy=(x^3y^3-xy)dx$;　　(2) $y^2=\dfrac{d(\ln\sin x)}{dx}+2y$;

(3) $\dfrac{dy}{y^2}+\dfrac{dx}{x^2}=0$;　　(4) $\dfrac{d^2y}{dx^2}-3\dfrac{dy}{dx}+2y=e^x\cos 2x$;

(5) $xy^{(n)}+(y')^2=0$;　　(6) $xdy+xdx=2ydx$.

2. 下列函数(其中 C 为任意常数)是否是相应微分方程的解,若是,是通解还是特解?

(1) $y'=2y, y=Ce^{2x}, y=0, y=-e^{2x}$;　　(2) $\dfrac{d^2y}{dx^2}=\dfrac{1}{x}\cdot\dfrac{dy}{dx}, y=x^2, y=Cx^2, y=x^3$.

3. 已知曲线过点(1,2),且在该曲线上任一点 $P(x,y)$ 处的切线斜率为 $3x^2$,求该曲线方程.

第二节　一阶微分方程的类型及其解法

一、可分离变量的微分方程

形如 $\dfrac{dy}{dx}=f(x)g(y)$ 的微分方程称为可分离变量的微分方程.

解法:分离变量法.

(1)分离变量,通过恒等变形将方程中 x 的函数及其微分与 y 的函数及其微分分离在方程的两端,即 $\frac{1}{g(y)}dy = f(x)dx$.

(2)两边积分,得 $\int \frac{1}{g(y)}dy = \int f(x)dx$.

(3)求出积分,得通解 $G(y) = F(x) + C$,其中 $G(y)$ 是 $\frac{1}{g(y)}$ 的原函数,$F(x)$ 是 $f(x)$ 的原函数,C 是积分常数.

【例 5-3】 求微分方程 $\frac{dy}{dx} = 2xy$ 的通解.

解 所给微分方程是可分离变量的微分方程.将其分离变量,得 $\frac{1}{y}dy = 2xdx$.

两边积分,得 $\ln y = x^2 + C_1$,即

$$y = e^{x^2+C_1} = e^{x^2}e^{C_1}.$$

令 $C = e^{C_1}$,得 $y = Ce^{x^2}$.

在上式中,若令 $C=0$,则 $y=0$.显然 $y=0$ 满足原方程,所以,$y=0$ 是原方程的解.

故所求微分方程的通解为 $y = Ce^{x^2}$(C 是任意常数).

【例 5-4】 求微分方程 $2x\sin y dx + (x^2+1)\cos y dy = 0$ 满足初始条件 $y|_{x=1} = \frac{\pi}{6}$ 的特解.

解 先求所给方程的通解.将原方程分离变量,得

$$\frac{\cos y}{\sin y}dy = -\frac{2x}{x^2+1}dx.$$

两边积分,得

$$\ln\sin y = -\ln(x^2+1) + C_1$$

$$\sin y = e^{-\ln(x^2+1)+C_1} = e^{-\ln(x^2+1)}e^{C_1} = \frac{1}{x^2+1}e^{C_1}.$$

所求微分方程的通解为

$$(x^2+1)\sin y = C \quad (C = e^{C_1}).$$

把初始条件 $y|_{x=1} = \frac{\pi}{6}$ 代入通解,得 $2\sin\frac{\pi}{6} = C$,即 $C = 1$,故所求微分方程的特解为

$$(x^2+1)\sin y = 1.$$

【例 5-5】 求微分方程 $(e^{x+y} - e^x)dx + (e^{x+y} + e^y)dy = 0$ 满足初始条件 $y|_{x=0} = 1$ 的特解.

解 先求所给方程的通解.将原方程分离变量,得

$$\frac{e^y}{e^y - 1}dy = -\frac{e^x}{e^x + 1}dx.$$

两边积分,得

$$\ln(e^y - 1) = -\ln(e^x + 1) + C_1$$

$$e^y - 1 = e^{-\ln(e^x+1)}e^{C_1} = \frac{1}{e^x + 1}e^{C_1}.$$

所求微分方程的通解为

$$(e^y - 1)(e^x + 1) = C \quad (C = e^{C_1}).$$

把初始条件 $y\big|_{x=0}=1$ 代入通解，得 $C=2(e-1)$，故所求微分方程的特解为

$$(e^y-1)(e^x+1)=2(e-1).$$

二、一阶线性微分方程

形如

$$\frac{dy}{dx}+P(x)y=Q(x) \tag{5-10}$$

的微分方程称为一阶线性微分方程，其中 $P(x)$ 和 $Q(x)$ 为已知连续函数.

一阶线性微分方程的特点是：方程中关于未知函数 y 和未知函数的导数 y' 都是一次的.

如果 $Q(x)\neq 0$，则称式(5-10)为一阶非齐次线性微分方程；如果 $Q(x)\equiv 0$，即

$$\frac{dy}{dx}+P(x)y=0 \tag{5-11}$$

称方程(5-11)为一阶齐次线性微分方程.

例如，$y'+y\cos x=e^{-\sin x}$ 和 $(x^2-1)y'+3xy=0$ 分别是一阶非齐次线性微分方程和一阶齐次线性微分方程. 而 $yy'+x\sin y=0$，$(y')^2+xy=e^x$ 和 $y'=\frac{1}{x^2+y}$ 都不是线性微分方程.

下面讨论一阶线性微分方程的解法.

1. 一阶齐次线性微分方程(5-11)的通解

显然，方程(5-11)是可分离变量的微分方程，分离变量后，得 $\frac{dy}{y}=-P(x)dx$. 两边积分，并把积分常数提出来，写在右边，记作 C_1，得 $\ln y=-\int P(x)dx+C_1$，化简整理，得一阶齐次线性微分方程(5-11)通解

$$y=Ce^{-\int P(x)dx} \tag{5-12}$$

其中，C 为任意常数.

2. 一阶非齐次线性微分方程(5-10)的通解

将方程(5-10)变形为

$$\frac{dy}{y}=\left[-P(x)+\frac{Q(x)}{y}\right]dx.$$

方程右边含有 y，但 y 最终是关于 x 的函数，因此可将方程两边积分，得

$$\ln y=-\int P(x)dx+\int\frac{Q(x)}{y}dx.$$

将 $-\int P(x)dx$ 中的积分常数合并到 $\int\frac{Q(x)}{y}dx$ 中，即式子 $-\int P(x)dx$ 只表示 $-P(x)$ 的一个原函数. 化简整理得

$$y=e^{-\int P(x)dx}e^{\int\frac{Q(x)}{y}dx}.$$

因为 $e^{\int\frac{Q(x)}{y}dx}$ 最终是关于 x 的函数，所以可令 $C(x)=e^{\int\frac{Q(x)}{y}dx}$，则一阶非齐次线性微分方程(5-10)的通解为

$$y=C(x)e^{-\int P(x)dx} \tag{5-13}$$

对比式(5-12)和式(5-13)可以看出，只要将一阶齐次线性微分方程(5-11)通解中的任意常

数 C 变为函数 $C(x)$ 就得到了一阶非齐次线性微分方程(5-10)的通解,下面求待定函数$C(x)$.

对式(5-13)求导,得

$$\frac{dy}{dx} = C'(x)e^{-\int P(x)dx} - C(x)P(x)e^{-\int P(x)dx} \tag{5-14}$$

将式(5-13)和式(5-14)代入式(5-10),得

$$C'(x)e^{-\int P(x)dx} - C(x)P(x)e^{-\int P(x)dx} + C(x)P(x)e^{-\int P(x)dx} = Q(x).$$

化简后,得 $C'(x) = Q(x)e^{\int P(x)dx}$,将其积分并把积分常数提出来,得

$$C(x) = \int Q(x)e^{\int P(x)dx}dx + C.$$

将上式代入式(5-13),即得一阶非齐次线性微分方程(5-10)的通解公式

$$y = e^{-\int P(x)dx}\left[\int Q(x)e^{\int P(x)dx}dx + C\right]. \tag{5-15}$$

在式(5-13)中,通过把对应的齐次线性微分方程通解中的任意常数 C 变易为待定函数 $C(x)$,然后求出非齐次线性微分方程通解的方法,称为常数变易法.

【例 5-6】 解方程 $y' + 2xy = 2xe^{-x^2}$.

解 代入公式(5-15),得原方程通解为

$$y = e^{-\int 2xdx}\left(\int 2xe^{-x^2}e^{\int 2xdx}dx + C\right) = e^{-x^2}\left(\int 2xe^{-x^2}e^{x^2}dx + C\right)$$

$$= e^{-x^2}\left(\int 2xdx + C\right) = e^{-x^2}(x^2 + C).$$

【例 5-7】 解方程 $\dfrac{dy}{dx} = y\cot x + 2x\sin x$.

解 将原方程化为一阶线性微分方程的标准形式,即

$$\frac{dy}{dx} - y\cot x = 2x\sin x.$$

这里 $P(x) = -\cot x$, $Q(x) = 2x\sin x$,代入公式(5-15),得原方程通解为

$$y = e^{\int \cot x dx}\left(\int 2x\sin x e^{-\int \cot x dx}dx + C\right) = e^{\ln\sin x}\left(\int 2x\sin x e^{-\ln\sin x}dx + C\right)$$

$$= \sin x\left(\int 2xdx + C\right) = \sin x(x^2 + C).$$

★课堂思考题

1. 用分离变量法求微分方程 $y' - y = 1$ 的通解;
2. 用一阶线性微分方程的通解公式求微分方程 $y' - y = 1$ 的通解.

习题 5-2

1. 求下列微分方程的通解:

(1) $\dfrac{dy}{dx} = \dfrac{x^3}{y^3}$; (2) $(1 - y)dx + (x - 1)dy = 0$;

(3) $x(y^2 - 1)dx + y(x^2 - 1)dy = 0$; (4) $y\ln x dx + x\ln y dy = 0$.

2. 求下列微分方程的通解:

(1) $y' + y = e^{-x}$; (2) $y' + y\cos x = e^{-\sin x}$;

(3)$y'-\frac{2y}{x+1}=(x+1)^{\frac{5}{2}}$；　　　　(4)$y'+\frac{2y}{x}=1$.

3. 求下列微分方程满足所给初始条件的特解：

(1)$\frac{dy}{dx}=e^{2x-y}, y|_{x=0}=0$；

(2)$dy-y^2\cos x dx=0, y|_{x=0}=1$.

4. 求下列微分方程满足所给初始条件的特解：

(1)$y'-2y=3x, y|_{x=0}=0$；

(2)$y'-\frac{y}{x-2}=2(x-2)^2, y|_{x=1}=0$.

5. 已知一曲线过原点且在任意点$M(x,y)$处的切线斜率为$2x+y$,求曲线方程.

第三节　二阶微分方程的类型及其解法

一、$y''=f(x)$型

将方程两边积分,得$y'=\int f(x)dx+C_1$,同理可得

$$y=\int\left(\int f(x)dx+C_1\right)dx.$$

上式就是所求微分方程的通解.

【例 5-8】　解方程$y''=3x^2+\sin 2x$.

解　对所给的微分方程两边积分,得

$$y'=x^3-\frac{1}{2}\cos 2x+C_1'.$$

对上式两边再积分即得微分方程的通解为

$$y=\frac{1}{4}x^4-\frac{1}{4}\sin 2x+C_1x+C_2.$$

二、二阶常系数线性微分方程

形如

$$y''+py'+qy=f(x) \tag{5-16}$$

的微分方程(其中p,q都是常数)称为二阶常系数线性微分方程.

二阶常系数线性微分方程的特点是:方程中y、y'和y''的系数都是常数且都是一次的.

如果$f(x)\neq 0$,则称式(5-16)为二阶常系数非齐次线性微分方程;如果$f(x)\equiv 0$,即

$$y''+py'+qy=0 \tag{5-17}$$

则称方程(5-17)为二阶常系数齐次线性微分方程.

1. 二阶常系数齐次线性微分方程

二阶常系数齐次线性微分方程(5-17)的解满足如下的两条性质.

定理 5.1　如果函数$y_1(x)$与$y_2(x)$是微分方程(5-17)的解,则$y=C_1y_1(x)+C_2y_2(x)$也是方程(5-17)的解,其中C_1,C_2是任意常数.

定理5.2 （二阶常系数齐次线性微分方程的通解结构）如果函数 $y_1(x)$ 与 $y_2(x)$ 是微分方程(5-17)的两个线性无关$\left(\text{即}\dfrac{y_1}{y_2}\neq\text{常数}\right)$的特解，则方程(5-17)的通解为 $y=C_1y_1(x)+C_2y_2(x)$，其中 C_1,C_2 是任意常数.

由定理5.1和定理5.2知，要求二阶常系数齐次线性微分方程(5-20)的通解，只需找到它的两个线性无关的特解 y_1,y_2，即可得到它的通解 $y=C_1y_1+C_2y_2$.

如何求得方程(5-17)的特解呢？考虑到方程(5-17)的左端是未知函数 y 及其一、二阶导数乘以常数的线性组合，因此，如果一个函数 y 及其一、二阶导数是同一类型的函数，它们之间只是相差一个常数因子，则在线性组合中就有可能相互抵消，使其和为零. 显然，具有这种性质的最简单的函数就是指数函数 e^{rx}（r 是常数）. 为此，可导出求二阶常系数齐次线性微分方程(5-17)通解的步骤如下：

第一步，将方程(5-17)中的 y'',y' 一次替换为 r^2,r，且去掉方程(5-17)中的 y，得

$$r^2+pr+q=0$$

称这个一元二次方程为方程(5-17)的特征方程.

第二步，求出特征方程的两个根 r_1 和 r_2（称 r_1 和 r_2 为特征根）.

第三步，根据特征方程根的不同情况，按照表5-1写出微分方程(5-17)的通解.

表5-1

特征方程 $r^2+pr+q=0$ 的两个根 r_1,r_2	微分方程 $y''+py'+qy=0$ 的通解
两个不相等的实根 $r_1\neq r_2$	$y=C_1e^{r_1x}+C_2e^{r_2x}$
两个相等的实根 $r_1=r_2=r$	$y=(C_1+C_2x)e^{rx}$
一对共轭复根 $r_{1,2}=\alpha+i\beta$	$y=e^{\alpha x}(C_1\cos\beta x+C_2\sin\beta x)$

【例5-9】 解方程 $y''+y'-6y=0$.

解 特征方程为 $r^2+r-6=0$，即 $r_1=-3,r_2=2$，故所求微分方程的通解为

$$y=C_1e^{-3x}+C_2e^{2x}.$$

【例5-10】 求微分方程 $4y''-4y'+y=0$ 满足初始条件 $y|_{x=0}=1,y'|_{x=0}=2$ 的特解.

解 特征方程为 $4r^2-4r+1=0$，即 $r_1=r_2=\dfrac{1}{2}$，故所求微分方程的通解为

$$y=(C_1+C_2x)e^{\frac{x}{2}}.$$

将初始条件 $y|_{x=0}=1$ 代入上式，得 $C_1=1$，将 $y=(1+C_2x)e^{\frac{x}{2}}$ 对 x 求导，得 $y'=C_2e^{\frac{x}{2}}+\dfrac{1}{2}(1+C_2x)e^{\frac{x}{2}}$，将初始条件 $y'|_{x=0}=2$ 代入上式，得 $C_2=\dfrac{3}{2}$，故所求特解为

$$y=\left(1+\frac{2}{3}x\right)e^{\frac{x}{2}}.$$

【例5-11】 解方程 $y''+2y'+3y=0$.

解 特征方程为 $r^2+2r+3=0$，代入求根公式，得 $r_{1,2}=-1\pm\sqrt{2}i$，故所求微分方程的通解为

$$y=e^{-x}(C_1\cos\sqrt{2}x+C_2\sin\sqrt{2}x).$$

2. 二阶常系数非齐次线性微分方程

定理5.3 若 y^* 是方程(5-16)的一个特解，Y 是方程(5-17)的通解，则 $y=Y+y^*$ 是方程

(5-16)的通解.

由定理5.3可知,二阶常系数非齐次线性微分方程(5-16)的通解结构为 $y=Y+y^*$,其中 Y 的求法前面已讨论过,因此剩下的问题只需讨论如何求非齐次线性微分方程(5-16)的特解 y^*.

下面仅就方程(5-16)的右端 $f(x)$ 为两种常见形式的函数介绍求特解 y^* 的方法.这种方法的特点是不用积分就可以求出 y^* 来,通常称它为待定系数法.

(1)$f(x)=e^{\lambda x}p_m(x)$型

其中 λ 为常数,$p_m(x)$ 是一个已知的 x 的 m 次多项式,即

$$p_m(x)=a_0x^m+a_1x^{m-1}+\cdots+a_{m-1}x+a_m.$$

这时方程(5-16)可写成

$$y''+py'+qy=e^{\lambda x}p_m(x) \tag{5-18}$$

我们知道,方程(5-18)的特解 y^* 是使方程(5-18)成为恒等式的函数.由于方程(5-18)的左端是常系数的,且右端 $f(x)$ 是多项式 $p_m(x)$ 与指数函数 $e^{\lambda x}$ 的乘积,而多项式函数与指数函数乘积的导数仍是同一类型的函数,因此我们可以设想方程(5-18)的特解 y^* 也是某个多项式函数与 $e^{\lambda x}$ 的乘积.为此可导出方程(5-18)的特解为

$$y^*=x^kQ_m(x)e^{\lambda x},\text{其中 } k=\begin{cases}0,\lambda\text{ 不是特征方程的根}\\1,\lambda\text{ 是特征方程的单根}\\2,\lambda\text{ 是特征方程的重根}\end{cases}$$

$Q_m(x)$ 是待定的 x 的 m 次多项式,将 y^*,$y^{*\prime}$ 及 $y^{*\prime\prime}$ 代入方程(5-18),比较同类项系数,即可定出 $Q_m(x)$ 的系数和常数项,从而得到方程(5-18)的特解.

【例5-12】 求微分方程 $y''-2y'-3y=3e^{2x}$ 的通解.

解 先求原方程所对应的齐次线性微分方程的通解,对应的齐次线性微分方程的特征方程为 $r^2-2r-3=0$,即 $r_1=-1$,$r_2=3$,于是得原方程所对应的齐次线性方程的通解为

$$Y=C_1e^{-x}+C_2e^{3x}$$

下面求原方程的一个特解 y^*.因为 $\lambda=2$ 不是特征根,所以设 $y^*=ae^{2x}$

$$y^{*\prime}=2ae^{2x},y^{*\prime\prime}=4ae^{2x}.$$

将 y^*,$y^{*\prime}$ 及 $y^{*\prime\prime}$ 代入原方程,化简后约去 e^{2x},得 $a=-1$,即 $y^*=-e^{2x}$.

故原方程的通解为

$$y=C_1e^{-x}+C_2e^{3x}-e^{2x}.$$

【例5-13】 求微分方程 $y''-y=-4e^{-x}$ 的通解.

解 特征方程为 $r^2-1=0$,即 $r_1=-1$,$r_2=1$,即 $Y=C_1e^{-x}+C_2e^{x}$.

因为 $\lambda=-1$ 是特征单根,所以设 $y^*=axe^{-x}$

$$y^{*\prime}=a(1-x)e^{-x},y^{*\prime\prime}=a(x-2)e^{-x}.$$

将 y^*,$y^{*\prime}$ 及 $y^{*\prime\prime}$ 代入原方程,得 $a=2$,即 $y^*=2xe^{-x}$.

故原方程的通解为

$$y=C_1e^{-x}+C_2e^{-x}+2xe^{-x}.$$

【例5-14】 求微分方程 $y''+y'=2x^2-3$ 的通解.

解 先求原方程所对应的齐次线性方程的通解.对应的齐次线性方程的特征方程为 $r^2+r=0$,即 $r_1=0$,$r_2=-1$,于是得原方程所对应的齐次线性方程的通解为

$$Y=C_1+C_2e^{-x}.$$

下面求原方程的一个特解 y^*. 因为 $\lambda=0$ 是特征单根,所以设

$$y^*=x(ax^2+bx+c)=ax^3+bx^2+cx$$

$$y^{*\prime}=3ax^2+2bx+c,y^{*\prime\prime}=6ax+2b$$

将 $y^*,y^{*\prime}$及 $y^{*\prime\prime}$代入原方程,化简后得

$$3ax^2+(6a+2b)x+2b+c=2x^2-3.$$

比较上式两端同类项的系数和常数项,得

$$\begin{cases}3a=2\\6a+2b=0\\2b+c=-3\end{cases}.$$

解此方程组,得 $a=\frac{2}{3},b=-2,c=1$,于是特解为 $y^*=\frac{2}{3}x^3-2x^2+x$,故原方程的通解为

$$y=C_1+C_2e^{-x}+\frac{2}{3}x^3-2x^2+x.$$

(2)$f(x)=A\cos\omega x+B\sin\omega x$ 型

其中 A,B 及 ω 为实数,且 $\omega>0$,A,B 不同时为零.这时方程(5-16)可写成

$$y''+py'+qy=A\cos\omega x+B\sin\omega x \tag{5-19}$$

可以证明,方程(5-19)的特解为

$$y^*=x^k(a\cos\omega x+b\sin\omega x).$$

其中,a,b 是待定常数,且

$$k=\begin{cases}0,\omega i\text{ 不是特征方程的根}\\1,\omega i\text{ 是特征方程的根}\end{cases}$$

将 $y^*,y^{*\prime}$及 $y^{*\prime\prime}$代入方程(5-19),比较同类项系数,即可定出常数 a,b,从而得到方程(5-19)的特解.

【例 5-15】 解方程 $y''+3y'+2y=\cos x$.

解 先求原方程所对应的齐次线性方程的通解.对应的齐次线性方程的特征方程为 $r^2+3r+2=0$,即 $r_1=-1,r_2=-2$,于是得原方程所对应的齐次线性方程的通解为

$$Y=C_1e^{-x}+C_2e^{-2x}.$$

再求原方程的一个特解 y^*. 因为 $\omega i=i$ 不是特征根,所以设 $y^*=a\cos x+b\sin x$

$$y^{*\prime}=-a\sin x+b\cos x$$

$$y^{*\prime\prime}=-a\cos x-b\sin x.$$

将 $y^*,y^{*\prime}$及 $y^{*\prime\prime}$代入原方程,化简后,得$(a+3b)\cos x+(-3a+b)\sin x=\cos x$,比较两端同类项的系数,得

$$\begin{cases}a+3b=1\\-3a+b=0\end{cases}.$$

解此方程组,得 $a=\frac{1}{10},b=\frac{3}{10}$,于是特解为 $y^*=\frac{1}{10}\cos x+\frac{3}{10}\sin x$,原方程的通解为

$$Y=C_1e^{-x}+C_2e^{-2x}+\frac{1}{10}\cos x+\frac{3}{10}\sin x.$$

【例 5-16】 解方程 $y''+4y=\sin 2x$.

解 先求原方程所对应的齐次线性方程的通解.对应的齐次线性方程的特征方程为 $r^2+4=0$,特征根为 $r_{1,2}=\pm 2i$,于是得原方程所对应的齐次线性方程的通解为

$$Y=C_1\cos 2x+C_2\sin 2x.$$

再求原方程的一个特解 y^*.因为 $\omega i=2i$ 是特征根,所以设 $y^*=x(a\cos 2x+b\sin 2x)$

$$y^{*\prime}=(a\cos 2x+b\sin 2x)+x(-2a\sin 2x+2b\cos 2x)$$

$$y^{*\prime\prime}=4(-a\sin 2x+b\cos 2x)+4x(-a\cos 2x-b\sin 2x).$$

将 y^*,$y^{*\prime}$及 $y^{*\prime\prime}$代入原方程,化简后得

$$-4a\sin 2x+4b\cos 2x=\sin 2x.$$

比较上式两端同类项的系数,得$\begin{cases}-4a=1\\4b=0\end{cases}$,即 $a=-\frac{1}{4}$,$b=0$,于是特解为

$$y^*=-\frac{1}{4}x\cos 2x.$$

故原方程的通解为

$$Y=C_1\cos 2x+C_2\sin 2x-\frac{1}{4}x\cos 2x.$$

★课堂思考题

1.求微分方程 $y''=0$ 的通解.

2.验证:$y=e^x$、$y=e^{-x}$和 $y=e^x+e^{-x}$都是微分方程 $y''-y=0$ 的解.

习题5-3

1.求下列微分方程的通解:

(1)$y''=e^{-2x}$;　(2)$y''=2x^3-3x+1$.

2.求下列微分方程的通解:

(1)$y''-y'-2y=0$;　(2)$4y''+12y'+9y=0$;

(3)$2y''-y'=0$;　(4)$y''-4y'+5y=0$;

(5)$4y''+y=0$;　(6)$6y''+7y'-3y=0$.

3.求下列微分方程满足所给初始条件的特解:

(1)$y''-3y'+2y=0$,$y|_{x=0}=3$,$y'|_{x=0}=4$;　(2)$4y''+4y'+y=0$,$y|_{x=0}=2$,$y'|_{x=0}=0$.

4.求下列微分方程的通解:

(1)$y''-5y'+6y=7$;　(2)$y''-y'=3x^2-4x+5$;

(3)$y''-y'-6y=2e^{-x}$;　(4)$y''-2y'+y=5e^x$;

(5)$y''+6y'+9y=e^{3x}$;　(6)$y''-y=4\sin x$.

5. 求下列微分方程满足所给初始条件的特解:

(1)$y''-y=4e^x$,$y|_{x=0}=0$,$y'|_{x=0}=1$;

(2)$y''+y+\sin 2x=0$,$y|_{x=0}=1$,$y'|_{x=0}=1$.

第四节　常微分方程在工程中的应用

【例5-17】 (本章引例)井是吸取地下水源和降低地下水位的重要建筑物,在工程中,把在具有自由水面的潜水含水层中所开凿的井且井底直达不透水层的井称为普通完全井.设有

如图 5-1 所示的普通完全井，其半径为 0.5m，含水层厚度为 8m，土的渗透系数为 0.001 5m/s，抽水时井中水深为 5m，试计算井中的涌水量.

解 设含水层厚度为 H，井内外初始水面为地下水的天然水面. 由于井中抽水，水面下降，可造成四周地下水向井集流. 当抽水一段时间后，将近似地形成一个对称于井轴的漏斗形浸润面，在平面问题中称为浸润线，流向井的过水断面是一系列圆柱面（等高点的面），水在土壤中流动的速度为

$$v=\frac{Q}{A}.$$

其中，Q 为水在土壤中的渗流流量（涌水量），A 为水流经过的土壤截面面积.

由达西定律（由法国工程师达西对砂质土壤做的渗流实验所得出的渗流定律）知

$$Q=kAJ.$$

其中，k 为渗透系数，J 为水力坡度（浸润线的斜率），根据导数的几何意义得 $J=\frac{\mathrm{d}z}{\mathrm{d}r}$，距离井轴 r 处的圆柱形过水断面面积 $A=2\pi rz$，所以有

$$Q=2\pi rzk\frac{\mathrm{d}z}{\mathrm{d}r}$$

这就得到的浸润线（浸润线高度与浸润线到井轴水平位移）的微分方程. 将上式分离变量，得 $z\mathrm{d}z=\frac{Q}{2\pi k}\frac{\mathrm{d}r}{r}$，两边积分得

$$\frac{1}{2}z^2=\frac{Q}{2\pi k}\ln r+C.$$

根据已知条件，知浸润线高度 z 与浸润线到井轴水平位移 r 存在以下关系：$z\big|_{r=r_0}=h$.

代入通解，得 $C=\frac{1}{2}h^2-\frac{Q}{2\pi k}\ln r_0$，由此求得浸润线方程为

$$z^2-h^2=\frac{Q}{\pi k}\ln\frac{r}{r_0}.$$

其中，r_0 为井的半径，h 为井中水深，z 为距井轴 r 处浸润线的高度.

从理论上讲，浸润线应以地下水的天然水面线为渐近线，即当 $r\to+\infty$ 时，$z\to H$. 但在工程实际中，可认为井的渗流区是一个有限范围，即存在一个影响半径 R，在影响半径 R 以外，地下水位不再受抽水的影响而降低. 为此，可近似地令 $r=R$，则此处有 $z=H$，由此可得

$$H^2-h^2=\frac{Q}{\pi k}\ln\frac{R}{r_0}$$

即

$$Q=\frac{\pi k(H^2-h^2)}{\ln\frac{R}{r_0}}.$$

在工程实际中，影响半径 R 按经验公式估算 $S=3\,000(H-h)\sqrt{k}$，将 $H=8$，$h=5$，$k=0.001\,5$ 代入上式，得 $R=9\,000\sqrt{0.001\,5}=342.6$，将以上结果 R 代入流量计算公式，得

$$Q=1.366\times\frac{0.001\,5\times(8^2-5^2)}{\lg\frac{342.6}{0.5}}=0.028(\mathrm{m^3/s}).$$

【例 5-18】 如图 5-2 所示，悬臂梁（一端为自由端，另一端固定的梁）AB 长为 l，自由端受

集中力 P 作用，试求梁的挠曲线方程和转角方程，并计算梁的最大挠度和最大转角（挠度和转角的定义见第三章第四节的［例 3-31］）.

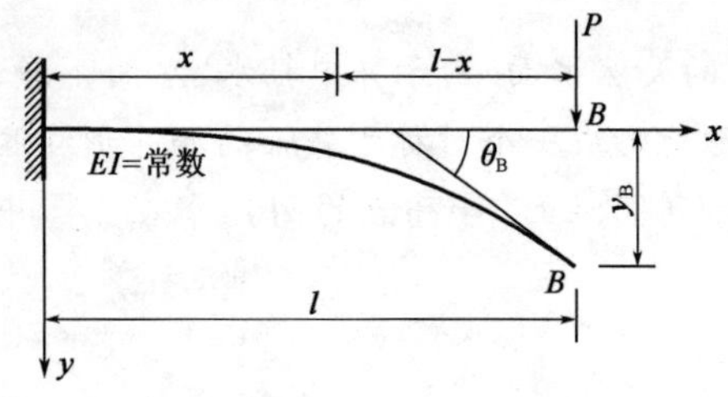

图 5-2

解 设梁的挠曲线方程为 $y=f(x)$.

由工程力学中梁弯曲变形的基本公式知，挠曲线在 x 处的曲率（K）与内力［弯矩 $M(x)$］以及抗弯刚度（EI）之间的关系式为

$$K(x)=\frac{M(x)}{EI}.$$

由曲率计算公式得

$$K(x)=\pm\frac{\frac{\mathrm{d}^2y}{\mathrm{d}x^2}}{\left[1+\left(\frac{\mathrm{d}y}{\mathrm{d}x}\right)^2\right]^{\frac{3}{2}}},$$

于是有

$$\frac{M(x)}{EI}=\pm\frac{\frac{\mathrm{d}^2y}{\mathrm{d}x^2}}{\left[1+\left(\frac{\mathrm{d}y}{\mathrm{d}x}\right)^2\right]^{\frac{3}{2}}}.$$

由导数几何意义知，挠曲线上 x 处的转角 θ 与挠曲线有关系式 $\frac{\mathrm{d}y}{\mathrm{d}x}=\tan\theta$，由于变形很小，所以 $\tan\theta\approx\theta$，$\left(\frac{\mathrm{d}y}{\mathrm{d}x}\right)^2\approx0$，即

$$\frac{\mathrm{d}^2y}{\mathrm{d}x^2}=\pm\frac{M(x)}{EI}$$

根据规定（如图 5-3 所示），当梁下凸时，$M(x)$ 为正，而由曲线凹凸的判别定理知 $\frac{\mathrm{d}^2y}{\mathrm{d}x^2}<0$；相反地，当梁上凸时，$M(x)$ 为负，而由曲线凹凸的判别定理知 $\frac{\mathrm{d}^2y}{\mathrm{d}x^2}>0$，所以有 $\frac{\mathrm{d}^2y}{\mathrm{d}x^2}=-\frac{M(x)}{EI}$.

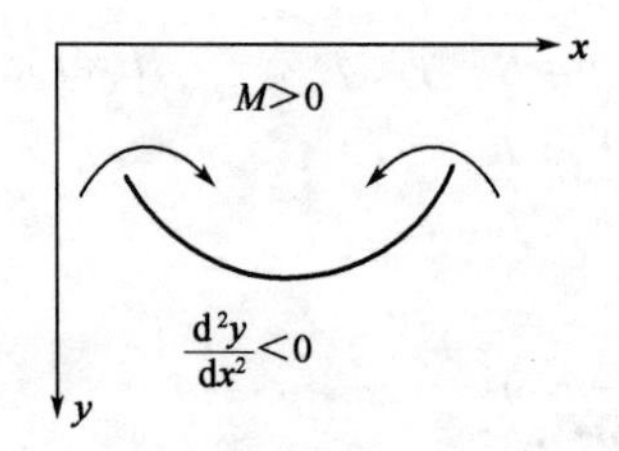

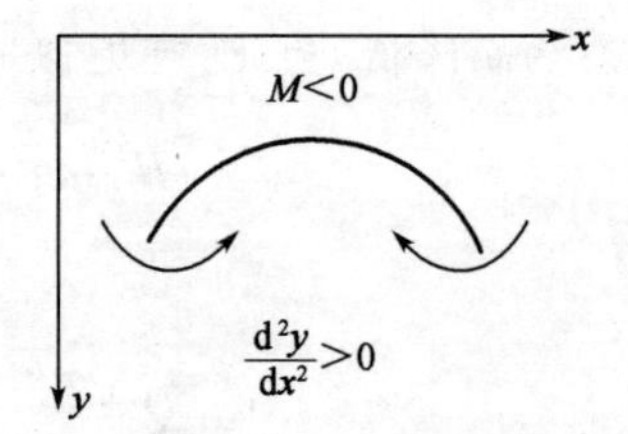

图 5-3

上式称为梁弯曲时挠曲线的近似微分方程.

在点 x 处梁的弯矩为 $M(x)=-F(l-x)$，于是有

$$\frac{\mathrm{d}^2y}{\mathrm{d}x^2}=-\frac{M(x)}{EI}=\frac{F(l-x)}{EI}.$$

将上式两边同时积分，得

$$\theta=\frac{\mathrm{d}y}{\mathrm{d}x}=\frac{F}{EI}(lx-\frac{1}{2}x^2+C_1). \tag{a}$$

再将上式两边积分，得

$$y=\frac{F}{EI}(\frac{1}{2}lx^2-\frac{1}{6}x^3+C_1x+C_2). \tag{b}$$

在固定端 A 处梁的挠度和转角均为零，即

$$y\mid_{x=0}=0 \text{ 且} \left.\frac{\mathrm{d}y}{\mathrm{d}x}\right|_{x=0}=\theta\mid_{x=0}=0.$$

将上式分别代入式(a)和式(b)得 $C_1=C_2=0$，所求梁的挠曲线方程和转角方程分别为

$$y=\frac{F}{EI}\left(\frac{1}{2}lx^2-\frac{1}{6}x^3\right)$$

$$\theta=\frac{F}{EI}\left(lx-\frac{1}{2}x^2\right).$$

由图 5-3 可知，悬臂梁的最大挠度和最大转角均发生在自由端 B 处. 将 $x=l$ 代入梁的挠曲线方程和转角方程，得梁的最大挠度和最大转角分别为

$$y_{\max}=y_B=\frac{F}{EI}\left(\frac{1}{2}l^3-\frac{1}{6}l^3\right)=\frac{Fl^3}{3EI}$$

$$\theta_{\max}=\theta_B=\frac{F}{EI}\left(l^2-\frac{1}{2}l^2\right)=\frac{Fl^2}{2EI}.$$

第五节　数学实验四：用数学软件包解常微分方程

MATLAB 提供了解微分方程的命令，具体命令格式如下(表 5-2)：

表 5-2

命令形式	功　能
y = dsolve(f1,f2,…,fm) y = dsolve(f1,f2,...,fm,'x')	参数 f1,f2,…,fm 既可以是微分方程，也可以是初始条件，其中，用 Dy 表示 y 的一阶导数，Dny 表示 y 的 n 阶导数，'x'的作用是指明自变量，默认为 t. 当方程的自变量不用 t 表示时，必须指明哪个是自变量

【例 5-19】　求一阶微分方程 $y'=1+y^2$ 的通解.

解　程序如下：

```
y = dsolve('Dy = 1 + y^2').
```

运行结果：y = tan(t + C1).

【例 5-20】　求微分方程 $y''-\frac{y'}{x}=xe^x$ 的通解.

解　程序如下：

```
y = dsolve('D2y - Dy/x = x * exp(x)','x').
```

运行结果：y = x * exp(x) - exp(x) + 1/2 * x^2 * C1 + C2.

【例 5-21】　求二阶微分方程 $y''=\sin(3x)$ 的通解以及满足初始条件 $y(0)=1$, $y'(0)=0$ 的特解.

解　程序如下：

```
y = dsolve('D2y = cos(3 * x)','x');
y = dsolve('D2y = cos(3 * x)','y(0) = 1','Dy(0) = 0','x').
```

运行结果:y = -1/9 * cos(3 * x) + C1 * x + C2,y = -1/9 * cos(3 * x) + 10/9.

【例 5-22】 求微分方程 $y''-2y'-y=xe^x$ 的通解.

解 程序如下:

```
y = dsolve('D2y - 2 * Dy - y = x * exp(x)','x').
```

运行结果:

y = exp((1 + 2^(1/2)) * x) * C2 + exp(- (2^(1/2) - 1) * x) * C1 - 1/2 * x * exp(x).

【例 5-23】 求微分方程 $y''-2y'-4y=\sin x$ 的通解.

解 程序如下:

```
clear; simplify(dsolve('D2y - 2Dy - 4 * y = 4 * sin(x)','x')).
```

运行结果:ans = exp(-2 * x) * C2 + exp(2 * x) * C1 - 1/2 - 4/5 * sin(x).

习题 5-5

上机完成下列各题:

1. 求微分方程 $y'=y+3x$ 的解.
2. 求微分方程 $y''+6y+13y=0$ 的通解.
3. 求微分方程 $y'''-5y'+6y=xe^{2x}$的解.

测 试 题 五

1. 填空题

(1)微分方程 $y''-xy=3x$ 的类型是________;

(2)微分方程 $x^2\mathrm{d}y+(2xy-x^2)\mathrm{d}x=0$ 的类型是________;

(3)微分方程 $y''=e^{2x}$的通解为________;

(4)微分方程 $4y''-4y+1=0$ 的通解为________;

(5)求微分方程 $y''-y'=x$ 的特解时,应令 $y^*=$________.

2. 求下列微分方程的通解:

(1)$y'=\dfrac{1+y^2}{2y(1-x)}$;

(2)$\dfrac{\mathrm{d}y}{\mathrm{d}x}=10^{x+y}$;

(3)$xy'-y=x^3-3x^2-2x$;

(4)$y''-6y'+9y=2e^{-x}$;

(5)$y''+4y'=x-1$.

3. 求下列微分方程满足所给初始条件的特解:

(1)$y'+\dfrac{2}{x}y=\dfrac{x-1}{x},y|_{x=1}=0$;

(2)$4y''+4y'+y=0,y|_{x=0}=2,y'|_{x=0}=0$.

4. 一曲线过点(1,2)且在任一点处的切线垂直于原点与切点的连线,求该曲线方程.

第六章 多元函数微积分学

本章问题引入

引例 在工程测量中，称各真误差平方的平均数的平方根 $m = \pm\sqrt{\frac{\Delta}{n}}$ 为观测量的中误差，它可作为观测量的精度. 在工程实际中，我们往往会遇到某些量的大小并不能直接观测，而是通过先观测其他相关的量后再根据这个量和相关量的函数关系计算所得. 例如，观测某一斜坡长为 $s = 106.2\text{m}$(图 6-1)，其中误差 $m_s = \pm 5\text{cm}$，斜坡的倾斜角 $\alpha = 8°30'$，其中误差 $m_\alpha = \pm 20''$，求平距 $D(D = s\cos\alpha)$ 的中误差.

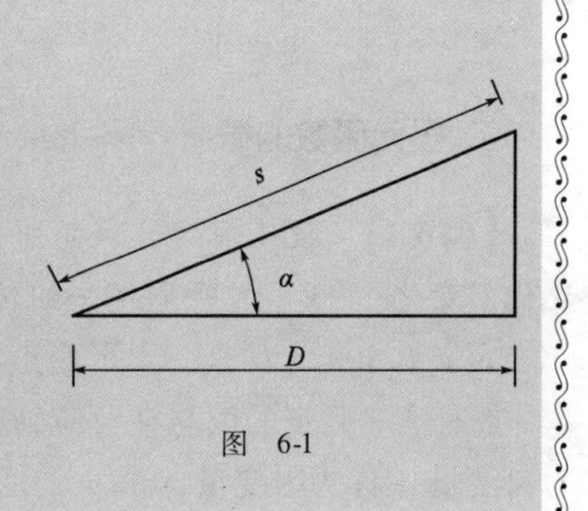

图 6-1

在工程实际中，常常会遇到依赖两个或多个自变量的函数，这种函数统称为多元函数. 本章将在一元函数微分学的基础上，讨论多元函数(以二元为例)的微分学.

第一节 多元函数微分学

一、空间直角坐标系

为了研究多元函数微分学，需要建立空间直角坐标系.

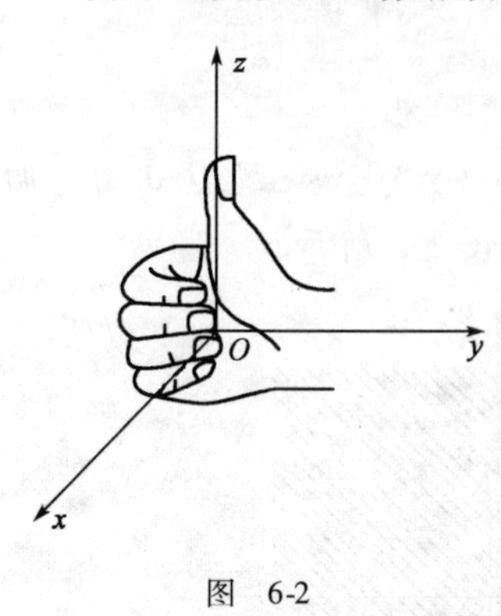

图 6-2

在空间取一个定点 O，过点 O 作三条相互垂直的数轴，这三条数轴分别叫做 x 轴(横轴)、y 轴(纵轴)和 z 轴(竖轴). 要求它们具有公共的原点和相同的单位长度，且 x 轴、y 轴、z 轴的正向规定如下：用右手握住 z 轴，大拇指指向 z 轴正向，右手的四个手指从 x 轴的正向以 $\frac{\pi}{2}$ 的角度转向 y 轴正向，通常将 x 轴、y 轴置于水平面上，z 轴正向垂直向上(图 6-2).

x 轴、y 轴、z 轴所确定的三个坐标平面 xOy、xOz、yOz 把空间分成八个部分，称为八个卦限. xOy 坐标面上方为前四个卦限，下方为后四个卦限. 含 x 轴、y 轴、z 轴正向的卦限为第Ⅰ卦限，按逆时针顺序依次为第Ⅱ、Ⅲ、Ⅳ卦限，第Ⅰ、Ⅱ、Ⅲ、Ⅳ卦限对应下方的为第Ⅴ、Ⅵ、Ⅶ、Ⅷ卦限.

设 P 为空间任意一点，过点 P 作 xOy 坐标面的垂线得垂足点 P'，过点 P' 分别作 x 轴、y 轴的垂线得垂足点 M、N，过点 P 作 z 轴的垂线得垂足 R. 设 x、y、z 分别为点 M、N、R 的坐标，则空间点 P 就对应一组有序数 (x,y,z).

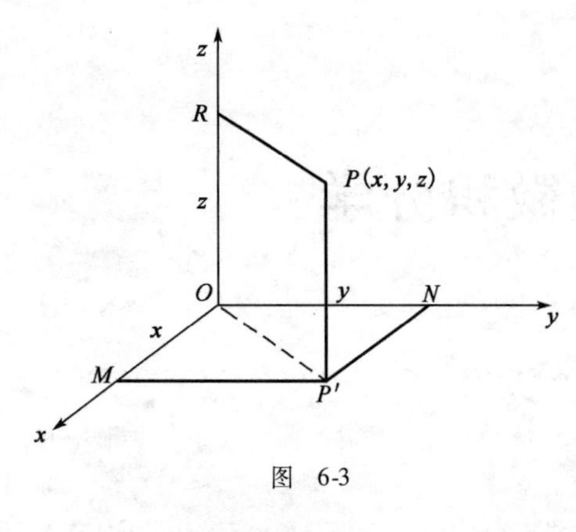

图 6-3

反之,对于任一组数 (x,y,z) ,它们分别在 x 轴、y 轴、z 轴对应点 M 、N 、R ,过 M 、N 在 xOy 坐标面内分别作 x 轴、y 轴的垂线,交于点 P' ,过点 P' 作 xOy 坐标面的垂线与过点 R 作 OP' 的平行线交于一点 P ,则一组有序数 (x,y,z) 对应空间一点 P (图 6-3).

称有序数 (x,y,z) 为空间点 P 的坐标, x 、y 和 z 分别为点 P 的横坐标、纵坐标和竖坐标.

以后,我们习惯上称数轴为一维空间,平面直角坐标系为二维空间,空间直角坐标系为三维空间.

二、多元函数的概念

【例 6-1】 设矩形的长和宽分别为 x 和 y,则矩形的面积为 $S=xy$. 显然,S 依赖于 x 和 y 的变化而变化,当 x 和 y 每取定一组值时,就有唯一确定的面积值 S.

定义 6.1 设 D 是一个平面点集,如果对于 D 中的每个点 (x,y),按照某种对应关系 f,变量 z 都有唯一确定的值与它对应,则称 z 为点 (x,y) 的二元函数,记为 $z=f(x,y)$,其中 x 和 y 称为自变量,z 称为因变量,x 和 y 的变化范围 D 称为函数 $f(x,y)$ 的定义域.

对应地,称函数 $y=f(x)$ 为一元函数. 简单地说,二元函数就是 xOy 平面上点的函数,一元函数就是数轴上点的函数:依此类推,三元函数是空间直角坐标系(三维空间)内点的函数.

二元函数的定义域通常是由平面上一条或几条光滑曲线所围成的部分平面, 这样的部分平面称为区域. 围成区域的曲线称为区域的边界,边界上的点叫做边界点,包括边界在内的区域称为闭区域,不包括边界在内的区域称为开区域.

一元函数 $y=f(x)$ 的图形是平面直角坐标系(二维空间)内的一条曲线. 相应地,二元函数 $z=f(x,y)$ 的图形是空间直角坐标系(三维空间)内的一个曲面.

【例 6-2】 求二元函数 $z=\sqrt{1-x^2-y^2}$ 的定义域.

解 x 和 y 应满足 $x^2+y^2\leqslant 1$,即函数的定义域为 $D=\{(x,y)\mid x^2+y^2\leqslant 1\}$,这里 D 在 xOy 面上表示一个以原点为圆心、以 1 为半径的圆域,如图 6-4 所示.

【例 6-3】 求二元函数 $z=\ln(x+y)$ 的定义域.

解 x 和 y 应满足 $x+y>0$,即函数的定义域为 $D=\{(x,y)\mid x+y>0\}$. 这里 D 在 xOy 面上表示一个在直线 $x+y=0$ 上方的区域(不包括直线 $x+y=0$),如图 6-5 所示.

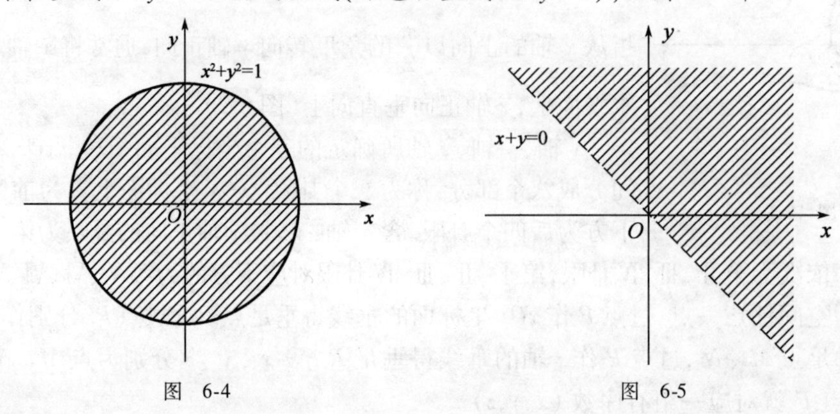

图 6-4　　图 6-5

三、多元函数的偏导数

1. 多元函数偏导数的定义和求法

在多元函数中，当某一自变量变化，而其他自变量不变(视为常数)时，函数就是这个自变量的一元函数，函数关于这个自变量的导数称为多元函数对这个自变量的偏导数.

定义 6.2 设有函数 $z=f(x,y)$，当固定自变量 y(视为常数)时，函数 $z=f(x,y)$ 就是关于 x 的一元函数，则称该函数的导数为二元函数 $z=f(x,y)$ 对 x 的偏导数，记作$\frac{\partial z}{\partial x}$或 z'_x.

根据一元函数导数的定义可知

$$\frac{\partial z}{\partial x}=\lim_{\Delta x\to 0}\frac{f(x+\Delta x,y)-f(x,y)}{\Delta x}.$$

由二元函数偏导数的定义可知，求函数 $z=f(x,y)$ 的偏导数，其实质是一元函数的求导问题：求$\frac{\partial z}{\partial x}$时，只要把 y 看作常量而对 x 求导数；求$\frac{\partial z}{\partial y}$时，只要把 x 看作常量而对 y 求导数. 类似地，二元函数求偏导数的方法可推广到二元以上的函数中去.

【例 6-4】 求下列多元函数的偏导数.

(1) $z=x^2y+xy^2-1$；　　(2) $z=x^y(x>0)$；

(3) $z=\ln(x^2+y^2)$；　　(4) $u=\sin(xyz)$.

解 (1) 分别将 x、y 看作常数，得

$$\frac{\partial z}{\partial x}=2xy+y^2;\ \frac{\partial z}{\partial y}=x^2+2xy.$$

(2) $z'_x=y\cdot x^{y-1}$，$z'_x=x^y\ln x$.

(3) $z'_x=\frac{2x}{x^2+y^2}$，$z'_y=\frac{2y}{x^2+y^2}$.

(4) $u'_x=yz\cos(xyz)$，$u'_y=xz\cos(xyz)$，$u'_z=xy\cos(xyz)$.

【例 6-5】 求 $z=\arctan\frac{y}{x}$在(1,1)处的偏导数.

解 $\frac{\partial z}{\partial x}=\frac{1}{1+\left(\frac{y}{x}\right)^2}\cdot\left(-\frac{y}{x^2}\right)=-\frac{y}{x^2+y^2}$；$\frac{\partial z}{\partial y}=\frac{1}{1+\left(\frac{y}{x}\right)^2}\cdot\frac{1}{x}=\frac{x}{x^2+y^2}$.

把(1,1)代入上面的结果，得

$$\left.\frac{\partial z}{\partial x}\right|_{\substack{x=y\\y=1}}=-\frac{1}{2},\left.\frac{\partial z}{\partial y}\right|_{\substack{x=y\\y=1}}=-\frac{1}{2}.$$

2. 多元函数的高阶偏导数

和一元函数类似，称二元函数 $z=f(x,y)$ 偏导数 $f_x(x,y)$，$f_y(x,y)$ 的偏导数为 $z=f(x,y)$ 的二阶偏导数. 按照对自变量求导次序的不同有以下四个二阶偏导数：

$$\frac{\partial}{\partial x}\left(\frac{\partial z}{\partial x}\right)=\frac{\partial^2 z}{\partial x^2}=f_{xx}(x,y)=z_{xx},\frac{\partial}{\partial y}\left(\frac{\partial z}{\partial x}\right)=\frac{\partial^2 z}{\partial x\partial y}=f_{xy}(x,y)=z_{xy},$$

$$\frac{\partial}{\partial x}\left(\frac{\partial z}{\partial y}\right)=\frac{\partial^2 z}{\partial y\partial x}=f_{yx}(x,y)=z_{yx},\frac{\partial}{\partial y}\left(\frac{\partial z}{\partial y}\right)=\frac{\partial^2 z}{\partial y^2}=f_{yy}(x,y)=z_{yy}.$$

其中，$\frac{\partial^2 z}{\partial x\partial y}$和$\frac{\partial^2 z}{\partial y\partial x}$称为二阶混合偏导数.

同理可得三阶、四阶……以及 n 阶偏导数的定义. 二阶及二阶以上的偏导数统称为高阶偏导数,相应地,函数 $z=f(x,y)$ 的偏导数 $f_x(x,y)$,$f_y(x,y)$ 称为 $z=f(x,y)$ 的一阶偏导数.

【例 6-6】 求函数 $z=\sin(xy)$ 的二阶偏导数.

解 $\frac{\partial z}{\partial x}=y\cos(xy)$,$\frac{\partial z}{\partial y}=x\cos(xy)$;

$\frac{\partial^2 z}{\partial x^2}=-y^2\sin(xy)$,$\frac{\partial^2 z}{\partial x\partial y}=\cos(xy)-xy\sin(xy)$;

$\frac{\partial^2 z}{\partial y^2}=-x^2\sin(xy)$,$\frac{\partial^2 z}{\partial x\partial y}=\cos(xy)-xy\sin(xy)$.

观察[例 6-6]的结果,有 $\frac{\partial^2 z}{\partial x\partial y}=\frac{\partial^2 z}{\partial y\partial x}$.

以上的结论可推广到一般的二元函数中.

四、多元函数的全微分

定义 6.3 设二元函数 $z=f(x,y)$ 在 $z=f(x,y)$ 处的偏导数存在,则称 $z'_x\Delta x+z'_y\Delta y$ 为 $z=f(x,y)$ 在 (x,y) 处的全微分,记作 $\mathrm{d}z$,即

$$\mathrm{d}z=z'_x\Delta x+z'_y\Delta y.$$

当二元函数 $z=f(x,y)$ 在由点 (x,y) 变到点 $(x+\Delta x,y+\Delta y)$ 时,$z=f(x,y)$ 在点 (x,y) 的全增量为

$$\Delta z=f(x_0+\Delta x,y_0+\Delta y)-f(x_0,y_0).$$

与一元函数微分的几何意义结论相似,当 $|\Delta x|$ 和 $|\Delta y|$ 很小时,有近似公式 $\Delta z\approx\mathrm{d}z$.

因自变量的微分等于其增量,即 $\Delta x=\mathrm{d}x$,$\Delta y=\mathrm{d}y$,所以 $z=f(x,y)$ 的全微分可写成

$$\mathrm{d}z=\frac{\partial z}{\partial x}\mathrm{d}x+\frac{\partial z}{\partial y}\mathrm{d}y.$$

上述二元函数全微分的定义和几何意义可直接推广到三元及三元以上的函数.

【例 6-7】 求函数 $z=xy$ 在点 $(2,3)$ 处关于 $\Delta x=0.1$,$\Delta y=0.2$ 的全增量和全微分.

解 由全增量和全微分计算公式,得

$$\Delta z=(x+\Delta x)(y+\Delta y)-xy=y\Delta x+x\Delta y+\Delta x\Delta y,$$

$$\mathrm{d}z=\frac{\partial z}{\partial x}\mathrm{d}x+\frac{\partial z}{\partial y}\mathrm{d}y=y\mathrm{d}x+x\mathrm{d}y=y\Delta x+x\Delta y.$$

将点 $x=2$,$y=3$,$\Delta x=0.1$,$\Delta y=0.2$ 代入上式,得

$$\Delta z=0.72,\mathrm{d}z=0.7.$$

【例 6-8】 求下列多元函数的全微分.

(1) $z=x^3y-3x^2y^3$;(2) $u=\mathrm{e}^{x^2+y^2+z^2}$.

解 (1)因为 $\frac{\partial z}{\partial x}=3x^2y-6xy^3$,$\frac{\partial z}{\partial y}=x^3-9x^2y^2$,所以

$$\mathrm{d}z=(3x^2y-6xy^3)\mathrm{d}x+(x^3-9x^2y^2)\mathrm{d}y.$$

(2)因为 $u'_x=2x\mathrm{e}^{x^2+y^2+z^2}$,$u'_y=2y\mathrm{e}^{x^2+y^2+z^2}$,$u'_z=2z\mathrm{e}^{x^2+y^2+z^2}$,所以

$$\mathrm{d}u=2\mathrm{e}^{x^2+y^2+z^2}(x\mathrm{d}x+y\mathrm{d}y+z\mathrm{d}z).$$

★**课堂思考题**

1. 设 $z=ax+by$(a,b 均为常数),求 Δz 和 dz.
2. 由思考题 1 可得出什么结论?

习题 6-1

1. 设函数 $f(x,y)=2xy+\frac{1}{y}$,求 $f\left(\frac{1}{2},\frac{1}{3}\right)$.
2. 设函数 $f(x,y)=x^2+y^2-xy\tan\frac{x}{y}$,试求 $f(tx,ty)$.
3. 求下列各函数的定义域:

(1) $z=\frac{1}{\sqrt{x-y}}$;　　(2) $z=\sqrt{9-x^2-y^2}+\frac{1}{\sqrt{x^2+y^2-4}}$;

(3) $z=\ln(x+y-1)$;　　(4) $z=\ln(y-x)+\frac{1}{\sqrt{1-x^2-y^2}}$.

4. 求下列二元函数的二阶偏导数:

(1) $z=4x^3+3x^2y+3xy^2-y^3$;　　(2) $z=\sin(xy)$;

(3) $z=y^x$;　　(4) $z=xe^x\sin y$.

5. 求下列多元函数的全微分:

(1) $z=\ln(x^2+y^2)$;　　(2) $z=\arctan(2x+y^2)$;

(3) $z=e^{\sqrt{x^2+y^2}}$;　　(4) $u=(xy)^z$.

第二节　多元函数微分学的应用

一、多元函数偏导数的应用

1. 多元函数的最大值与最小值

在实际问题中,往往会遇到求多元函数的最大值、最小值问题. 与一元函数类似,求实际问题中函数的最值时,从实际问题的分析知道,函数在给定的区域内必有最值,且函数在该区域内有唯一驻点(函数偏导数都等于零的点),可断定在驻点处的值就是所求的最大(小)值.

【例 6-9】　要做一个容积为 32cm^3 的无盖长方体箱子,问长、宽、高各为多少时,才能使所用材料最省?

解　设长方形箱子的长、宽分别为 x(单位:cm)和 y(单位:cm),则根据已知条件,高为 $\frac{32}{xy}$,箱子所用材料的面积为

$$A=xy+2y\frac{32}{xy}+2x\frac{32}{xy}=xy+\frac{64}{x}+\frac{64}{y}\quad(x>0,y>0).$$

当 A 最小时,所用材料也最省.

令
$$\begin{cases}A_x=y-\dfrac{64}{x^2}=0\\ A_y=x-\dfrac{64}{y^2}=0\end{cases}$$

解方程组,求得定义域内唯一的驻点(4,4).

当 $x=4,y=4$ 时,面积 A 最小,此时高为 2. 因此,当箱子的长、宽、高分别为 4cm,4cm 和 2cm 时,所用材料最省.

2. 条件最值

前面所讨论的极值问题中,自变量在函数的定义域范围内可任意取值,没有任何限制,这类最值通常称为无条件最值. 在实际问题中,有时候函数的自变量还要满足某些附加条件,这类最值问题称为条件最值. 关于条件最值的求法,有以下两种方法.

(1)转化为无条件最值

对一些简单的条件最值问题,往往可利用附加条件,消去函数中的某些自变量,转化为无条件最值. 在[例 6-9]中,实际上是求无盖长方体的表面积 $A = xy + 2xz + 2yz$ (设高为 z)在条件 $xyz=32$ 下的最值,在解的过程中,我们是利用条件 $z=\frac{32}{xy}$,消去 A 中的变量 z 后,转化为求二元函数 $A = xy + \frac{64}{x} + \frac{64}{y}$ 的最值,这时自变量 x,y 不再有附加条件的限制,因此就转化为无条件最值问题.

(2)拉格朗日乘数法

求函数 $z=f(x,y)$ 在满足条件 $\varphi(x,y)=0$ 下的最值问题,可由以下步骤求得.

第 1 步,构造辅助函数 $F(x,y) = f(x,y) + \lambda\varphi(x,y)$,其中 λ 是待定常数;

第 2 步,由方程组 $\begin{cases} f_x(x,y) + \lambda\varphi_x(x,y) = 0 \\ f_y(x,y) + \lambda\varphi_y(x,y) = 0 \\ \varphi(x,y) = 0 \end{cases}$ 解出 x,y;

第 3 步,根据问题的实际意义判断解出的 x,y 是否为函数 $z=f(x,y)$ 在条件 $\varphi(x,y)=0$ 下的最值点.

这种解法称为拉格朗日乘数法.

【例 6-10】 利用拉格朗日乘数法求解[例 6-9].

解 设无盖长方体箱子的表面积为 A,长、宽、高分别为 x、y、z,则所需要解决的问题归结为求函数 $A=xy+2xz+2yz$ 在满足条件 $xyz=32$ 下的最小值.

设 $F(x,y,z) = xy + 2yz + 2xz + \lambda(xyz - 32)$,其中 λ 是常数,由方程组

$$\begin{cases} F_x(x,y,z) = y + 2z + \lambda yz = 0 \\ F_y(x,y,z) = x + 2z + \lambda xz = 0 \\ Fz(x,y,z) = 2y + 2x + \lambda xy = 0 \\ xyz = 32 \end{cases}$$

得

$$-\frac{y+2z}{yz} = -\frac{x+2z}{xz} = -\frac{2y+2x}{xy} = \lambda,$$

即 $x=y=2z$,将 $x=y=2z$ 代入方程组的最后一个方程中,解得 $x=4,y=4,z=2$.

因为点(4,4,2)是唯一的可能极值点,而已知 A 有最小值,因此它就是 A 取得最小值的点,所以,当箱子长、宽、高分别为 4cm,4cm,2cm 时,所用材料最省.

【例 6-11】 设周长为 $2p$ 的矩形,绕它的一边旋转成圆柱体,求矩形的边长各为多少时,圆柱体的体积最大.

解　设矩形的边长分别为x,y,且绕边长为y的边旋转,得到的旋转圆柱体体积为

$$V=\pi x^2y \quad (x>0,y>0).$$

其中,矩形的边长x,y满足条件$2x+2y=2p$,即$x+y=p$.

所求问题转归结为求$V=\pi x^2y(x>0,y>0)$在满足条件$x+y=p$下的最大值.

设$F(x,y)=\pi x^2y+\lambda(x+y-p)$,其中$\lambda$是常数,由方程组

$$\begin{cases} F_x(x,y)=2\pi xy+\lambda=0 \\ F_y(x,y)=\pi x^2+\lambda=0 \\ x+y=p \end{cases}$$

得

$$x=\frac{2}{3}p,y=\frac{1}{3}p.$$

因为点$\left(\frac{2}{3}p,\frac{1}{3}p\right)$是唯一的可能极值点,且已知$V$有最大值,因此它就是$V$取得最大值的点,所以,当矩形的边长$x=\frac{2}{3}p,y=\frac{1}{3}p$时,绕$y$边旋转所得的旋转体体积最大,最大体积为$\frac{4}{27}\pi p^3$.

二、多元函数全微分的应用

设函数$z=f(x,y)$在点(x_0,y_0)处可微,且当$|\Delta x|$和$|\Delta y|$很小时,有

$$\Delta z\approx f_x(x_0,y_0)\Delta x+f_y(x_0,y_0)\Delta y \tag{6-1}$$

或写成

$$f(x_0+\Delta x,y_0+\Delta y)\approx f(x_0,y_0)+f_x(x_0,y_0)\Delta x+f_y(x_0,y_0)\Delta y \tag{6-2}$$

利用式(6-1)、式(6-2)可以计算二元函数的近似值和误差.

1. 近似计算

【例6-12】　一圆柱体受压后发生形变,它的半径由20cm增大到20.05cm,高度由100cm减小到99cm,求此圆柱体体积变化的近似值.

解　设圆柱体的半径、高和体积依次为r,h和V,则$V=\pi r^2h$.

已知$r_0=20,h_0=100,\Delta r=0.05,\Delta h=-1$,根据近似公式(6-1),得

$$\begin{aligned}\Delta V\approx \mathrm{d}V&=\frac{\partial V}{\partial r}\Delta r+\frac{\partial V}{\partial h}\Delta h \\ &=2\pi\times 20\times 100\times 0.05+\pi\times 20^2\times(-1)=-200\pi(\mathrm{cm}^3).\end{aligned}$$

即此圆柱体在受压后体积约减少了$200\pi\mathrm{cm}^3$.

【例6-13】　计算$(1.04)^{2.02}$的近似值.

解　设$f(x,y)=x^y$,则所求问题转化为求$f(x,y)=x^y$在$x=1.04,y=2.02$时的近似值.取$x=1,y=2,\Delta x=0.04,\Delta y=0.02$,由于

$$\begin{aligned}f(x+\Delta x,y+\Delta y)&\approx f(x,y)+f_x(x,y)\Delta x+f_y(x,y)\Delta y \\ &=x^y+y\cdot x^{y-1}\Delta x+x^y\ln x\Delta y,\end{aligned}$$

所以

$$(1.04)^{2.02}\approx 1^2+2\times 1^{2-1}\times 0.04+1^2\times\ln 1\times 0.02=1.08.$$

2. 误差估计

设 $z=f(x,y)$，如果自变量 x,y 的绝对误差分别为 δ_x,δ_y 即 $|\Delta x|\leqslant\delta_x$，$|\Delta y|\leqslant\delta_y$，由公式(6-1)，得

$$|\Delta z|\approx|\mathrm{d}z|=\left|\frac{\partial z}{\partial x}\Delta x+\frac{\partial z}{\partial y}\Delta y\right|\leqslant\left|\frac{\partial z}{\partial x}\right|\cdot|\Delta x|+\left|\frac{\partial z}{\partial y}\right|\cdot|\Delta y|\leqslant\left|\frac{\partial z}{\partial x}\right|\cdot\delta_x+\left|\frac{\partial z}{\partial y}\right|\delta_y.$$

从而得到 z 的绝对误差约为

$$\delta_z=\left|\frac{\partial z}{\partial x}\right|\cdot\delta_x+\left|\frac{\partial z}{\partial y}\right|\cdot\delta_y \tag{6-3}$$

z 的相对误差约为

$$\frac{\delta_z}{|z|}=\left|\frac{\frac{\partial z}{\partial x}}{z}\right|\delta_x+\left|\frac{\frac{\partial z}{\partial y}}{z}\right|\delta_y \tag{6-4}$$

【例 6-14】 利用单摆摆动测定重力加速度 g 的公式是 $g=\dfrac{4\pi^2l}{T^2}$，现测得单摆摆长 l 与振动周期 T 分别为 $l=(100\pm0.1)\mathrm{cm}$，$T=(2\pm0.004)\mathrm{s}$. 问：由于测定 l 与 T 的误差而引起 g 的绝对误差和相对误差各为多少？

解 由式(6-3)得

$$\delta_g=\left|\frac{\partial g}{\partial l}\right|\cdot\delta_l+\left|\frac{\partial g}{\partial T}\right|\cdot\delta_T=4\pi^2\left(\frac{1}{T^2}\delta_l+\frac{2l}{T^3}\delta_T\right).$$

其中，δ_l 与 δ_T 为 l 与 T 的绝对误差，把 $l=100$，$T=2$，$\delta_l=0.1$，$\delta_T=0.004$ 代入上式，得 g 的绝对误差和相对误差分别为

$$\delta_g=4\pi^2\left(\frac{0.1}{2^2}+\frac{2\times100}{2^3}\times0.004\right)=0.5\pi^2=4.93(\mathrm{cm/s^2}).$$

$$\frac{\delta_g}{g}=\frac{0.5\pi^2T^2}{4\pi^2l}=\frac{0.5\times2^2}{4\times100}=0.005.$$

三、工程应用

在工程测量学中，中误差（第一章绪论中已给出定义）是衡量测量精度的指标之一，而推导一般函数的中误差公式将利用全微分.

设函数 $z=f(x_1,x_2,\cdots,x_n)$，式中 $x_1,x_2,\cdots,x_n$ 为独立观测值，其中误差分别为 $m_1,m_2,\cdots,m_n$. 当观测值 $x_i(i=1,2,\cdots,n)$ 的真误差为 $\Delta_i(i=1,2,\cdots,n)$ 时，函数 z 也必然产生真误差为 Δ_z，有

$$z+\Delta_z=f(x_1+\Delta_1,x_2+\Delta_2,\cdots,x_n+\Delta_n).$$

由于 $\Delta_i(i=1,2,\cdots,n)$ 很小，对函数求全微分并以真误差代替微分 $\mathrm{d}x_i(i=1,2,\cdots,n)$，得

$$\Delta_z=\frac{\partial f}{\partial x_1}\Delta_1+\frac{\partial f}{\partial x_2}\Delta_2+\cdots+\frac{\partial f}{\partial x_n}\Delta_n.$$

式中，$\dfrac{\partial f}{\partial x_i}(i=1,2,\cdots,n)$ 是函数的偏导数，其值由观测值代入求得. 再由测量学的中误差公式得函数 z 的中误差为

$$m_z=\pm\sqrt{\left(\frac{\partial f}{\partial x_1}\right)^2m_1^2+\left(\frac{\partial f}{\partial x_2}\right)^2m_2^2+\cdots+\left(\frac{\partial f}{\partial x_n}\right)^2m_n^2} \tag{6-5}$$

【例 6-15】 在本章引例中，假设观测某一斜坡长 $s=106.2\mathrm{m}$，中误差 $m_s=\pm5\mathrm{cm}$，斜坡的

倾斜角 $\alpha = 8°30'$，其中误差为 $m_\alpha = \pm 20''$，求平距的中误差.

解 平距 $D = s\cos\alpha$，由式(6-5)，得

$$m_D^2 = \cos^2\alpha \cdot m_s^2 + (-s \cdot \sin\alpha)^2 \cdot m_\alpha^2.$$

将 $s = 10\,620, m_s = 5, \alpha = 8°30', m_\alpha = \pm 20'' = \pm \dfrac{20}{206\,265}$代入上式，得

$$m_D^2 = 0.989^2 \cdot 5^2 + 1\,570.918^2 \left(\frac{20}{206\,265}\right)^2 \approx 24.480, m_D \approx \pm 4.95.$$

即平距的中误差约为 ± 4.95(cm).

★课堂思考题

将一根长为1m的铁丝围成一个长方形，长和宽分别为多少时其面积最大？（分别用一元函数导数和二元函数偏导数的方法计算）

习题6-2

1. 从斜边为 l 的一切直角三角形中，求有最大周长的直角三角形.

2. 把正数 a 分成三个正数之和，使它们的乘积最大，求这三个正数.

3. 在 xOy 面上求一点，使它到直线 $x=0$，直线 $y=0$ 和直线 $x+2y-16=0$ 的距离的平方和最小.

4. 测得一块三角形土地的两边边长分别为(63 ± 0.1)m 和(78 ± 0.1)m，这两边的夹角为 $60° \pm 1''$，试求该土地面积的近似值，并求其绝对误差和相对误差.

第三节　二重积分

前面给出了一元函数定积分的概念和计算方法，本节将以二元函数为基础讨论二重积分的概念和计算方法.

一、二重积分问题引例

设一立体的底是 xOy 面上有界闭区域 D，侧面是以 D 的边界曲线为准线，母线平行于 z 轴的柱面（即动直线沿 D 的边界曲线移动且始终与 z 轴平行，动直线的轨迹称为柱面，D 的边界曲线为准线，动直线为母线），顶是 $z=f(x,y)$ $(z>0)$所在的曲面，称此立体为曲顶柱体，如图6-6所示. 下面求其体积 V.

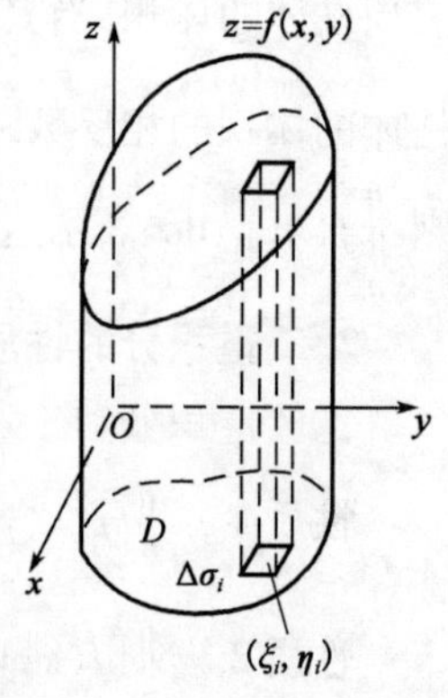

图 6-6

如果曲顶柱体的高度不变，它的体积等于底面积乘以高. 但曲顶柱体的顶是曲面，即当点(x,y)在 D 上变动时，其高 $z=f(x,y)$ 是个变量，因此不能直接用上述方法求体积. 我们可以仿照求曲边梯形面积的方法求曲顶柱体的体积.

将区域 D 任意分成 n 个小闭区域 $\Delta\sigma_i$ $(i=1,2,\cdots,n)$，同时也用 $\Delta\sigma_i$ 表示第 i 个小闭区域的面积. 以每个小闭区域为底，以它们的边界曲线为准线做母线平行于 z 轴的小曲顶柱体，这样就把整个曲顶柱体分割成 n 个小曲顶柱体，其体积记作 ΔV_i $(i=1,2,\cdots,n)$.

对第 i 个小曲顶柱体，由于 $\Delta\sigma_i$ 很小，而$f(x,y)$连续，故在同一个小闭区域上 $f(x,y)$ 变化

很小,因此其体积可用以 $\Delta\sigma_i$ 为底,以 $\Delta\sigma_i$ 上任一点 (ξ_i,η_i) 处的函数值 $f(\xi_i,\eta_i)$ 为高的平顶柱体的体积近似代替,即

$$\Delta V_i \approx f(\xi_i,\eta_i)\Delta\sigma_i \quad (i=1,2,\cdots,n)$$

$$V=\sum_{i=1}^{n}\Delta V_i \approx \sum_{i=1}^{n} f(\xi_i,\eta_i)\Delta\sigma_i.$$

显然,区域 D 分割的越细密,和式 $\sum\limits_{i=1}^{n} f(\xi_i,\eta_i)\Delta\sigma_i$ 就越接近于体积 V,令 n 个小闭区域直径(闭区域上最远两点间距离)的最大值 $\lambda\to 0$,上述和式极限就是曲顶柱体的体积 V,即

$$V=\lim_{\lambda\to 0}\sum_{i=1}^{n} f(\xi_i,\eta_i)\Delta\sigma_i.$$

二、二重积分的定义与性质

1. 二重积分的定义

定义 6.4 设 $z=f(x,y)$ 在有界闭区域 D 上有界,将闭区域 D 任意分成 n 个小闭区域 $\Delta\sigma_1,\Delta\sigma_2,\cdots,\Delta\sigma_n$,其中 $\Delta\sigma_i$ 表示第 i 个小闭区域的面积. 在每个小闭区域 $\Delta\sigma_i$ 上任取一点 (ξ_i,η_i),作和式 $\sum\limits_{i=1}^{n} f(\xi_i,\eta_i)\Delta\sigma_i$,如果当各小闭区域直径中的最大值 $\lambda\to 0$ 时,此和式的极限存在,则称此极限为函数 $f(x,y)$ 在区域 D 上的二重积分,记作 $\iint\limits_D f(x,y)\,\mathrm{d}\sigma$,即

$$\iint\limits_D f(x,y)\,\mathrm{d}\sigma = \lim_{\lambda\to 0}\sum_{i=1}^{n} f(\xi_i,\eta_i)\Delta\sigma_i.$$

其中,$f(x,y)$ 称为被积函数,$f(x,y)\,\mathrm{d}\sigma$ 称为被积表达式,$\mathrm{d}\sigma$ 称为面积元素,x 和 y 称为积分变量,闭区域 D 称为积分区域. 当 $\lim\limits_{\lambda\to 0}\sum\limits_{i=1}^{n} f(\xi_i,\eta_i)\Delta\sigma_i$ 存在时,称 $f(x,y)$ 在 D 上可积.

与定积分类似,二重积分值是个常数,这个数的大小仅与被积函数 $f(x,y)$ 及积分区域 D 有关.

由二重积分定义知,曲顶柱体的体积 V 是曲面 $z=f(x,y)$ 在底面 D 上的二重积分,即

$$V=\iint\limits_D f(x,y)\,\mathrm{d}\sigma.$$

从几何意义上看,当 $f(x,y)\geqslant 0$ 时,$\iint\limits_D f(x,y)\,\mathrm{d}\sigma$ 表示以曲面 $z=f(x,y)$ 为顶、以 D 为底的曲顶柱体的体积. 当 $f(x,y)\leqslant 0$ 时,$\iint\limits_D f(x,y)\,\mathrm{d}\sigma$ 表示以曲面 $z=f(x,y)$ 为顶、以 D 为底的曲顶柱体的体积的相反数. 当 $f(x,y)$ 在 D 的若干部分区域上为正,而在其他的部分区域上为负时,则 $\iint\limits_D f(x,y)\,\mathrm{d}\sigma$ 表示这些部分区域上的柱体体积的代数和.

2. 二重积分的性质

比较定积分和二重积分的定义,它们有类似的性质,现叙述如下:

性质 1 $\iint\limits_D kf(x,y)\,\mathrm{d}\sigma = k\iint\limits_D f(x,y)\,\mathrm{d}\sigma$ (k 为常数).

性质 2 $\iint\limits_D [f(x,y)\pm g(x,y)]\,\mathrm{d}\sigma = \iint\limits_D f(x,y)\,\mathrm{d}\sigma \pm \iint\limits_D g(x,y)\,\mathrm{d}\sigma.$

性质 3 $\iint\limits_D f(x,y)\,\mathrm{d}\sigma = \iint\limits_{D_1} f(x,y)\,\mathrm{d}\sigma + \iint\limits_{D_2} f(x,y)\,\mathrm{d}\sigma$ (D 分为两个闭区域 D_1 和 D_2).

三、二重积分的计算

在 xOy 坐标平面内,用平行于 x 轴和 y 轴的直线把区域 D 分成许多小矩形,于是面积元素 $\mathrm{d}\sigma=\mathrm{d}x\mathrm{d}y$,二重积分可以写成 $\iint\limits_D f(x,y)\mathrm{d}x\mathrm{d}y$.

当被积函数 $f(x,y)$ 给定时,二重积分 $\iint\limits_D f(x,y)\mathrm{d}x\mathrm{d}y$ 的值与积分区域 D 有关.

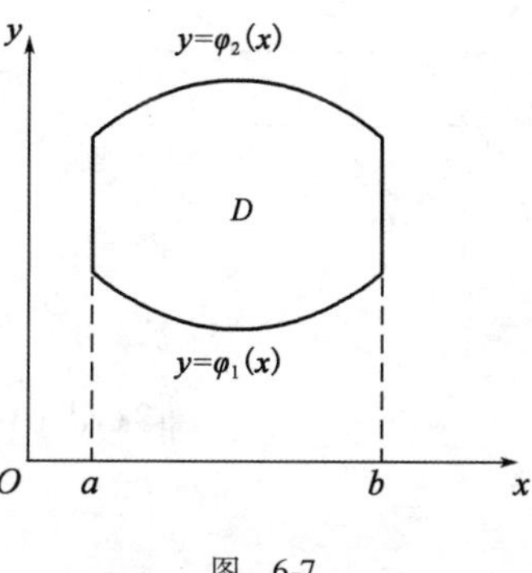

图 6-7

(1)当 D 是 x - 型区域时,此时 D 由 $\varphi_1(x)\leqslant y\leqslant\varphi_2(x)$,$a\leqslant x\leqslant b$ 围成(图 6-7),则

$$\iint\limits_D f(x,y)\mathrm{d}x\mathrm{d}y=\int_a^b\left[\int_{\varphi_1(x)}^{\varphi_2(x)}f(x,y)\mathrm{d}y\right]\mathrm{d}x.$$

上式简记为

$$\iint\limits_D f(x,y)\mathrm{d}x\mathrm{d}y=\int_a^b\mathrm{d}x\int_{\varphi_1(x)}^{\varphi_2(x)}f(x,y)\mathrm{d}y \tag{6-6}$$

称公式(6-6)的右端为先对 y、后对 x 的二次积分. 即先视 x 为常数,将 $f(x,y)$ 对 y 计算由 $\varphi_1(x)$ 到 $\varphi_2(x)$ 的定积分,然后将结果(x 的函数)再对 x 计算 $[a,b]$ 上的定积分.

(2)当 D 是 y - 型区域时,此时 D 由 $\psi_1(y)\leqslant x\leqslant\psi_2(y)$,$c\leqslant y\leqslant d$ 围成(图 6-8),则

$$\iint\limits_D f(x,y)\mathrm{d}x\mathrm{d}y=\int_c^d\mathrm{d}y\int_{\psi_1(y)}^{\psi_2(y)}f(x,y)\mathrm{d}x \tag{6-7}$$

【例 6-16】 求 $\iint\limits_D x^2y\mathrm{d}x\mathrm{d}y$,其中 D 是由直线 $y=x$ 与抛物线 $y=x^2$ 所围的区域.

解 画出积分区域 D,如图 6-9 所示,显然 D 既是 x - 型也是 y - 型. 若由公式(6-6),则有

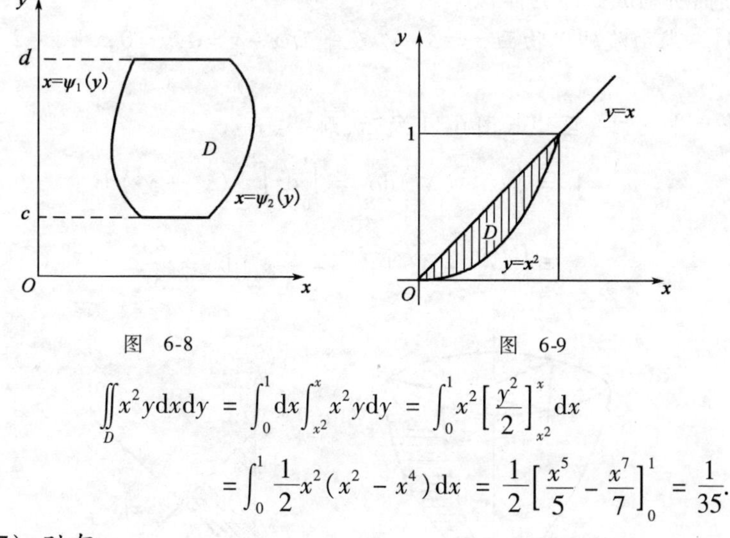

图 6-8　　图 6-9

$$\iint\limits_D x^2y\mathrm{d}x\mathrm{d}y=\int_0^1\mathrm{d}x\int_{x^2}^{x}x^2y\mathrm{d}y=\int_0^1x^2\left[\frac{y^2}{2}\right]_{x^2}^{x}\mathrm{d}x$$

$$=\int_0^1\frac{1}{2}x^2(x^2-x^4)\mathrm{d}x=\frac{1}{2}\left[\frac{x^5}{5}-\frac{x^7}{7}\right]_0^1=\frac{1}{35}.$$

若由公式(6-7),则有

$$\iint\limits_D x^2y\mathrm{d}x\mathrm{d}y=\int_0^1\mathrm{d}y\int_{y}^{\sqrt{y}}x^2y\mathrm{d}x=\int_0^1y\left[\frac{x^3}{3}\right]_{y}^{\sqrt{y}}\mathrm{d}x$$

$$=\int_0^1\frac{1}{3}y(y\sqrt{y}-y^3)\mathrm{d}y=\frac{1}{35}.$$

【例 6-17】 求 $\iint\limits_{D} 2xy^2\mathrm{d}x\mathrm{d}y$, 其中 D 由抛物线 $y^2=2x$ 及直线 $y=x-4$ 所围成.

解 画积分区域 D(图 6-10),D 是 y - 型区域,由公式(6-7)得

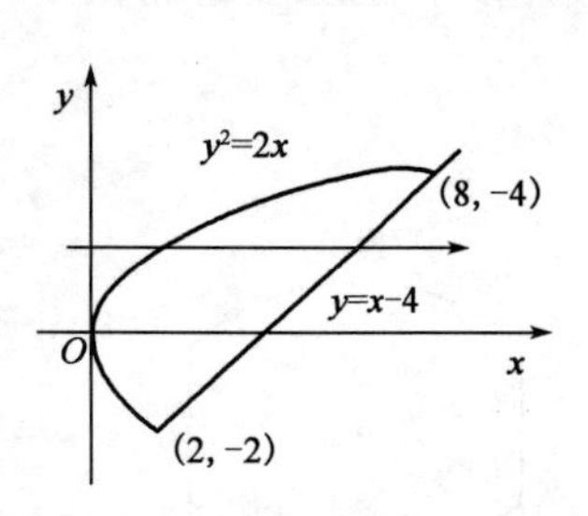

图 6-10

$$\begin{aligned}\iint\limits_{D} 2xy\mathrm{d}x\mathrm{d}y &= \int_{-2}^{4}\mathrm{d}y\int_{\frac{y^2}{2}}^{y+4} 2xy\mathrm{d}x = \int_{2}^{4} y\left[x^2\right]_{\frac{y^2}{2}}^{y+4}\mathrm{d}y \\ &= \int_{-2}^{4}\left(y^3+8y^2+16y-\frac{y^5}{4}\right)\mathrm{d}y \\ &= \left[\frac{y^4}{4}+\frac{8}{3}y^3+8y-\frac{y^6}{24}\right]_{-2}^{4} = 84.\end{aligned}$$

若按 x - 型区域,须用直线 $x=1$ 将 D 分成 D_1 和 D_2 两块,由公式(6-6)得

$$\begin{aligned}\iint\limits_{D} 2xy\mathrm{d}x\mathrm{d}y &= \iint\limits_{D_1} 2xy\mathrm{d}x\mathrm{d}y + \iint\limits_{D_2} 2xy\mathrm{d}x\mathrm{d}y \\ &= \int_{0}^{2}\mathrm{d}x\int_{-\sqrt{2x}}^{\sqrt{2x}} 2xy^2\mathrm{d}y + \int_{2}^{8}\mathrm{d}x\int_{x-4}^{\sqrt{2x}} 2xy^2\mathrm{d}y = 84.\end{aligned}$$

按 x - 型计算起来要比 y - 型区复杂,所以恰当的选择积分次序是化二重积分为二次积分的关键.

四、二重积分的应用

1. 体积

由二重积分的几何意义知,当 $f(x,y)\geqslant 0$ 时,$\iint\limits_{D} f(x,y)\mathrm{d}\sigma$ 表示以曲面 $z=f(x,y)$ 为顶,以曲面 $z=f(x,y)$ 在 xOy 坐标面上的投影区域 D 为底的曲顶柱体的体积. 因此,利用二重积分可以计算由空间曲面所围成立体的体积.

【例 6-18】 求由旋转抛物面 $z=x^2+y^2$ 及平面 $x-y=0,x=0,x+y-2=0$ 所围成的立体的体积.

解 所求立体及积分区域如图 6-11 所示,则

$$\begin{aligned}V &= \iint\limits_{D}(x^2+y^2)\mathrm{d}\sigma = \int_{0}^{1}\mathrm{d}x\int_{x}^{2-x}(x^2+y^2)\mathrm{d}y \\ &= \int_{0}^{1}\left(\frac{8}{3}-4x+4x^2-\frac{8}{3}x^3\right)\mathrm{d}x = \frac{4}{3}.\end{aligned}$$

a) b)

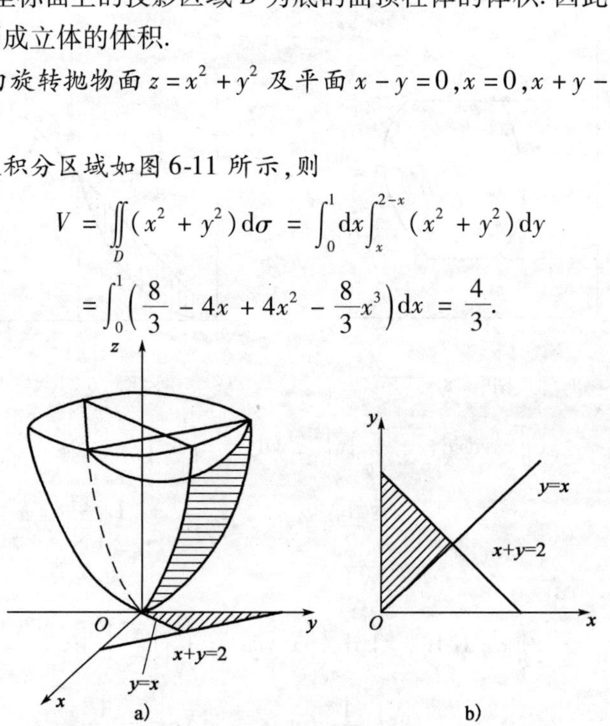

图 6-11

2. 平面薄片的质量与重心

设有一平面薄片占有有界闭区域 D,它在点 (x,y) 处的面密度为区域 D 上的连续函数 $\rho(x,y)$,由前面的讨论知,其质量为

$$M=\iint_D \rho(x,y)\,\mathrm{d}\sigma.$$

平面薄片对 x 轴和 y 轴的静力矩分别为

$$M_x=\iint_D y\rho(x,y)\,\mathrm{d}\sigma,\ M_y=\iint_D x\rho(x,y)\,\mathrm{d}\sigma.$$

平面薄片的重心坐标为

$$\bar{x}=\frac{M_y}{M}=\frac{\iint_D x\rho(x,y)\,\mathrm{d}\sigma}{\iint_D \rho(x,y)\,\mathrm{d}\sigma},\ \bar{y}=\frac{M_x}{M}=\frac{\iint_D y\rho(x,y)\,\mathrm{d}\sigma}{\iint_D \rho(x,y)\,\mathrm{d}\sigma}.$$

【例 6-19】 设有一等腰直角三角形薄片,已知其上任一点 (x,y) 处的密度与该点到直角顶点的距离的平方成正比,求薄片的重心.

解 建立如图 6-12 所示的直角坐标系,设直角边长为 a,由题意 $\rho(x,y)=k(x^2+y^2)$,k 为比例常数. 由于斜边的方程为 $x+y=a$,从而有

$$M=\iint_D \rho(x,y)\,\mathrm{d}\sigma=\iint_D k(x^2+y^2)\,\mathrm{d}\sigma$$

$$=k\int_0^a \mathrm{d}x\int_0^{a-x}(x^2+y^2)\,\mathrm{d}y=\frac{1}{6}ka^4,$$

$$M_y=\iint_D x\rho(x,y)\,\mathrm{d}\sigma=\iint_D kx(x^2+y^2)\,\mathrm{d}\sigma$$

$$=k\int_0^a x\mathrm{d}x\int_0^{a-x}(x^2+y^2)\,\mathrm{d}y=\frac{1}{15}ka^5,$$

$$\bar{x}=\frac{M_y}{M}=\frac{\frac{1}{15}ka^5}{\frac{1}{6}ka^5}=\frac{2}{5}a.$$

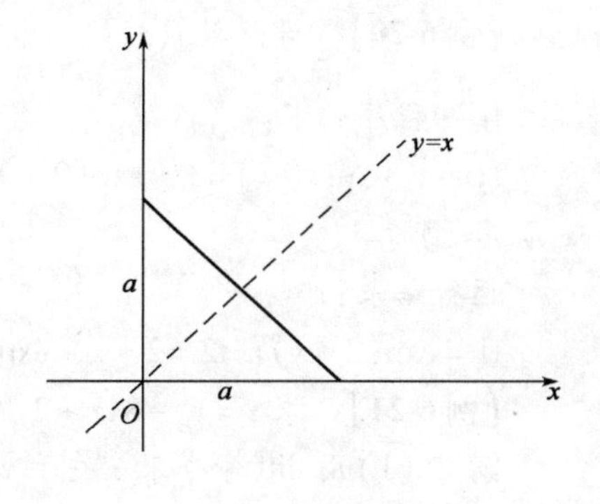

图 6-12

根据对称性可求得 $\bar{y}=\frac{2}{5}a$,则薄片的重心为 $\left(\frac{2}{5}a,\frac{2}{5}a\right)$.

★课题思考题

1. 由 $\int_a^b \mathrm{d}x=b-a$ 求 $\iint_D \mathrm{d}x\mathrm{d}y$.

2. 设 D 是由 $x^2+y^2\leqslant r^2(r>0)$ 所围成,求 $\iint_D \mathrm{d}x\mathrm{d}y$.

习题 6-3

1. 计算下列二重积分:

(1) $\iint\limits_{D}(x^2+y^2)\mathrm{d}\sigma$, 其中 $D=\{(x,y)\mid |x|\leqslant 1,|y|\leqslant 1\}$;

(2) $\iint\limits_{D}xy\mathrm{d}\sigma$, 其中 D 是由 $y=x^2+1,y=2x$ 及 $x=0$ 所围成的闭区域;

(3) $\iint\limits_{D}(3x+2y)\mathrm{d}\sigma$, 其中 D 是由 x 轴、y 轴及直线 $x+y=2$ 所围的区域;

(4) $\iint\limits_{D}(x+y)\mathrm{d}\sigma$, 其中 D 是由 $y=x^2$ 与 $y=x$ 所围的区域.

2. 求由坐标轴与直线 $2x+3y=6$ 所围成的三角形均匀薄片的重心.

第四节　数学实验五:用数学软件包求二元函数偏导数和二重积分

一、用 MATLAB 数学软件包求偏导数的格式(表 6-1)

表 6-1

命令形式	功　能
diff(f,'x',n)	求二元函数 $f(x,y)$ 关于 x 的 n 阶导数

【例 6-20】 设函数 $f(x,y)=x\mathrm{e}^{2y}$,求 $\frac{\partial f}{\partial x},\frac{\partial f}{\partial y},\frac{\partial^2 f}{\partial x\partial y}$.

解　程序如下:

```
syms  x,y;    f = x * exp(2 * y); f1 = diff(f,'x')   f2 = diff(f, 'y') f12 = diff(diff(f, 'x'),'y')
```

运行结果:

```
f1 = exp(2 * y)   f2 = 2 * x * exp(2 * y)   f12 = 2 * exp(2 * y).
```

【例 6-21】 求 $z=x^4-8xy+2y^2-3$ 的极值点和极值.

解　(1)用 diff 命令求 z 关于 x,y 的偏导数.

程序如下:

```
syms x,y;   z = x^4 - 8 * x * y^2 - 3; diff(z,x)   diff(z,y)
```

运行结果:ans =4 * x^3 - 8 * y^2.

运行结果:ans = - 8 * x + 4 * y.

(2)利用 solve 命令求函数的驻点.

程序如下:

```
clear; [x,y] = solve('4 * x^3 - 8 * y = 0', '- 8 * x + 4 * y = 0', 'x', 'y')
```

运行结果:x =0   2   -2;y = 0   4   -4

结果有三个驻点,分别是(-2,-4),(0,0),(2,4).

(3)求二阶偏导数.

程序如下:

```
syms x y; z = x^4 - 8 * x * y + 2 * y^2 - 3; A = diff(z,x,2),
B = diff(diff(z,x),y), C = diff(z,y,2)
```

运行结果:A =12 * x^2,B = -8,C =4.

由判别式可知点(-2, -4)与(2,4)都是函数的极小值点,点(0,0)不是极值点.

二、用 MATLAB 数学软件包求二重积分的格式(表6-2)

表6-2

命令形式	功能
dbllquad('f',xmin,xmax,ymin,ymax)	计算二重积分 $\int_{x_{\min}}^{x_{\max}} dx\int_{y_{\min}}^{y_{\max}} f(x,y)dy$,其中 $x_{\min}, x_{\max}, y_{\min}, y_{\max}$ 表示积分限

【例6-22】 计算 $\iint\limits_D xy\mathrm{d}x\mathrm{d}y$, 其中 D 是由直线 $y=2, x=4, x=0, y=0$ 所围成的区域.

解 程序如下:

(1)建立M函数文件

```
Function z = ff(x,y)
z = x * y;
```

(2) I = dblquad('ff',0, 4,0,2)

运行结果:I =16.0000.

【例6-23】 计算 $\int_0^1 \mathrm{d}y\int_0^1 (x^2+y)\mathrm{d}x$.

解 程序如下:

```
syms x y;    a = int(x^2 + y, x, 0, 1); b = int(a,y,0,1)
```

运行结果:b =5/6.

习题6-4

上机完成下列各题:

1. 求 $z=\sin(x^2-2xy)\ln\dfrac{x}{y}$ 的偏导数.

2. 计算下列二次积分:

(1) $\int_0^2 \mathrm{d}y\int_0^1 (x^2+y^2)\mathrm{d}x$;　　(2) $\int_0^1 \mathrm{d}y\int_0^3 x^2y\mathrm{d}x$.

测 试 题 六

1. 填空题

(1)若 $\iint\limits_D \mathrm{d}x\mathrm{d}y=1$, 则平面区域 D 的面积等于________.

(2)设平面区域 D 由 $|x|\leqslant 1$, $|y|\leqslant 1$ 围成,则 $\iint\limits_D \mathrm{d}x\mathrm{d}y$ ________.

(3)判别正负: $\iint\limits_D e^{xy}\mathrm{d}x\mathrm{d}y$ ________.

(4) $\int_0^a x\mathrm{d}x\int_0^a y^2\mathrm{d}y=$ ________.

2. 计算下列二重积分：

（1）$\iint\limits_{D} x\sqrt{y}\,\mathrm{d}x\mathrm{d}y$，其中 D 是由抛物线 $y=\sqrt{x}$ 和 $y=x^2$ 所围成的闭区域；

（2）$\iint\limits_{D} \mathrm{e}^{x+y}\mathrm{d}\sigma$，其中 $D=\{(x,y)\mid 0\leqslant x\leqslant 1,0\leqslant y\leqslant 1\}$；

（3）$\iint\limits_{D} xy\mathrm{d}\sigma$，其中 D 是由曲线 $y=x$ 与 $x=y^2$ 围成的闭区域.

3. 设一密度均匀的平面薄片的密度函数为 $\rho=x^2+y^2$，占有闭区域 D 是由直线 $x+y=2$，$y=x$ 和 $y=0$ 围成，求其质量.

第七章　线性代数及其应用

本章问题引入

引例　如图7-1是某地区的交通网络图,设所有道路均为单行道,且道路两边不能停车.图中箭头标识了交通的方向,标识的数为高峰期每小时进出道路网络的车辆数.设进出道路网络的车辆相同,总数各有800辆,当进入每个十字交叉路口的车辆数等于离开该点的车辆数时,该十字路口的交通流量平衡,此时不出现交通堵塞.求各十字路口的交通流量为多少时,此交通网络交通流量达到平衡.

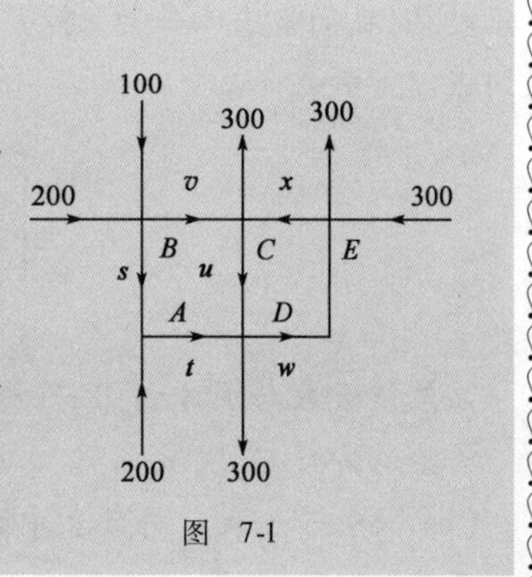

图 7-1

在社会实践及科学研究的各个领域,同一问题中各个量之间的关系常常表现为一种线性关系,从而可以使人们将问题的研究转化为对线性方程组的研究.例如,一个国家将如何分析、预测整个国民经济或各部门经济的资源需求和供给?城市规划部门如何监控道路网络内的交通流量?电气工程师如何计算电路中流经的电流?

在中学,我们讨论了方程个数与未知数的个数相等有唯一一组解的线性方程组的解法.若方程组中方程的个数与未知数的个数不相等时,方程组是否有解?有多少解?如何求解?为了深入讨论一般线性方程组的求解问题,本章我们将引入矩阵等相关知识,进一步讨论一般线性方程组的解的结构,并讨论线性方程组在工程中的具体应用.

第一节　高斯消元法及矩阵

一、高斯消元法

我们知道,将一个方程组实施以下三种变换,方程组的解不变.

(1)将方程组中任意两个方程交换位置;

(2)将某个方程的两边同乘一个不为零的常数;

(3)将某个方程的两边同乘一个不为零的常数再加到另一个方程上去.

下面举例说明用高斯消元法求解线性方程组的方法和步骤.

【例7-1】　用高斯消元法解线性方程组:

$$\begin{cases} 2x_1-3x_2+x_3-x_4=3 \\ 3x_1+x_2+x_3+x_4=0 \\ 4x_1-x_2-x_3-x_4=7 \\ -2x_1-x_2+x_3+x_4=-5 \end{cases}.$$

解 用消元法解线性方程组就是通过以上三种变换设法将方程组中未知数的系数化为零,最好使每个方程中未知数的系数只有一个非零数,这样方程组的解就可以直接求出.因为消元的本质只是改变了方程组中未知数的系数和常数项,未知数本身并没有改变,所以为书写简化起见,我们略去未知数、等号、加号,只将方程组中未知数的系数和常数项按方程组中的位置列成以下数表

$$\begin{pmatrix} 2 & -3 & 1 & -1 & 3 \\ 3 & 1 & 1 & 1 & 0 \\ 4 & -1 & -1 & -1 & 7 \\ -2 & -1 & 1 & 1 & -5 \end{pmatrix}.$$

显然该数表与原方程组一一对应,用消元法求解方程组的过程就是该数表的变化过程.

为验算方便起见,我们引入以下记号:

(1)$r_i \leftrightarrow r_j$——表示将数表中的第 i 行和第 j 行互换,即将方程组中的第 i 个方程和第 j 个方程互换;

(2)kr_i——表示将数表中的第 i 行中的每一个数同乘一个不为零的常数 k,即将方程组中的第 i 个方程的两边同乘一个常数 k;

(3)r_j+kr_i——表示将数表中的第 i 行中的每一个数同乘一个常数 k 再加到第 j 行的对应数上,即将方程组中的第 i 个方程的两边同乘一个常数 k 再加到第 j 个方程上去.

下面对该方程组实施消元求解.

$$\begin{pmatrix} 2 & -3 & 1 & -1 & 3 \\ 3 & 1 & 1 & 1 & 0 \\ 4 & -1 & -1 & -1 & 7 \\ -2 & -1 & 1 & 1 & -5 \end{pmatrix} \xrightarrow{r_1 \leftrightarrow r_2} \begin{pmatrix} 3 & 1 & 1 & 1 & 0 \\ 2 & -3 & 1 & -1 & 3 \\ 4 & -1 & -1 & -1 & 7 \\ -2 & -1 & 1 & 1 & -5 \end{pmatrix}$$

$$\xrightarrow{\frac{1}{7}(r_1+r_3)} \begin{pmatrix} 1 & 0 & 0 & 0 & 1 \\ 2 & -3 & 1 & -1 & 3 \\ 4 & -1 & -1 & -1 & 7 \\ -2 & -1 & 1 & 1 & -5 \end{pmatrix} \xrightarrow[r_4+2r_1]{\substack{r_2-2r_1 \\ r_3-4r_1}} \begin{pmatrix} 1 & 0 & 0 & 0 & 1 \\ 0 & -3 & 1 & -1 & 1 \\ 0 & -1 & -1 & -1 & 3 \\ 0 & -1 & 1 & 1 & -3 \end{pmatrix}$$

$$\xrightarrow{\substack{-r_4 \\ r_2 \leftrightarrow r_4}} \begin{pmatrix} 1 & 0 & 0 & 0 & 1 \\ 0 & 1 & -1 & -1 & 3 \\ 0 & -1 & -1 & -1 & 3 \\ 0 & -3 & 1 & -1 & 1 \end{pmatrix} \xrightarrow{\substack{r_3+r_2 \\ r_4+3r_2}} \begin{pmatrix} 1 & 0 & 0 & 0 & 1 \\ 0 & 1 & -1 & -1 & 3 \\ 0 & 0 & -2 & -2 & 6 \\ 0 & 0 & -2 & -4 & 10 \end{pmatrix}$$

$$\xrightarrow{r_4-r_3} \begin{pmatrix} 1 & 0 & 0 & 0 & 1 \\ 0 & 1 & -1 & -1 & 3 \\ 0 & 0 & -2 & -2 & 6 \\ 0 & 0 & 0 & -2 & 4 \end{pmatrix} \xrightarrow{\substack{-\frac{1}{2}r_3 \\ -\frac{1}{2}r_4}} \begin{pmatrix} 1 & 0 & 0 & 0 & 1 \\ 0 & 1 & -1 & -1 & 3 \\ 0 & 0 & 1 & 1 & -3 \\ 0 & 0 & 0 & 1 & -2 \end{pmatrix}$$

$$\xrightarrow[r_3 - r_4]{r_2 + r_3}\begin{pmatrix}1 & 0 & 0 & 0 & 1\\0 & 1 & 0 & 0 & 0\\0 & 0 & 1 & 0 & -1\\0 & 0 & 0 & 1 & -2\end{pmatrix}.$$

最后一个数表所对应的线性方程组即为原方程组的解

$$\begin{cases}x_1 = 1\\x_2 = 0\\x_3 = -1\\x_4 = -2\end{cases}.$$

【例 7-2】 用消元法解线性方程组

$$\begin{cases}x_1 + 2x_2 + 3x_3 - x_4 = 2\\3x_2 + 2x_2 + x_3 - x_4 = 4\\x_1 - 2x_2 - 5x_3 + x_4 = 0\end{cases}.$$

解 按照[例 7-1]的做法,将方程组所对应的数表作以下变换:

$$\begin{pmatrix}1 & 2 & 3 & -1 & 2\\3 & 2 & 1 & -1 & 4\\1 & -2 & -5 & 1 & 0\end{pmatrix}\xrightarrow[r_3 - r_1]{r_2 - 3r_1}\begin{pmatrix}1 & 2 & 3 & -1 & 2\\0 & -4 & -8 & 2 & -2\\0 & -4 & -8 & 2 & -2\end{pmatrix}$$

$$\xrightarrow{r_3 - r_2}\begin{pmatrix}1 & 2 & 3 & -1 & 2\\0 & -4 & -8 & 2 & -2\\0 & 0 & 0 & 0 & 0\end{pmatrix}\xrightarrow{-\frac{1}{4}r_2}\begin{pmatrix}1 & 2 & 3 & -1 & 2\\0 & 1 & 2 & -\frac{1}{2} & \frac{1}{2}\\0 & 0 & 0 & 0 & 0\end{pmatrix}$$

$$\xrightarrow{r_1 - 2r_2}\begin{pmatrix}1 & 0 & -1 & 0 & 1\\0 & 1 & 2 & -\frac{1}{2} & \frac{1}{2}\\0 & 0 & 0 & 0 & 0\end{pmatrix}$$

最后一个数表所对应的线性方程组为

$$\begin{cases}x_1 - x_3 = 1\\x_2 + 2x_3 - \frac{1}{2}x_4 = \frac{1}{2}\end{cases}.$$

将 x_3, x_4 移到方程组的右端,得

$$\begin{cases}x_1 = 1 + x_3\\x_2 = \frac{1}{2} - 2x_3 + \frac{1}{2}x_4\end{cases}.$$

当 x_3, x_4 任意取定一组实数时,得到线性方程组的一组解,因此该方程组有无穷多组解.因为 x_3, x_4 可以任意取值,所以 x_3, x_4 又称为自由未知量.

令自由未知量 $x_3 = k_1, x_4 = k_2$,则线性方程组的所有解为:

$$\begin{cases} x_1 = 1 + k_1 \\ x_2 = \dfrac{1}{2} - 2k_1 + \dfrac{1}{2}k_2 \\ x_3 = k_1 \\ x_4 = k_2 \end{cases} \quad (\text{其中 } k_1 \text{ 与 } k_2 \text{ 为任意实数}).$$

【例 7-3】 讨论线性方程组$\begin{cases} 2x_1 + x_2 + 3x_3 = 6 \\ 3x_1 + 2x_2 + x_3 = 1 \\ 5x_1 + 3x_2 + 4x_3 = 27 \end{cases}$的解.

解 将方程组所对应的数表作以下变换:

$$\begin{pmatrix} 2 & 1 & 3 & 6 \\ 3 & 2 & 1 & 1 \\ 5 & 3 & 4 & 27 \end{pmatrix} \xrightarrow{r_1 - r_2} \begin{pmatrix} -1 & -1 & 2 & 5 \\ 3 & 2 & 1 & 1 \\ 5 & 3 & 4 & 27 \end{pmatrix}$$

$$\xrightarrow[r_3 + 5r_1]{r_2 + 3r_1} \begin{pmatrix} -1 & -1 & 2 & 5 \\ 0 & -1 & 7 & 16 \\ 0 & -2 & 14 & 52 \end{pmatrix} \xrightarrow{r_3 - 2r_2} \begin{pmatrix} -1 & -1 & 2 & 5 \\ 0 & -1 & 7 & 16 \\ 0 & 0 & 0 & 20 \end{pmatrix}.$$

最后一个数表所对应的线性方程组为

$$\begin{cases} -x_1 - x_2 + 2x_3 = 5 \\ \qquad -x_2 + 7x_3 = 16 \\ \qquad\qquad 0x_3 = 20 \end{cases}.$$

显然,不可能有 x_1, x_2, x_3 的值满足第三个方程,因此该线性方程组无解.

以上求解线性方程组的方法称为高斯消元法.

二、矩阵的概念

1. 矩阵的定义

前面三个例子中的数表均称为矩阵.

定义 7.1 由 $m \times n$ 个数 $a_{ij}(i = 1,2,\cdots,m; j = 1,2,\cdots,n)$ 排成的 m 行 n 列数表

$$\begin{pmatrix} a_{11} & a_{12} & \cdots & a_{1n} \\ a_{21} & a_{aa} & \cdots & a_{2n} \\ \vdots & \vdots & & \vdots \\ a_{m1} & a_{m2} & \cdots & a_{mn} \end{pmatrix}$$

称为 m 行 n 列矩阵,其中 a_{ij} 称为矩阵的第 i 行第 j 列元素,矩阵通常用大写字母 $\boldsymbol{A}$、$\boldsymbol{B}$、$\boldsymbol{C}$…来表示,上面的矩阵可记为 $\boldsymbol{A} = (a_{ij})_{m \times n}$ 或 $\boldsymbol{A}_{m \times n}$.

显然,上述 3 个例子中的数表都是矩阵. 由线性方程组中未知数的系数按照方程组中的位置所组成的矩阵称为系数矩阵,记作 $\boldsymbol{A}$;由未知数按照方程组中的顺序所组成的一列矩阵称为未知矩阵,记作 $\boldsymbol{X}$;由方程组中常数项按照方程组中的顺序所组成的一列矩阵称为常数矩阵,记作 $\boldsymbol{B}$;由方程组中未知数的系数和常数项按照方程组中的位置所组成的矩阵称为增广矩阵,记作 $\tilde{A}$ 或$(\boldsymbol{A},\boldsymbol{B})$.

2. 几种特殊的矩阵

(1)零矩阵——元素全部为零的矩阵,记作 $\boldsymbol{O}$;

(2)行矩阵——只有一行的矩阵；

(3)列矩阵——只有一列的矩阵；

(4)方阵——行数和列数相同的矩阵,方阵的行数(或列数)称为方阵的阶数.

(5)上三角矩阵——主对角线(矩阵中从左上角到右下角的对角线)以下的元素全为零的方阵,即

$$\begin{pmatrix} a_{11} & a_{12} & \cdots & a_{1n} \\ 0 & a_{22} & \cdots & a_{2n} \\ \vdots & \vdots & & \vdots \\ 0 & 0 & \cdots & a_{nn} \end{pmatrix};$$

(6)上三角矩阵——主对角线(矩阵中从左上角到右下角的对角线)以上的元素全为零的方阵,即

$$\begin{pmatrix} a_{11} & 0 & \cdots & 0 \\ a_{21} & a_{22} & \cdots & 0 \\ \vdots & \vdots & & \vdots \\ a_{m1} & a_{m2} & \cdots & a_{mm} \end{pmatrix};$$

(7)单位矩阵——主对角线上的元素都是1,其余元素全为零的矩阵,记作 $\boldsymbol{E}$.

3. 两个矩阵相等的定义

如果矩阵 $\boldsymbol{A}$ 和 $\boldsymbol{B}$ 具有相同的行数 m 和相同的列数 n,则称 $\boldsymbol{A}$ 和 $\boldsymbol{B}$ 是同型矩阵.

定义 7.2 设矩阵 $\boldsymbol{A}$ 和 $\boldsymbol{B}$ 是两个同型矩阵,且对应位置的元素都相等,则称矩阵 $\boldsymbol{A}$ 和 $\boldsymbol{B}$ 相等,记作 $\boldsymbol{A}=\boldsymbol{B}$.

三、矩阵的初等变换

定义 7.3 矩阵的下列变换称为矩阵的初等行变换:

(1)将矩阵的第 i 行和第 j 行互换(记作 $r_i \leftrightarrow r_j$);

(2)将矩阵中的第 i 行中的每一个元素同乘一个常数不为零的常数 k (记作 kr_i);

(3)将数表矩阵中的第 i 行中的每一个元素同乘一个常数 k 再加到第 j 行的对应元素上去(记作 $r_j + kr_i$).

把上述定义中的“行”换成“列”,即得矩阵的初等列变换,初等行变换和初等列变换统称为矩阵的初等变换.

从[例 7-1]、[例 7-2]和[例 7-3]的解题过程不难看出,用高斯消元法求解方程组的过程实际上就是对其增广矩阵实施初等行变换的过程.

定义 7.4 满足下列两个条件的矩阵称为行阶梯形矩阵:

(1)若矩阵有零行(全部元素为零的行),零行全部在矩阵的最下方;

(2)各非零行的第一个非零元的列标随着行标的递增而严格增大.

行阶梯形矩阵中非零行的行数称为矩阵的秩,矩阵 $\boldsymbol{A}$ 的秩记作 $R(\boldsymbol{A})$.

以上例子中的三个矩阵

$$\begin{pmatrix} 1 & 0 & 0 & 0 & 1 \\ 0 & 1 & -1 & -1 & 3 \\ 0 & 0 & -2 & -2 & 6 \\ 0 & 0 & 0 & -2 & 4 \end{pmatrix}, \begin{pmatrix} 1 & 2 & 3 & -1 & 2 \\ 0 & -4 & -8 & 2 & -2 \\ 0 & 0 & 0 & 0 & 0 \end{pmatrix}, \begin{pmatrix} -1 & -1 & 2 & 5 \\ 0 & -1 & 7 & 16 \\ 0 & 0 & 0 & 20 \end{pmatrix}$$

都是行阶梯形矩阵,它们的秩分别为4、2、3.

定理7.1 矩阵的初等行变换不改变矩阵的秩.

定义7.5 满足下列两个条件的行阶梯形矩阵称为行最简阶梯形矩阵:

(1)非零行的第一个非零元为1;

(2)非零行中,所有的第一个非零元所在列的其余元素为零.

以上例子中的矩阵

$$\begin{pmatrix} 1 & 0 & 0 & 0 & 1 \\ 0 & 1 & 0 & 0 & 0 \\ 0 & 0 & 1 & 0 & -1 \\ 0 & 0 & 0 & 1 & -2 \end{pmatrix}, \begin{pmatrix} 1 & 0 & -1 & 0 & 1 \\ 0 & 1 & 2 & -\frac{1}{2} & \frac{1}{2} \\ 0 & 0 & 0 & 0 & 0 \end{pmatrix}$$

都是行最简阶梯形矩阵.

★课堂思考题

1. 矩阵$\begin{pmatrix} -1 & -1 & 2 & 5 \\ 0 & -1 & 7 & 16 \\ 0 & 0 & 0 & 20 \end{pmatrix}$是否是行最简阶梯形矩阵？为什么？

2. 二元方程$x+2y=0$有多少组解？并求其解.

习题7-1

1. 求下列矩阵的秩:

(1)$\begin{pmatrix} 0 & 1 & 0 \\ 1 & 0 & 0 \end{pmatrix}$;　　(2)$\begin{pmatrix} 1 & 2 & -1 \\ 2 & -1 & 3 \\ 5 & 5 & 0 \end{pmatrix}$;

(3)$\begin{pmatrix} 1 & -1 & 1 & 2 \\ 2 & 3 & 3 & 2 \\ 1 & 1 & 2 & 1 \end{pmatrix}$;　　(4)$\begin{pmatrix} 4 & -2 & 1 \\ 1 & 2 & -2 \\ -1 & 8 & -7 \\ 2 & 14 & 13 \end{pmatrix}$.

2. 利用初等行变换将下列矩阵化为行最简阶梯形矩阵:

(1)$\begin{pmatrix} 2 & 3 & -2 \\ 1 & -2 & -1 \\ 0 & 1 & 3 \end{pmatrix}$;　　(2)$\begin{pmatrix} 1 & -2 & 1 & 0 & 4 \\ 2 & -3 & 3 & 2 & 5 \\ -1 & 2 & 0 & 1 & -6 \\ 3 & -5 & 4 & 2 & 9 \end{pmatrix}$.

3. 用高斯消元法解下列方程组:

(1)$\begin{cases} 5x_1+x_2+2x_3=2 \\ 2x_1+x_2+x_3=4 \\ 9x_1+2x_2+5x_3=3 \end{cases}$;　　(2)$\begin{cases} 2x_1-3x_2+x_3+5x_4=6 \\ -3x_1+x_2+2x_3-4x_4=5 \\ -x_1-2x_2+3x_3+x_4=11 \end{cases}$.

第二节　一般线性方程组解的讨论

一、一般线性方程组解的结构

前面介绍了用高斯消元法解线性方程组的方法,通过讨论可知,线性方程组解的情况有三种:唯一解(如[例 7-1])、无穷多组解(如[例 7-2])和无解(如[例 7-3]).总结这三个例子的结论,我们不难发现:[例 7-1]中最后的行最简阶梯形矩阵所对应线性方程组的系数矩阵和增广矩阵的秩相等且等于未知量的个数,所以该方程组有唯一解;[例 7-2]中最后的行最简阶梯形矩阵所对应线性方程组的系数矩阵和增广矩阵的秩相等(都等于 2),而未知量的个数为 4,因而产生了 $4-2$ 个,即 2 个自由未知量,所以该方程组有无穷多组解;[例 7-3]最后的行阶梯形矩阵所对应线性方程组的系数矩阵的秩(等于 2)和增广矩阵的秩(等于 3)不相等,所以该方程组无解.

归纳以上的结论,我们总结出线性方程组是否有解,关键在于其增广矩阵$(\boldsymbol{A},\boldsymbol{B})$化成行阶梯形矩阵后非零行的行数与系数矩阵 $\boldsymbol{A}$ 化成行阶梯形矩阵后非零行的行数是否相等.由上一节矩阵秩的定义和定理可知,一个矩阵经过初等行变换化成行阶梯形矩阵后,其非零行的行数就是该矩阵的秩.所以,线性方程组是否有解,就可以用其系数矩阵和增广矩阵的秩来描述了.为此,我们得到以下定理.

定理 7.2　线性方程组

$$\begin{cases} a_{11}x_1+a_{12}x_2+\cdots+a_{1n}x_n=b_1 \\ a_{21}x_1+a_{22}x_2+\cdots+a_{2n}x_n=b_2 \\ \cdots\cdots \\ a_{m1}x_1+a_{m2}x_2+\cdots+a_{mn}x_n=b_m \end{cases} \tag{7-1}$$

有解的充分必要条件是 $R(\boldsymbol{A},\boldsymbol{B})=R(\boldsymbol{A})$.

(1)当 $R(\boldsymbol{A},\boldsymbol{B})=R(\boldsymbol{A})=n$ 时,方程组(7-1)有唯一解;

(2)当 $R(\boldsymbol{A},\boldsymbol{B})=R(\boldsymbol{A})<n$ 时,方程组(7-1)有无穷多组解.

通过上述的三个例子和定理 7.2,可以总结出用高斯消元法解线性方程组的一般步骤:

(1)通过初等行变换将方程组的增广矩阵化为行最简阶梯形矩阵;

(2)将行最简阶梯形矩阵的第一个非零元所在列的未知量作为基本未知量,假设为 r 个,其余的 $n-r$ 个未知量设为自由未知量;

(3)将自由未知量移到方程组的右端,令它们分别取常数 $k_1,k_2,\cdots,k_{n-r}$,即得线性方程组的所有解.

二、齐次线性方程组解的结构

当方程组(7-1)右端的常数项全为零时,即

$$\begin{cases} a_{11}x_1+a_{12}x_2+\cdots+a_{1n}x_n=0 \\ a_{21}x_1+a_{22}x_2+\cdots+a_{2n}x_n=0 \\ \cdots\cdots \\ a_{m1}x_1+a_{m2}x_2+\cdots+a_{mn}x_n=0 \end{cases} \tag{7-2}$$

称方程组(7-2)为齐次线性方程组.相应地,若方程组(7-1)右端的常数项不全为零时称其为非齐次线性方程组.

显然,$x_1 = x_2 = \cdots x_n = 0$ 是齐次线性方程组(7-2)的一组解,这样的解称为(7-2)的零解.因此,对于齐次线性方程组,主要考虑其是否有非零解.由定理7.2容易得到下面的定理.

定理7.3 齐次线性方程组(7-2)有非零解的充分必要条件是 $R(\boldsymbol{A}) = r < n$.

【例7-4】 判定下列线性方程组是否有解,若有解,有多少组解?

$$(1)\begin{cases} -3x_1 + x_2 + 4x_3 = -1 \\ x_1 + x_2 + x_3 = 0 \\ -2x_1 + 2x_3 = -1 \\ 2x_2 + 4x_3 = -1 \end{cases}; \qquad (2)\begin{cases} x_1 - x_2 + 2x_3 = 0 \\ 2x_1 + 3x_2 - 4x_3 = 0 \\ 4x_1 + x_2 = 0 \\ 5x_1 + 2x_3 = 0 \end{cases};$$

$$(3)\begin{cases} x_1 + 2x_2 - x_3 + 3x_4 = 1 \\ 2x_1 - 3x_2 + x_3 + x_4 = 0 \\ 4x_1 + x_2 - x_3 + 7x_4 = -1 \end{cases}.$$

解 (1)
$$(\boldsymbol{A},\boldsymbol{B}) = \begin{pmatrix} -3 & 1 & 4 & -1 \\ 1 & 1 & 1 & 0 \\ -2 & 0 & 2 & -1 \\ 0 & 2 & 4 & -1 \end{pmatrix} \xrightarrow{r_1 \leftrightarrow r_2} \begin{pmatrix} 1 & 1 & 1 & 0 \\ -3 & 1 & 4 & -1 \\ -2 & 0 & 2 & -1 \\ 0 & 2 & 4 & -1 \end{pmatrix}$$

$$\xrightarrow[r_3+2r_1]{r_2+3r_1} \begin{pmatrix} 1 & 1 & 1 & 0 \\ 0 & 4 & 7 & -1 \\ 0 & 2 & 4 & -1 \\ 0 & 2 & 4 & -1 \end{pmatrix} \xrightarrow{r_2 \leftrightarrow r_3} \begin{pmatrix} 1 & 1 & 1 & 0 \\ 0 & 2 & 4 & -1 \\ 0 & 4 & 7 & -1 \\ 0 & 2 & 4 & -1 \end{pmatrix} \xrightarrow[r_4-r_2]{r_3-2r_2} \begin{pmatrix} 1 & 1 & 1 & 0 \\ 0 & 2 & 4 & -1 \\ 0 & 0 & -1 & 1 \\ 0 & 0 & 0 & 0 \end{pmatrix}.$$

因为 $R(\boldsymbol{A}) = R(\boldsymbol{A},\boldsymbol{B}) = 3$,所以方程组有解,又因为未知数个数 $n=3$,所以原方程组有唯一解.

(2)该方程组为齐次线性方程组,所以只求其系数矩阵的秩就可以了.

$$\boldsymbol{A} = \begin{pmatrix} 1 & -1 & 2 \\ 2 & 3 & -4 \\ 4 & 1 & 0 \\ 5 & 0 & 2 \end{pmatrix} \xrightarrow[r_4-5r_1]{\substack{r_2-2r_1 \\ r_3-4r_1}} \begin{pmatrix} 1 & -1 & 2 \\ 0 & 5 & -8 \\ 0 & 5 & -8 \\ 0 & 5 & -8 \end{pmatrix} \xrightarrow[r_4-r_2]{r_3-r_2} \begin{pmatrix} 1 & -1 & 2 \\ 0 & 5 & -8 \\ 0 & 0 & 0 \\ 0 & 0 & 0 \end{pmatrix}.$$

因为 $R(\boldsymbol{A}) = 2$,而齐次线性方程组中未知数的个数 $n=4$,所以原方程组有无穷多组解.

(3)
$$(\boldsymbol{A},\boldsymbol{B}) = \begin{pmatrix} 1 & 2 & -1 & 3 & 1 \\ 2 & -3 & 1 & 1 & 0 \\ 4 & 1 & -1 & 7 & -1 \end{pmatrix} \xrightarrow[r_3-4r_1]{r_2-2r_1} \begin{pmatrix} 1 & 2 & -1 & 3 & 1 \\ 0 & -7 & 3 & -5 & -2 \\ 0 & -7 & 3 & -5 & -5 \end{pmatrix}$$

$$\xrightarrow{r_3-r_2} \begin{pmatrix} 1 & 2 & -1 & 3 & 1 \\ 0 & -7 & 3 & -5 & -2 \\ 0 & 0 & 0 & 0 & -3 \end{pmatrix}.$$

因为 $R(\boldsymbol{A}) = 2$, $R(\boldsymbol{A},\boldsymbol{B}) = 3$,所以原方程组无解.

【例7-5】 讨论当 a,b 为何值时,方程组

$$\begin{cases} x_1 + 2x_2 + 3x_3 = 6 \\ x_1 - x_2 + 6x_3 = 0 \\ 3x_1 - 2x_2 + ax_3 = b \end{cases}$$

(1)无解;(2)有唯一解,并求其解;(3)有无穷多组解,并求其所有解.

解 $(\boldsymbol{A},\boldsymbol{B})=\begin{pmatrix}1&2&3&6\\1&-1&6&0\\3&-2&a&b\end{pmatrix}\xrightarrow[r_3-3r_1]{r_2-r_1}\begin{pmatrix}1&2&3&6\\0&-3&3&-6\\0&-8&a-9&b-18\end{pmatrix}$

$$\xrightarrow{-\frac{1}{3}r_2}\begin{pmatrix}1&2&3&6\\0&1&-1&2\\0&-8&a-9&b-18\end{pmatrix}\xrightarrow{r_3+8r_2}\begin{pmatrix}1&2&3&6\\0&1&-1&2\\0&0&a-17&b-2\end{pmatrix}.$$

由最后一个矩阵可知:

(1)当 $a=17,b\neq2$ 时,$R(\boldsymbol{A})=2,R(\boldsymbol{A},\boldsymbol{B})=3$,方程组无解.

(2)当 $a\neq17$ 时,$R(\boldsymbol{A})=R(\boldsymbol{A},\boldsymbol{B})=3$,方程组有唯一解、最后一个矩阵所对应的方程组为

$$\begin{cases}x_1+2x_2+3x_3=6\\ x_2-x_3=2\\ (a-17)x_3=b-2\end{cases}$$

由此得方程组的解为:

$$\begin{cases}x_1=2-\dfrac{5(b-2)}{a-17}\\ x_2=2+\dfrac{b-2}{a-17}\\ x_3=\dfrac{b-2}{a-17}\end{cases}.$$

(3)当 $a=17$ 且 $b=2$ 时,$R(\boldsymbol{A})=R(\boldsymbol{A},\boldsymbol{B})=2$,方程组有无穷多组解.此时

$$(\boldsymbol{A},\boldsymbol{B})\longrightarrow\begin{pmatrix}1&2&3&6\\0&1&-1&2\\0&0&0&0\end{pmatrix}\xrightarrow{r_1-2r_2}\begin{pmatrix}1&0&5&2\\0&1&-1&2\\0&0&0&0\end{pmatrix}.$$

由最后一个矩阵可直接得到方程组的所有解:

$$\begin{cases}x_1=2-5k\\ x_2=2+k\\ x_3=k\end{cases}(\text{其中 } k \text{ 为任意实数}).$$

【例 7-6】 求齐次线性方程组$\begin{cases}x_1+2x_2-x_3+2x_4=0\\ 2x_1+4x_2+x_3+x_4=0\\ -x_1-2x_2-2x_3+x_4=0\end{cases}$的所有解.

解 因为方程组的常数项都等于0,所以只需对方程组的系数矩阵 $\boldsymbol{A}$ 作初等行变换:

$$\boldsymbol{A}=\begin{pmatrix}1&2&-1&2\\2&4&1&1\\-1&-2&-2&1\end{pmatrix}\xrightarrow[r_3+r_1]{r_2-2r_1}\begin{pmatrix}1&2&-1&2\\0&0&3&-3\\0&0&-3&3\end{pmatrix}\xrightarrow[\frac{1}{3}r_2]{r_3+r_2}\begin{pmatrix}1&2&-1&2\\0&0&1&-1\\0&0&0&0\end{pmatrix}$$

$$\xrightarrow{r_1+r_2}\begin{pmatrix}1&2&0&1\\0&0&1&-1\\0&0&0&0\end{pmatrix}.$$

因为 $R(\boldsymbol{A})=2<4$，所以方程组有非零解，且有 2 个自由未知量. 由最后一个矩阵可直接得到方程组的所有解：

$$\begin{cases} x_1=-2k_1-k_2 \\ x_2=k_1 \\ x_3=k_2 \\ x_4=k_2 \end{cases} \quad (\text{其中 } k_1 \text{ 与 } k_2 \text{ 为任意常数}).$$

★课堂思考题

1. 对一个线性方程组的增广矩阵实施列初等变换后，是否会改变其解？为什么？

2. 当 k_1、k_2、b_1、b_2 满足什么条件时，线性方程组 $\begin{cases} y=k_1x+b_1 \\ y=k_2x+b_2 \end{cases}$ 无解？有唯一解？有无穷多组解？

习题 7-2

1. 判断下列线性方程组是否有解，若有解，求其所有解.

(1) $\begin{cases} 2x_1-x_2+3x_3=3 \\ 3x_1+x_2-5x_3=0 \\ 4x_1-x_1+x_3=3 \\ x_1+3x_2-13x_3=-6 \end{cases}$；

(2) $\begin{cases} x_1-x_2+x_3-x_4=0 \\ 2x_1-x_2+3x_3-2x_4=-1 \\ 3x_1-2x_2-x_3+2x_4=4 \end{cases}$；

(3) $\begin{cases} x_1-2x_2+3x_3-4x_4=4 \\ x_2-x_3+x_4=-3 \\ x_1+3x_2-3x_4=1 \\ -7x_2+3x_3+x_4=-1 \end{cases}$；

(4) $\begin{cases} x_1-2x_2-3x_3+x_4=1 \\ 2x_1-4x_2-x_3-3x_4+5x_5=-3 \\ -x_1+2x_2+3x_3+x_4+2x_5=3 \end{cases}$.

2. 求下列齐次线性方程组的所有解：

(1) $\begin{cases} x_1-x_2+x_3-x_4=0 \\ x_1-x_2-x_3+x_4=0 \\ x_1-x_2-2x_3+2x_4=0 \end{cases}$；

(2) $\begin{cases} 3x_1+4x_2+x_3+2x_4+3x_5=0 \\ 5x_1+7x_2+x_3+3x_4+4x_5=0 \\ 4x_1+5x_2+2x_3+x_4+5x_5=0 \\ 7x_1+10x_2+x_3+6x_4+5x_5=0 \end{cases}$.

3. 当 p,q 为何值时，非齐次线性方程组

$$\begin{cases} x_1+2x_2+x_3=4 \\ x_1+3x_2+2x_3=5 \\ 2x_1+3x_2+px_3=q \end{cases}$$

(1)无解；(2)有唯一解；(3)有无穷多组解，并求其所有解.

第三节　线性方程组在工程中的应用

一、交通流量问题

【例 7-7】 求解引例.

解　交通网络的交通流量平衡的充要条件是每个十字路口的交通流量平衡，即进入每个

十字路口的车辆数等于离开该十字路口的车辆数.设每小时进入十字路口的未知车辆数如图 7-1所示,根据交通流量平衡条件,可得每个十字路口交通量的平衡条件如下.

路口 A:$200+s=t$;

路口 B:$200+100=s+v$;

路口 C:$v+x=300+u$;

路口 D:$u+t=300+w$;

路口 E:$300+w=200+x$.

由此可得使得交通网络的交通流量平衡的线性方程组:

$$\begin{cases} s-t=-200 \\ s+v=300 \\ -u+v+x=300 \\ t+u-w=300 \\ -w+x=100 \end{cases}.$$

用初等行变换将该方程组的增广矩阵化为行最简阶梯形矩阵:

$$(\boldsymbol{A},\boldsymbol{B})=\begin{pmatrix} 1 & -1 & 0 & 0 & 0 & 0 & -200 \\ 1 & 0 & 0 & 1 & 0 & 0 & 300 \\ 0 & 0 & -1 & 1 & 0 & 1 & 300 \\ 0 & 1 & 1 & 0 & -1 & 0 & 300 \\ 0 & 0 & 0 & 0 & -1 & 1 & 100 \end{pmatrix} \xrightarrow{-r_1+r_2} \begin{pmatrix} 1 & -1 & 0 & 0 & 0 & 0 & -200 \\ 0 & 1 & 0 & 1 & 0 & 0 & 500 \\ 0 & 0 & -1 & 1 & 0 & 1 & 300 \\ 0 & 1 & 1 & 0 & -1 & 0 & 300 \\ 0 & 0 & 0 & 0 & -1 & 1 & 100 \end{pmatrix}$$

(columns: s, t, u, v, w, x)

$$\xrightarrow{-r_2+r_4} \begin{pmatrix} 1 & -1 & 0 & 0 & 0 & 0 & -200 \\ 0 & 1 & 0 & 1 & 0 & 0 & 500 \\ 0 & 0 & -1 & 1 & 0 & 1 & 300 \\ 0 & 0 & 1 & -1 & -1 & 0 & -200 \\ 0 & 0 & 0 & 0 & -1 & 1 & 100 \end{pmatrix} \xrightarrow[r_4+r_5]{-r_3+r_4} \begin{pmatrix} 1 & -1 & 0 & 0 & 0 & 0 & -200 \\ 0 & 1 & 0 & 1 & 0 & 0 & 500 \\ 0 & 0 & -1 & 1 & 0 & 1 & 300 \\ 0 & 0 & 0 & 0 & -1 & 1 & 100 \\ 0 & 0 & 0 & 0 & 0 & 0 & 0 \end{pmatrix}$$

$$\xrightarrow[\substack{-r_3 \\ -r_4}]{r_2+r_1} \begin{pmatrix} 1 & 0 & 0 & 1 & 0 & 0 & 300 \\ 0 & 1 & 0 & 1 & 0 & 0 & 500 \\ 0 & 0 & 1 & -1 & 0 & -1 & -300 \\ 0 & 0 & 0 & 0 & 1 & -1 & -100 \\ 0 & 0 & 0 & 0 & 0 & 0 & 0 \end{pmatrix}.$$

由最后一个矩阵得

$$\begin{cases} s=300-v \\ t=500-v \\ u=-300+v+x \\ w=-100+x \end{cases}.$$

令自由未知量 $v=k_1$,$x=k_2$,则线性方程组的所有解为:

$$\begin{cases} s=300-k_1 \\ t=500-k_1 \\ u=-300+k_1+k_2 \\ v=k_1 \\ w=-100+k_2 \\ x=k_2 \end{cases}$$（其中 k_1 与 k_2 为任意实数）.

因为出入各十字路口的车辆数不能为负数，所以 k_1 和 k_2 必须满足以下条件：

$$0 \leqslant k_1 \leqslant 300 \text{ 且 } k_2 \geqslant 100 \text{ 且 } k_1+k_2 \geqslant 300$$

才能满足实际问题的解. 如取 $k_1=k_2=200$，则得到实际问题的一组解

$$\begin{cases} s=100 \\ t=300 \\ u=100 \\ v=200 \\ w=100 \\ x=200 \end{cases}.$$

二、调运材料问题

【例 7-8】 某工程单位从事几处小规模的县级公路改线工作，需要把大量的精选路基料从地区内现有的料坑中取出运至每一工程单位. 现有料坑 3 个，料坑中可用的精选路基料数分别为 13、16、17 个单位，设有 4 个工程单位，所需精选的路基料分别为 10、8、12、16 个单位，问如何调运才能使料坑中现有的精选路基料满足工程单位的需要.

解 由题意可知，3 个料坑中的精选路基料总数等于 4 个工程单位所需要的精选路基料总数. 设从第 i 个料坑运到第 j 个工程单位的精选路基料数为 $x_{ij}(i=1,2,3;j=1,2,3,4)$，由已知条件可得以下线性方程组：

$$\begin{cases} x_{11}+x_{12}+x_{13}+x_{14}=13 \\ x_{21}+x_{22}+x_{23}+x_{24}=16 \\ x_{31}+x_{32}+x_{33}+x_{34}=17 \\ x_{11}+x_{21}+x_{31}=10 \\ x_{12}+x_{22}+x_{32}=8 \\ x_{13}+x_{23}+x_{33}=12 \\ x_{14}+x_{24}+x_{34}=16 \end{cases}.$$

用初等行变换将该方程组的增广矩阵化为行最简阶梯形矩阵：

$$
(\boldsymbol{A},\boldsymbol{B})=\begin{array}{c}
\begin{array}{cccccccccccc} x_{11} & x_{12} & x_{13} & x_{14} & x_{21} & x_{22} & x_{23} & x_{24} & x_{31} & x_{32} & x_{33} & x_{34} \end{array} \\
\begin{pmatrix}
1 & 1 & 1 & 1 & 0 & 0 & 0 & 0 & 0 & 0 & 0 & 0 & 13 \\
0 & 0 & 0 & 0 & 1 & 1 & 1 & 1 & 0 & 0 & 0 & 0 & 16 \\
0 & 0 & 0 & 0 & 0 & 0 & 0 & 0 & 1 & 1 & 1 & 1 & 17 \\
1 & 0 & 0 & 0 & 1 & 0 & 0 & 0 & 1 & 0 & 0 & 0 & 10 \\
0 & 1 & 0 & 0 & 0 & 1 & 0 & 0 & 0 & 1 & 0 & 0 & 8 \\
0 & 0 & 1 & 0 & 0 & 0 & 1 & 0 & 0 & 0 & 1 & 0 & 12 \\
0 & 0 & 0 & 1 & 0 & 0 & 0 & 1 & 0 & 0 & 0 & 1 & 16
\end{pmatrix}
\end{array}
$$

$$
\xrightarrow[r_1-(r_4+r_5+r_6+r_7)]{r_1+r_2+r_3} =
$$

将上面矩阵的第 4、5、6、7、2、3、1 行依次调换为第 1、2、3、4、5、6、7 行，则有

$$
(\boldsymbol{A},\boldsymbol{B})\rightarrow\begin{pmatrix}
1 & 0 & 0 & 0 & 1 & 0 & 0 & 0 & 1 & 0 & 0 & 0 & 10 \\
0 & 1 & 0 & 0 & 0 & 1 & 0 & 0 & 0 & 1 & 0 & 0 & 8 \\
0 & 0 & 1 & 0 & 0 & 0 & 1 & 0 & 0 & 0 & 1 & 0 & 12 \\
0 & 0 & 0 & 1 & 0 & 0 & 0 & 1 & 0 & 0 & 0 & 1 & 16 \\
0 & 0 & 0 & 0 & 1 & 1 & 1 & 1 & 0 & 0 & 0 & 0 & 16 \\
0 & 0 & 0 & 0 & 0 & 0 & 0 & 0 & 1 & 1 & 1 & 1 & 17 \\
0 & 0 & 0 & 0 & 0 & 0 & 0 & 0 & 0 & 0 & 0 & 0 & 0
\end{pmatrix}
$$

$$
\xrightarrow[r_1-r_6]{r_1-r_5}\begin{pmatrix}
1 & 0 & 0 & 0 & 0 & -1 & -1 & -1 & 0 & -1 & -1 & -1 & -23 \\
0 & 1 & 0 & 0 & 0 & 1 & 0 & 0 & 0 & 1 & 0 & 0 & 8 \\
0 & 0 & 1 & 0 & 0 & 0 & 1 & 0 & 0 & 0 & 1 & 0 & 12 \\
0 & 0 & 0 & 1 & 0 & 0 & 0 & 1 & 0 & 0 & 0 & 1 & 16 \\
0 & 0 & 0 & 0 & 1 & 1 & 1 & 1 & 0 & 0 & 0 & 0 & 16 \\
0 & 0 & 0 & 0 & 0 & 0 & 0 & 0 & 1 & 1 & 1 & 1 & 17 \\
0 & 0 & 0 & 0 & 0 & 0 & 0 & 0 & 0 & 0 & 0 & 0 & 0
\end{pmatrix}.
$$

令自由未知量

$$
x_{22}=k_1,x_{23}=k_2,x_{24}=k_3,x_{32}=k_4,x_{33}=k_5,x_{34}=k_6
$$

则线性方程组的所有解为

$$
\begin{cases}
x_{11}=-23+k_1+k_2+k_3+k_4+k_5+k_6 \\
x_{12}=12-k_1-k_4 \\
x_{13}=12-k_2-k_5 \\
x_{14}=16-k_3-k_6 \\
x_{21}=16-k_1-k_2-k_3 \\
x_{22}=k_1 \\
x_{23}=k_2 \\
x_{24}=k_3 \\
x_{31}=17-k_4-k_5-k_6 \\
x_{32}=k_4 \\
x_{33}=k_5 \\
x_{34}=k_6
\end{cases}
$$

其中，k_1,k_2,k_3,k_4,k_5,k_6 为任意实数.

★课堂思考题

在本节[例 7-8]中,思考以下两个问题:

(1)若令自由未知量 $k_1 = k_2 = k_3 = k_4 = k_5 = k_6 = 0$,则可得线性方程组的一组解,此时对应地得到一个调运方案(调运矩阵),见表 7-1.

表 7-1

料坑 \ 工程单位	1	2	3	4
1	-23	8	12	16
2	16	0	0	0
3	17	0	0	0

此调运方案与实际情况是否相符?

(2)如何给出符合实际情况的一个调运方案?

第四节　数学实验六:用数学软件包解线性方程组

用 MATLAB 解线性方程组的格式如表 7-2 所示。

表 7-2

命令形式	功　能
rref(A)	对于线性方程组 $Ax = b$,利用指令 rref(A)可以方便地求得线性方程组系数,增广矩阵阶梯形的行最简形式,并写出线性方程组的通解

【例 7-9】 求矩阵 $\begin{pmatrix} 4 & 1 & 2 & 4 \\ 1 & 2 & 0 & 2 \\ 10 & 5 & 2 & 0 \\ 0 & 1 & 1 & 7 \end{pmatrix}$ 的秩与行最简型.

解 程序如下:

A =[4 1 2 4;1 2 0 2;10 5 2 0;0 1 1 7];　rref(A)

运行结果:ans = 1　0　0　-2,0　1　0　2,0　0　1　5,
0　0　0　0

rank(A)

运行结果:ans =3.

【例 7-10】 求线性方程组 $\begin{cases} x_1 + x_2 + x_3 + x_4 = 5 \\ x_1 + 2x_2 - x_3 + 4x_4 = -2 \\ 2x_1 - 3x_2 - x_3 - 5x_4 = -2 \\ 3x_1 + x_2 + 2x_3 + 11x_4 = 0 \end{cases}$ 的解.

解 程序如下:

A =[1 1 1 1;1 2 -1 4;2 -3 -1 -5;3 1 2 11];

b =[5; -2 ; -2 ;0];　x = inv(A) * b

运行结果:x =1.0000　2.0000　3.0000　-1.0000

$x_1=1, x_2=2, x_3=3, x_4=-1$.

【例 7-11】 求线性方程组$\begin{cases}4x_1+2x_2-x_3=2\\3x_1-x_2+2x_3=2\\11x_1+x_3=8\end{cases}$的解.

解 程序如下:

```
A=[4 2 -1 ;3 -1 2;11 3 0];  b=[2 ;10;8];  B=([A,b]);
format rat
R=rref(B)
```

运行结果:

```
R=1      0      3/10      0
  0      1     -11/10     0
  0      0      0         1
```

结果分析:$R(\boldsymbol{A})=2$, $R(\boldsymbol{B})=3$, 故方程无解.

习题 7-4

上机完成下列运算:

1. 求齐次线性方程组$\begin{cases}-6x_1+2x_2+3x_3=0\\3x_1-6x_2+2x_3=0\\3x_1+8x_2-6x_3=0\end{cases}$的通解.

2. 求非齐次线性方程组$\begin{cases}x_1-3x_2+3x_3+x_4+2x_5=-2\\3x_1-x_2+5x_3+3x_4+4x_5=12\\x_1+x_2+x_3+x_4+x_5=7\\2x_1+6x_2+x_3+2x_4=23\end{cases}$的解.

测 试 题 七

1. 填空题

(1)矩阵$\begin{pmatrix}0&1&-1&2\\0&0&3&4\\1&2&-2&3\end{pmatrix}$的秩为________;

(2)方程 $x+y=0$ 的所有解为________;

(3)方程 $x_1+x_2-x_3=2$ 的所有解为________;

(4)增广矩阵$\begin{pmatrix}1&-1&2&3&0\\2&3&-2&1&5\\3&-2&-3&4&-6\end{pmatrix}$对应的线性方程组为________;

(5)当含有 5 个未知量线性方程组的系数矩阵和增广矩阵的秩都等于 3 时,该线性方程组中自由未知量的个数为________.

2. 求下列线性方程组的所有解:

(1) $\begin{cases} x_1 - x_2 - x_3 + x_4 = 0 \\ x_1 - x_2 + x_3 - 2x_4 = 0 \\ x_1 - x_2 + 3x_3 - 5x_4 = 0 \end{cases}$; (2) $\begin{cases} x_1 - x_2 + 2x_3 + 2x_4 = 1 \\ 2x_1 + x_2 + 4x_3 + x_4 = 5 \\ x_1 + 2x_2 + 2x_3 - x_4 = 4 \end{cases}$.

3. 当 λ 取何值时,非齐次线性方程组 $\begin{cases} x_1 - 2x_2 + x_3 = 1 \\ 2x_1 + x_2 - 3x_3 = \lambda \\ 4x_1 - 3x_2 - x_3 = \lambda^2 \end{cases}$ 有解,并求其所有解.

4. 当 p,q 为何值时,非齐次线性方程组 $\begin{cases} x_1 + 2x_2 + 3x_3 = 6 \\ 2x_1 + 3x_2 + x_3 = -1 \\ x_1 + x_2 + px_3 = -7 \\ 3x_1 + 5x_2 + 4x_3 = q \end{cases}$

(1)无解;(2)有唯一解;(3)有无穷多解,并求其所有解.

第八章　概率统计初步

本章问题引入

引例　某超市现有一批商品急需处理，超市老板设计了有奖销售方案，在一个盒子里放有20个相同的小球，其中10个小球上标有"10分"字样，另外10个小球上标有"5分"字样，每位顾客从中任取10个球，这10个球的分值之和为中奖分值，具体获奖情况如表8-1所示．

超市有奖销售情况表　　表8-1

获奖等级	中奖分值	中奖商品名称	商品成本价
一等奖	100分	冰箱1台	2500元
二等奖	50分	电视机1台	1000元
三等奖	95分	电饭煲1个	178元
四等奖	55分	洗发液4瓶	88元
五等奖	60分	洗发液2瓶	44元
六等奖	65分	毛巾1块	8元
七等奖	70分	洗衣粉1袋	5元
八等奖	85分	香皂1块	3元
九等奖	90分	牙刷1把	2元
十等奖	75分或80分	洗发液1瓶	收取成本价22元

求顾客参加一次抽奖活动的平均获奖金额．

随着科学技术的发展和计算机技术的普及，概率统计已被广泛应用于工业、国防、国民经济和工程技术等领域，与我们的生活息息相关．概率论是研究随机现象规律性的数学学科，其主要研究内容是事件及其概率、随机变量及其概率分布和数字特征等．

第一节　随机事件的概率

一、随机事件

在客观世界中，人们观察到的各种各样现象可归结为两大类：一类称为确定性现象，即在一定条件下必然会发生的现象．例如，在标准大气压下水加热到100℃时必然会沸腾；在常温下，铁一定不能熔化．另一类称为随机现象，即在一定条件下可能发生也可能不发生的现象．例如，向上投掷一枚硬币，可能正面向上，也可能反面向上；购买彩票，可能中奖，也可能没有中奖.

随机现象具有不确定性,但在相同的条件下,对随机现象进行大量观察,其可能出现的结果会呈现统计规律性.掷一枚质地均匀的硬币出现正面或反面是不确定的,但当投掷次数很多时,就会发现出现正面和反面的次数几乎相等.概率论与数理统计就是研究随机现象统计规律性的一门学科.

对随机现象的一次观察(或测量)称为一次随机试验,简称试验.例如,掷一枚硬币就是一次随机试验;新产品上市,观察其畅销还是滞销也是一次随机试验.

下面是一些随机试验的例子.

【例 8-1】 掷一枚骰子,观察其出现的点数.

【例 8-2】 甲乙两个人下象棋,观察其结果.

【例 8-3】 观察某交叉路口某个时段机动车的流量.

【例 8-4】 试验某种材料的强度,观察其结果.

随机试验的每一个可能的结果称为这个试验的随机事件,简称事件,通常用 A、B、C…表示.在[例 8-1]中,"出现的点数为奇数"是随机事件;在[例 8-3]中,"机动车流量为偶数"是随机事件等.

事件有简单的,也有复杂的.称不能再分解的事件为基本事件.在[例 8-1]中,令 ω_i 表示"出现 i 点"($i=1,2,3,\cdots,6$),则 $\omega_i(i=1,2,3,\cdots,6)$ 都是基本事件.在[例 8-3]中,令 ω_i 表示"出现 i 辆机动车"($i=0,1,2,3,\cdots$),则 $\omega_i(i=0,1,2,3,\cdots)$ 都是基本事件.

每次试验中必然会发生的事件称为必然事件,记作 Ω.相反地,每次试验都不会发生的事件称为不可能事件,记作 $\varnothing$.在[例 8-1]中,"出现的点数在 1 ~ 6 之间"是必然事件 Ω,显然 $\Omega=\{\omega_1,\omega_2,\cdots,\omega_6\}$,同理,在[例 8-3]中,$\Omega=\{\omega_1,\omega_2,\cdots\}$.

显然,不可能事件 $\varnothing$ 不含任何基本事件.必然事件和不可能事件是随机事件的特例,它们所反映的现象是确定性现象,不具有随机性.

事件可以是数量性质的,即试验结果可直接由测量或计算而得,如荷载值、材料强度、江河水位及降雨量等;也可以是属性性质的,如产品抽样的"合格"或"不合格",天气的"晴""雨""多云"等.有时为了研究方便,常予以数值化.

二、事件的关系及运算

1. 事件的关系

在研究随机现象时,我们注意到同一个试验可以有很多随机事件,其中有的较简单,有的比较复杂.为了能从较简单事件的规律中寻求较复杂事件的规律,我们需要研究同一个试验的各种事件之间的关系和运算,并希望能用已知的事件表示未知的事件.

(1)事件的包含与相等

如果事件 A 发生必然导致事件 B 发生,则称 B 包含 A,或者说 A 包含于 B,记作 $A\subset B$ 或 $B\subset A$.

显然,对于任意事件 A,总有 $\varnothing\subset A\subset\Omega$.

在[例 8-2]中,设 A 表示"甲不输",B 表示"甲赢",则 $B\subset A$.

对于事件 A 与 B,如果 $A\subset B$ 和 $B\subset A$ 同时成立,则称事件 A 与事件 B 相等,记作 $A=B$.

(2)事件的并(和)

事件 A 与 B 中至少发生一个的事件称为 A 与 B 的并(或和),记作 $A\cup B$,即 $A\cup B=$"A 发

生或 B 发生" ="A 与 B 中至少发生一个".

在[例 8-2]中,设 A 表示"甲赢",B 表示"和棋",则 $A\cup B$ 表示"甲不输".

类似地,有

$A_1\cup A_2\cup\cdots\cup A_n=\{A_1$ 发生或 A_2 发生……或 A_n 发生$\}=\{A_1,A_2,\cdots,A_n$ 至少发生一个$\}$.

(3)事件的交(积)

事件 A 与 B 同时发生的事件称为事件 A 和 B 的交(积),记作 $A\cap B$ 或 AB,即

$$A\cap B=\{A\text{ 和 }B\text{ 同时发生}\}.$$

在[例 8-2]中,设 A 表示"甲不输",B 表示"乙不输",则 $A\cap B$ 表示"和棋".

类似地,有

$$A_1A_2\cdots A_n=\{A_1,A_2,\cdots,A_n\text{ 同时发生}\}.$$

(4)事件的差

事件 A 发生而 B 不发生的事件称为事件 A 与 B 的差,记作 $A-B$,即 $A-B$ ="A 发生而 B 不发生".

在[例 8-2]中,设 A 表示"甲不输",B 表示"甲赢",则 $A-B$ = 表示"和棋".

(5)事件的互不相容(互斥)

在一次试验中,若事件 A 与 B 不能同时发生,则称事件 A 与 B 互斥(或互不相容).

在[例 8-2]中,设 A 表示"甲赢",B 表示"乙赢",则事件 A 与 B 互斥.

根据事件的交与不可能事件的定义可知,事件 A 与 B 互斥的充分必要条件是 $AB=\varnothing$.

(6)对立事件(互逆事件)

若事件 A 与 B 满足 $A\cup B=\Omega,A\cap B=\varnothing$,则称 A、B 互为对立事件,记作 $B=\overline{A}$.

在[例 8-2]中,设 A 表示"甲不输",B 表示"乙赢",则事件 A 与 B 互为对立事件.

由对立事件的定义可知,对立事件一定是互斥事件;反之,互斥事件不一定是对立事件.

2. 事件的运算法则

(1)交换律:$A\cup B=B\cup A,A\cap B=B\cap A$;

(2)结合律:$A\cup(B\cup C)=(A\cup B)\cup C,A\cap(B\cap C)=(A\cap B)\cap C$;

(3)分配律:$A\cup(B\cap C)=(A\cup B)\cap(A\cup C),A\cap(B\cup C)=(A\cap B)\cup(A\cap C)$;

(4)对偶律:$\overline{A\cup B}=\overline{A}\cap\overline{B},\overline{A\cap B}=\overline{A}\cup\overline{B}$.

此外,还有

$$\overline{\overline{A}}=A,\overline{A}\cup A=\Omega,\overline{A}\cdot A=\varnothing,A-B=A\overline{B}=A-AB,$$

$$A\cup B=A\cup(B-A).$$

因为事件是必然事件的子集,因此可以用集合论中的文氏图来表示事件之间的关系. 将必然事件 Ω 画成一个方框,各事件为方框内的图形. 每次试验可理解为向方框 Ω 内随机地投入一个点,如果此点落在图形 A 中,表明事件 A 发生,所以,事件之间的各种关系可用集合论中的文氏图表示,见图 8-1.

三、随机事件的概率

在每次试验中,一个事件可能发生也可能不发生,这反映了事件具有"随机"的属性. 但长期实践告诉我们,事件出现可能性的大小则是事件本身所具有的一种确定属性. 不同的事件,它出现的可能性大小也有差别,这样就需要用一个数值把事件出现的可能性大小表示出来,我们称这个数值为事件的概率.

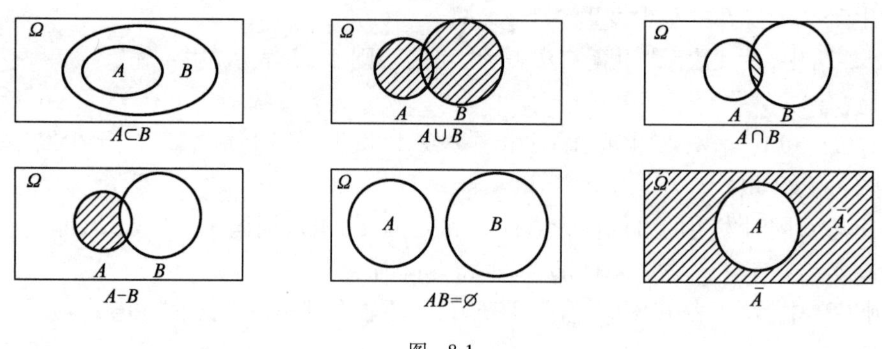

图 8-1

1. 概率的统计定义

定义 8.1 若在 n 次重复试验中，事件 A 出现了 n_A 次，则称 $f_n(A)=\dfrac{n_A}{n}$ 为事件 A 在 n 次试验中出现的频率，称 n_A 为事件 A 在 n 次试验中出现的频数.

对于随机事件 A，当试验次数 n 较少时，根据试验次数的不同，其发生的频率有明显的差异. 但当试验次数 n 充分大时，事件 A 出现的频率 $f_n(A)$ 会逐渐稳定在某个常数 p 的附近，则称 p 为事件 A 的概率，记作 $P(A)$. 即

$$P(A)=p.$$

历史上，蒲丰曾做过投掷一枚均匀硬币的试验，他投掷了 4 040 次，“正面向上”（记为 A）出现了 2 048 次；皮尔逊做了相同的试验，他投掷了 24 000 次，A 出现了 12 012 次. 频率 $f_n(A)$ 分别为 0.506 9 和 0.500 5；而且他们发现，随着试验次数是增大，$f_n(A)$ 总是稳定在 0.5 附近，即 $P(A)=0.5$.

事实上，投掷一枚质地均匀的硬币，出现正面和出现反面的可能性是相同的，所以其概率都是 0.5.

由概率的统计定义，可得概率满足以下性质：

性质 1 对于任一事件 A，有 $0\leqslant P(A)\leqslant 1$；

性质 2 $P(\Omega)=1, P(\varnothing)=0$；

性质 3 若 A 与 B 互斥，则 $P(A\cup B)=P(A)+P(B)$；

推论 若 $A_1, A_2, \cdots, A_n$ 两两互斥，则 $P(A_1\cup A_2\cup\cdots\cup A_n)=P(A_1)+P(A_2)+\cdots+P(A_n)$；

性质 4 $P(A)=1-P(\overline{A})$.

2. 概率的古典定义（古典概率模型简称古典概型）

对于某些随机事件，不需要通过大量的重复试验去确定其概率，而是通过研究其内在规律确定它的概率. 例如，“投掷硬币”和“掷骰子”等试验具有以下共同特点：

(1) 有限性：试验的基本事件个数是有限的（如“投掷硬币”产生 2 个基本事件，“掷骰子”产生 6 个基本事件）.

(2) 等可能性：在每次试验中，各基本事件出现的可能性相同（如“投掷硬币”出现“正面向上”和“正面向下”的可能性都是 0.5，“掷骰子”出现“1 点”到“6 点”的可能性都是 $\dfrac{1}{6}$）.

称满足以上特点的试验模型为古典概型.

定义 8.2 在古典概型中，若基本事件总数为 n，事件 A 包含 m 个基本事件，则事件 A 的概率为

$$P(A)=\frac{A\text{中包含的基本事件数}}{\text{基本事件总数}}=\frac{m}{n} \tag{8-1}$$

【例8-5】 (随机取数问题)从0,1,2,…,9共10个数中任取一个,假定每个数字被取中的概率相同,取后放回,先后取出7个数字,试求下列事件的概率:

(1)A_1:"7个数字互不相同";

(2)A_2:"不含2和8";

(3)A_3:"恰含有两个8".

解 从0,1,2,…,9共10个数中有放回地取出7次,每次都有10种可能,故样本空间的基本事件总数为 $n=10^7$.

(1)7个数互不相同,故第1次有10种选择,第2次有9种选择,……,第7次有4种选择,即 $n_{A_1}=10\times9\times8\times7\times6\times5\times4=604\ 800$,于是

$$P(A_1)=\frac{604\ 800}{10^7}=0.060\ 48.$$

(2)当 A_2 发生时,每次只能取0,1,2,…,9中任意一个数字,每次都有8种可能,重复取7次,故 $n_{A_2}=8^7$,于是

$$P(A_2)=\frac{8^7}{10^7}\approx0.209\ 7.$$

(3)当 A_3 发生时,恰会出现8的两次可以是7次中的任意两次,而其他5次,可以取除8以外的其余9个数字中的任意一个,故 $n_{A_3}=C_7^2\cdot9^5=21$,于是

$$P(A_3)=\frac{21}{10^7}\approx0.124.$$

从古典概率定义可知,概率具有以下三个性质:

(1)对任意事件 A,有 $0\leqslant P(A)\leqslant1$;

(2)$P(\Omega)=1,P(\varnothing)=0$;

(3)设事件 A,B 互斥,则有 $P(A+B)=P(A)+P(B)$.

这个性质推到有限的情况,即 $A_1,A_2,\cdots,A_n$ 两两互斥,则 $P(\sum_{i=1}^{n}A_i)=\sum_{i=1}^{n}P(A_i)$.

显然,对立事件的概率之和等于1.即 $P(A)+P(\bar{A})=1$.

【例8-6】 用4个螺栓将牛腿连于钢柱上来承受拉力,现有50个螺栓,已知其中混有5个强度较弱的,如取的4个螺栓中有两个或两个以上是强度较弱的,则牛腿承载力不够.问取出的4个螺栓使牛腿有足够承载力的概率是多少?

解 设 $A=\{$牛腿有足够的承载力$\}$,$B_i=\{$取的4个螺栓中恰有 i 个强度较弱$\}(i=0,1)$,显然 B_0,B_1 互斥,且 $A=B_0\cup B_1$,又因从50个螺栓中任取4个的取法有 C_{50}^4 种,其中,B_0 包含的基本事件数为 $C_{45}^4\cdot C_5^0$,B_1 包含的基本事件数为 $C_{45}^4\cdot C_5^1$,则牛腿有足够承载力的概率为

$$P(A)=P(B_0\cup B_1)=P(B_0)+P(B_1)=\frac{C_{45}^4\cdot C_5^0}{C_{50}^4}+\frac{C_{45}^3\cdot C_5^1}{C_{50}^4}=0.955.$$

【例8-7】 某施工工地进来300根钢筋,其中有7根为次品,浇筑混凝土梁,每根梁用3根受力筋.试求:(1)梁中受力筋均为次品的概率;(2)梁中至少有1根钢筋为次品的概率.

解 (1)设 $A=\{$梁中的3根钢筋均为次品$\}$,因从300根钢筋中任选3根的选法共有 C_{300}^3 种,而包含 A 的选法有 C_7^3 种,则梁中受力筋均为次品的概率为

$$P(A)=\frac{C_7^3}{C_{300}^3}=7.856\times10^{-6}.$$

可见,同一梁中的钢筋全为次品的事件几乎是不可能发生的事件.

(2)设 $B=\{$梁中至少有1根钢筋为次品$\}$,则$\overline{B}=\{$梁中的钢筋不为次品$\}$,于是所求的概率为

$$P(B)=1-P(\overline{B})=1-\frac{C_{300-7}^3}{C_{300}^3}=1-\frac{293\times292\times291}{300\times299\times298}=0.068\ 6.$$

★课堂思考题

1. 事件 A 与 B 互斥和事件 A 与 B 对立有何关系?

2. 从一批产品中随机抽取10件进行质量检验,发现其中有1件是次品,能否就此认定这批产品的次品率为10%?

习题 8-1

1. 写出下列随机事件所包含的基本事件个数:

(1)10件产品中有一件是不合格品,从中任取2件有1件不合格品;

(2)一袋中有2个白球、3个黑球、4个红球,从中任取一球. ①得白球;②得红球.

2. 在某专业的学生中任选一名学生,令事件 A 表示被选学生是男生,事件 B 表示该生是二年级学生,事件 C 表示该生是运动员,试叙述下列事件的意义.

(1)$AB\overline{C}$;(2)$C\subset B$.

3. 某混凝土预制构件厂生产制品的合格率为95%,若在1 000件中任取3件进行试验,求取得正品的概率.

4. 在做钢筋混凝土构件以前,通过拉伸试验抽样检查钢筋的强度指标,今有一组钢筋100根,次品率为2%,任取3根做拉伸试验,如果3根都是合格品的概率大于0.95时,认为这组钢筋可以用于做构件,否则作为废品处理. 问这组钢筋能否用于做构件.

5. 一个盒子中装有6只晶体管,其中有2只是次品,现连取2次,每次随机取1只(取后不放回),求下列事件的概率:

(1)2只都是正品;

(2)1只正品,1只次品;

(3)至少有1只是正品.

第二节　条件概率与事件的独立性

一、加法公式

对于任意两个事件 A,B,有

$$P(A\cup B)=P(A)+P(B)-P(AB) \tag{8-2}$$

当 A 与 B 互斥时,$AB=\varnothing$,$P(AB)=0$,则 $P(A\cup B)=P(A)+P(B)$,所以概率的性质3是概率加法公式的特殊情况.

【例8-8】 设 a、b 是串联线路的两个元件,元件 a 发生故障的概率为0.09,元件 b 发生故

障的概率为0.06，元件a、b同时发生故障的概率为0.04，求线路中断的概率.

解 设A表示"元件a发生故障"，B表示"元件b发生故障"，则AB表示"元件a、b同时发生故障"，$A\cup B$表示"元件a或b至少有一个发生故障(即线路中断)"，由公式(8-2)，得

$$P(A\cup B)=P(A)+P(B)-P(AB)=0.09+0.06-0.04=0.11.$$

二、乘法公式

在实际问题中，经常需要知道在"事件B已发生"的条件下，事件A发生的概率，称这种概率为条件概率，记作$P(A|B)$.

【例8-9】 甲、乙两车间生产同一产品100件，其中甲生产的60件产品中有5件次品，乙生产的40件产品中有2件次品.现从100件产品中任取一件，设A表示"取得合格品"，B表示"取得甲车间的产品"，求$P(A)$，$P(B)$，$P(AB)$，$P(A|B)$，$P(B|A)$.

解 由公式(8-1)，得

$$P(A)=\frac{93}{100},P(B)=\frac{60}{100},P(AB)=\frac{55}{100}.$$

$A|B$表示"已知取得是甲车间产品的条件下是合格品"，这时总的基本事件数就是甲车间的产品总数60件，在取得是甲车间产品的条件下，又是合格品的总数为55件，则

$$P(A|B)=\frac{55}{60}.$$

同理可得，$P(B|A)=\frac{55}{93}$.

显然，

$$P(A|B)=\frac{55}{60}=\frac{\frac{55}{100}}{\frac{60}{100}}=\frac{P(AB)}{P(B)},P(B|A)=\frac{55}{93}=\frac{\frac{55}{100}}{\frac{93}{100}}=\frac{P(AB)}{P(A)},$$

将上述两个式子的两端分别同乘$P(B)$和$P(A)$，得

$$P(AB)=P(B)P(A|B)=P(A)P(B|A) \tag{8-3}$$

称公式(8-3)为概率的乘法公式.

概率的乘法公式可推广到有限多个事件的情形.例如，对于三个事件A_1,A_2,A_3，有

$$P(A_1A_2A_3)=P(A_1)P(A_2|A_1)P(A_3|A_1A_2).$$

【例8-10】 100个零件中有5件次品，每次从中任取1件，取后不放回，连取三次，求第3次才取到次品的概率.

解 设A表示"第3次才取到次品"，A_i表示"第i次取到的零件是正品"$(i=1,2,3)$，则$A=A_1A_2\overline{A_3}$，由概率的乘法公式得

$$P(A)=P(A_1A_2\overline{A_3})=P(A_1)P(A_2|A_1)P(\overline{A_3}|A_1A_2)=\frac{95}{100}\cdot\frac{94}{99}\cdot\frac{5}{97}\approx0.046.$$

三、事件的独立性

定义8.3 如果两个事件A,B中任何一个事件的发生不影响另一事件的概率，即

$$P(A|B)=P(A)\text{或}P(B|A)=P(B)$$

则称事件A与B是相互独立的.

由事件独立性的定义和概率的乘法公式,可得以下结论:

定理 8.1 两个事件 A,B 是相互独立的充分必要条件是 $P(AB)=P(A)P(B)$.

在实际应用中,一般不借助上述定义或定理验证事件的独立性,往往根据问题的实际意义或经验加以判断.

上述结论可以推广到有限多个独立事件中. 若 $A_1,A_2,\cdots,A_n$ 是独立的,则

$$P(A_1A_2\cdots A_n)=P(A_1)P(A_2)\cdots P(A_n).$$

定理 8.2 若 A 与 B 是独立事件,则 A 与 $\overline{B}$,$\overline{A}$ 与 B,$\overline{A}$ 与 $\overline{B}$ 也是独立的.

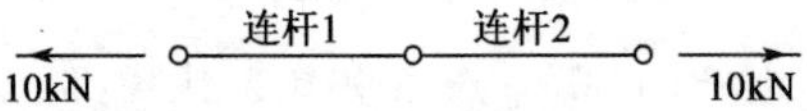

10kN 连杆1 连杆2 10kN

图 8-2

【例 8-11】 以由两连杆组成的链条系统为例(图 8-2),如所施加的力为 10kN,显然,当连杆强度低于 10kN 时,链条中任一根连杆将遭到破坏. 设任一连杆发生破坏的概率是 0.05,问链条的破坏概率是多少?

解 以 A 和 B 分别表示连杆 1 和连杆 2 被破坏,则链条破坏为 $A\cup B$,由公式(8-2)得

$$P(A\cup B)=P(A)+P(B)-P(AB).$$

两个连杆是否被破坏是独立的,所以

$$P(A\cup B)=P(A)+P(B)-P(A)P(B)=0.0975.$$

【例 8-12】 甲、乙两人同时向同一目标射击,甲击中目标的概率为 0.7,乙击中目标的概率为 0.8,求:(1)甲、乙两人都击中目标的概率;(2)甲、乙两人至少有 1 人击中目标的概率.

解 设 A 表示"甲击中目标",B 表示"乙击中目标",则 $P(A)=0.7,P(B)=0.8$.

(1)甲、乙两人都击中目标可表示为 AB,而甲、乙两人击中目标是相互独立的,则

$$P(AB)=P(A)P(B)=0.7\times 0.8=0.56.$$

(2) 甲、乙两人至少有 1 人击中目标可表示为 $A\cup B$,则

$$P(A\cup B)=P(A)+P(B)-P(AB)=0.7+0.8-0.56=0.94.$$

四、n 次独立试验概型

定义 8.4 若在相同的条件下进行了 n 次独立试验,每次试验的结果只有两种 $A,\overline{A}$,且 $P(A)=p$ 保持不变,则称这个试验为 n 次独立试验,称这个试验模型为 n 次独立试验概型.

在实际问题中,我们经常会关心在 n 次独立试验中 A 发生 k 次的概率是多少? 为此,我们给出如下结论.

定理 8.3 在 n 次独立试验概型中,A 发生 k 次的概率为

$$P_n(k)=C_n^k p^k(1-p)^{n-k}\quad(k=0,1,2,\cdots,n)\tag{8-4}$$

【例 8-13】 某商场有 5 台自动取款机,在某时刻每台取款机被使用的概率为 0.24,求:(1)恰有 3 台取款机被使用的概率;(2)至少有 1 台取款机被使用的概率.

解 每台取款机的使用结果只有 2 种:被使用和不被使用,且被使用的概率相等,因此这是 5 次独立试验.

(1)$P_5(3)=C_5^3 0.24^3\cdot(1-0.24)^2\approx 0.079$.

(2)至少有 1 台取款机被使用可分解为恰有 1 台、2 台、3 台、4 台、5 台被使用 5 种情况,其对立事件为"5 台取款机没有 1 台被使用",则

$P($至少有 1 台取款机被使用$)=1-C_5^0(1-0.24)^5\approx 0.74$.

★课堂思考题

1. 400m 比赛有 4 条跑道,其中有两条是好跑道,其余两条是普通跑道,4 名运动员抽签决定跑道,小李第一个抽,小张第二个抽. 小李是否比小张抽到好跑道的概率大? 为什么?

2. 从 2 件正品、1 件次品的产品中任取 1 件(取后不放回). 求:(1)第 i 次($i=1,2,3$)取到次品的概率分别是多少? (2)上述概率之和是多少?

习题 8-2

1. 甲、乙两个人同时向一目标射击,甲命中目标的概率为 0.7,乙命中目标的概率为 0.6,甲、乙同时命中目标的概率为 0.45,求命中目标的概率.

2. 两批产品的一级品率分别为 0.6 和 0.7,现从两批产品中各随机抽取 1 件产品,求下列事件的概率:

(1)两件产品都是一级品;

(2)只有一件产品是一级品;

(3)至少有一件产品是一级品.

3. 假定男女的出生概率相同,现考察有 2 个孩子的家庭.

(1)求至少有 1 个女孩的概率;

(2)求大孩子是女孩的概率;

(3)已知 2 个孩子中至少有 1 个是女孩,求大孩子是女孩的概率.

4. 10 张奖券中有 3 张中奖的奖券,每人购买 1 张,求前 3 个购买者中只有 1 人中奖的概率.

5. 一个人看管三台机床,设在任一时刻三台机床正常工作的概率分别为 0.9,0.8,0.85,求下列事件的概率:

(1)任一时刻三台机床都正常工作;

(2)至少有一台机床正常工作.

6. 一批产品有 20% 的次品,现进行重复抽样检查,共抽取了 5 件样品,求下列事件的概率:

(1)恰有 3 件是次品;

(2)至多有 3 件是次品.

第三节　随机变量及分布

前面介绍了随机事件及其概率,使得我们对随机现象的统计规律性有了初步的认识. 一个随机试验常常有很多事件,假如我们只是孤立地去研究各个事件,不仅繁琐,而且常常只能得到随机试验的一些局部性质,很难对随机试验的整体性质有所了解. 为了全面刻画随机试验的统计规律性,我们将介绍概率论中另外两个重要的基本概念:随机变量及其分布.

一、随机变量及其分布函数

1. 随机变量

定义 8.5　在随机试验中存在一个变量,它的值随着试验结果的不同而变化,当试验结果确定后,它所取的值也相应地确定,称这种变量为随机变量,用大写字母 $X,Y,Z\cdots$ 表示.

例如:(1)某个时刻通过某十字路口的车流量为 X,它是一个随机变量,可能的取值是

$[0,M]$上的一个整数,M为在该时刻通过的十字路口的最大车流量.

(2)检验某产品是否合格,记"$Y=0$"表示不合格,记"$Y=1$"表示合格,则随机变量Y可能的取值是0或1.

(3)考察某市全年的温度变化情况,则这一地区的温度Z为随机变量,Z的可能取值为$[a,b]$,其中a,b分别为这一年中的最低气温和最高气温.

随机变量具有下列特点:

(1)取值的随机性,即它所取的值由试验的结果而定,事先不知道会取到哪一个值.

(2)概率的确定性,即它取某一个值或在某一个区间内取值的概率是确定的.

2. 随机变量的分布函数

记随机变量X在$(-\infty,x]$中的取值记为$X\leqslant x$,显然$P(X\leqslant x)$是x的函数,于是引入如下分布函数的概念.

定义8.6 设X是随机变量,对于任意的实数x,称函数$F(x)=P(X\leqslant x)$为X的分布函数.

若已知X的分布函数为$F(x)$,则事件$a<X\leqslant b$的概率可表示为$P(a<X\leqslant b)=F(b)-F(a)$,因此当随机变量的分布函数已知时,随机变量落在该区间的概率就可以确定了.

分布函数具有如下性质:

性质1 (有界性)$0\leqslant F(x)\leqslant 1$,且$F(-\infty)=0,F(+\infty)=1$;

性质2 (单调性)$F(x)$是x的单调不减函数,即$x_1<x_2$时,$F(x_1)\leqslant F(x_2)$;

性质3 (右连续性)$F(x)$是x的右连续函数,即对任意x_0有$\lim\limits_{x\to x_0}F(x)=F(x_0)$.

二、离散型随机变量及其分布

如果随机变量X所可能取的值能够一一地列举出来,则称X为离散型随机变量.例如,完成某项工程所需的时间(月数),电话总机在一天内接到呼唤的次数等都是离散型随机变量.

1. 离散型随机变量的分布律

定义8.7 设离散型随机变量X所有可能的取值为$x_1,x_2,\cdots x_k\cdots$,且X取这些值时的概率为$p_1,p_2,\cdots p_k\cdots$,则称$P(X=x_k)=p_k(k=1,2\cdots)$为$X$的概率分布或分布律.

离散型随机变量的概率分布也常用表8-2形式表示:

表8-2

X	x_1 x_2 $\cdots$ x_n $\cdots$
p_k	p_1 p_2 $\cdots$ p_n $\cdots$

由概率的性质可知,随机变量的分布律具有如下性质:

性质1 $p_k\geqslant 0$;

性质2 $\sum\limits_{k=1}^{\infty}p_k=1$.

【例8-14】 10件产品中有2件次品,现从中任取2件,求:(1)这2件产品中次品数X的分布律;(2)$P(X\geqslant 1)$;(3)求X的分布函数.

解 (1)依题意知,$X=k(k=0,1,2)$,则

$$P(X=0)=\frac{C_8^2}{C_{10}^2}=\frac{28}{45},\ P(X=1)=\frac{C_2^1C_8^1}{C_{10}^2}=\frac{16}{45},\ P(X=2)=\frac{C_2^2}{C_{10}^2}=\frac{1}{45}.$$

由此可得 X 的分布律(表 8-3)为:

表 8-3

X	0	1	2
P	28/45	16/45	1/45

(2) 由 X 的分布律,得 $P(X\geqslant 1)=\frac{16}{45}+\frac{1}{45}=\frac{17}{45}$.

(3) 当 $x<0$ 时,$F(x)=P(X\leqslant x)=0$;

当 $0\leqslant x<1$ 时,$F(x)=P(X=0)=\frac{28}{45}$;

当 $1\leqslant x<2$ 时,$F(x)=P(X=0)+P(X=1)=\frac{28}{45}+\frac{16}{45}=\frac{44}{45}$;

当 $x\geqslant 2$ 时,$F(x)=P(X=0)+P(X=1)+P(X=2)=1$.

所以,

$$F(x)=\begin{cases}0, & x<0\\ \frac{28}{45}, & 0\leqslant x<1\\ \frac{44}{45}, & 1\leqslant x<2\\ 1, & x\geqslant 2\end{cases}.$$

2. 几种常见离散型随机变量的分布

(1) 两点分布(0-1 分布)

若随机变量 X 的分布律为 $P(X=1)=p,P(X=0)=1-p(0<p<1)$,则称随机变量 X 服从两点分布,记作:$X\sim(0-1)$.

在现实生活中有很多两点分布的现象,如产品的合格与不合格,招投标的中标与没有中标,性别的男女等.

(2) 二项分布

在 n 次独立试验中. 设随机变量 X 表示 n 次独立试验中事件 A 发生的次数,在一次试验中,事件 A 发生的概率为 p,则 X 的分布律为

$$P_n(k)=P(X=k)=C_n^k p^k(1-p)^{1-k}\quad (k=0,1,2,\cdots,n)$$

则称随机变量 X 服从参数为 n,p 的二项分布,记作:$X\sim B(n,p)$.

显然,当 $n=1$ 时,二项分布即为两点分布.

【例 8-15】 在交通工程中,需要调查某路段每天交通事故发生的概率. 设每一辆汽车一天内的事故率为 1/10 000,如果每天有 1 000 辆汽车通过这一路段,求该路段每天至少出一次事故的概率.

解 把对每一辆汽车的观察看作一次试验,观察结果只有事故发生或不发生两种可能,而且各辆车事故的发生为相互独立的,故由二项分布知

$$P(X\geqslant 1)=\sum_{k=1}^{1\,000}C_{1\,000}^k(1/10\,000)^k(9\,999/10\,000)^{1\,000-k}=1-C_{1\,000}^0\times 0.000\,1^0\times 0.999\,9^{1\,000}$$
$$=1-0.999\,9^{1\,000}=1-0.904\,8=0.095\,2.$$

三、连续型随机变量及其分布

在工程实际中,所遇到的随机变量取值大都是充满某一区间,如材料强度、机器的几何尺

寸、裂缝、荷载等.对于这类随机变量给出以下定义.

1. 连续型随机变量及其密度函数

定义 8.8 对于随机变量 X,如果存在非负的函数 $f(x)$,使 X 落在区间 $[a,b)$ 内的概率为

$$P(a \leqslant X < b) = \int_a^b f(x)\,\mathrm{d}x$$

则称随机变量 X 为连续型随机变量,函数 $f(x)$ 为 X 的密度函数.

连续型随机变量的密度函数具有如下的性质:

性质 1 $f(x) \geqslant 0, x \in (-\infty, +\infty)$;

性质 2 $\int_{-\infty}^{+\infty} f(x)\,\mathrm{d}x = 1$.

由连续型随机变量的定义,可得出以下结论.

(1)设 X 是连续型随机变量,则对于任何实数 c,有 $P(X=c)=0$;

(2)设连续型随机变量 X 的密度函数为 $f(x)$,则

$$P(a < X < b) = P(a \leqslant X < b) = P(a < X \leqslant b) = P(a \leqslant X \leqslant b) = \int_a^b f(x)\,\mathrm{d}x.$$

【例 8-16】 设随机变量 X 的密度函数 $f(x) = \begin{cases} a, & |x| < 1 \\ 0, & |x| \geqslant 1 \end{cases}$,其中 a 为常数,求:(1) 常数 a 的值;(2) X 落入区间 $\left(-2, \frac{1}{2}\right)$ 的概率.

解 (1)因为 $\int_{-\infty}^{+\infty} f(x)\,\mathrm{d}x = \int_{-1}^{1} a\,\mathrm{d}x = 2a = 1$,所以 $a = \frac{1}{2}$.

(2) $P\left(-2 < X < \frac{1}{2}\right) = \int_{-2}^{\frac{1}{2}} f(x)\,\mathrm{d}x = \int_{-1}^{\frac{1}{2}} \frac{1}{2}\,\mathrm{d}x = \frac{3}{4}$.

2. 正态分布

定义 8.9 若随机变量 X 的密度函数为 $f(x) = \frac{1}{\sqrt{2\pi}\sigma} \mathrm{e}^{-\frac{(x-\mu)^2}{2\sigma^2}} (-\infty < x < +\infty)$,其中 μ, σ $(\sigma > 0)$ 为常数,则称 X 服从参数为 μ, σ 的正态分布,记作 $X \sim N(\mu, \sigma^2)$.

服从正态分布随机变量的分布函数用 $F(x)$ 表示,即

$$F(x) = \frac{1}{\sqrt{2\pi}\sigma} \int_{-\infty}^{x} \mathrm{e}^{-\frac{(t-\mu)^2}{2\sigma^2}}\,\mathrm{d}t \quad (-\infty < x < +\infty).$$

特别地,称参数 $\mu = 0, \sigma = 1$ 时的正态分布 $N(0,1)$ 为标准正态分布,其概率密度为

$$\varphi(x) = \frac{1}{\sqrt{2\pi}} \mathrm{e}^{-\frac{x^2}{2}}.$$

正态分布的密度曲线关于 $x = \mu$ 对称(图 8-3),标准正态分布的密度曲线关于 y 轴对称(图 8-4).

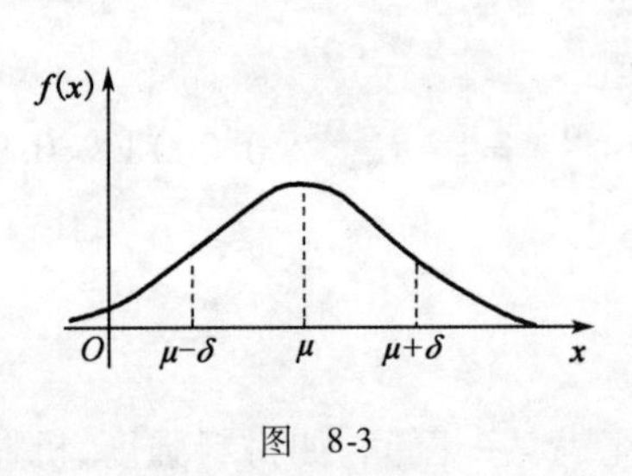

图 8-3

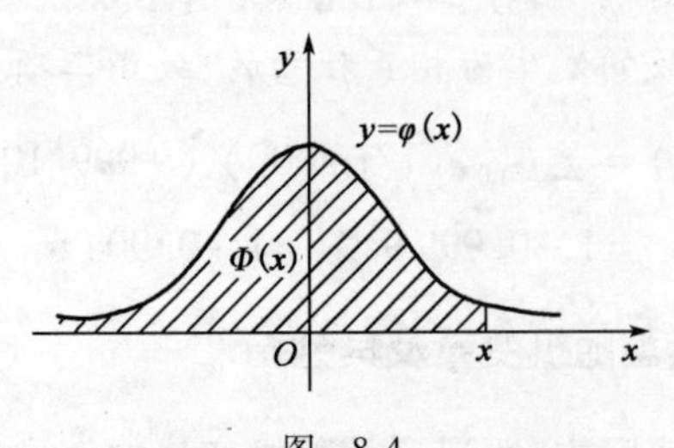

图 8-4

服从标准正态分布随机变量的分布函数用 $\Phi(x)$ 表示，即

$$\Phi(x) = \frac{1}{\sqrt{2\pi}}\int_{-\infty}^{x} e^{-\frac{t^2}{2}}dt.$$

由定积分的几何意义可知，$\Phi(x)$ 是标准正态分布密度曲线与 x 轴之间小于 x 的区域面积(图8-4).

正态分布是一个十分重要的分布，在概率统计中占有重要的地位. 在生活中，测量误差、农作物的收获量、人的身高和体重、射击时着弹点与靶心的距离等都服从正态分布. 而 $\Phi(x)$ 的计算是很困难的，为此编制了标准正态分布表(参见附录)，利用此表可以计算参数已知时，正态随机变量落在一个区间内的概率.

设 $X \sim N(0,1)$，则

(1) $P(X \leqslant x) = \frac{1}{\sqrt{2\pi}}\int_{-\infty}^{x} e^{-\frac{t^2}{2}}dt = \Phi(x)$；

(2) $P(X > x) = 1 - P(X \leqslant x) = 1 - \Phi(x)$；

(3) $P(a \leqslant X \leqslant b) = \int_{a}^{b} \frac{1}{\sqrt{2\pi}} e^{-\frac{t^2}{2}}dt = \Phi(b) - \Phi(a)$；

(4) $\Phi(-x) = 1 - \Phi(x)$.

若 $X \sim N(\mu,\sigma^2)$，则

(1) $P(X \leqslant x) = F(x) = \frac{1}{\sqrt{2\pi}\sigma}\int_{-\infty}^{x} e^{-\frac{(t-\mu)^2}{2\sigma^2}}dt = \Phi\left(\frac{x-\mu}{\sigma}\right)$；

(2) $P(X > x) = 1 - p(X \leqslant x) = 1 - \Phi\left(\frac{x-\mu}{\sigma}\right)$；

(3) $P(a \leqslant X \leqslant b) = \Phi\left(\frac{b-\mu}{\sigma}\right) - \Phi\left(\frac{a-\mu}{\sigma}\right)$.

【例8-17】 设 $X \sim N(3,2^2)$，求 $P(|X|>2)$.

解
$$\begin{aligned} P(|X|>2) &= 1 - P(|X| \leqslant 2) = 1 - P(-2 \leqslant X \leqslant 2) \\ &= 1 - \left[\Phi\left(\frac{2-3}{2}\right) - \Phi\left(\frac{-2-3}{2}\right)\right] = 1 - \Phi(-0.5) + \Phi(-2.5) \\ &= \Phi(0.5) + 1 - \Phi(2.5) \\ &= 0.691\,5 + 1 - 0.993\,8 = 0.697\,7. \end{aligned}$$

【例8-18】 设某厂生产的混凝土桥板承受的弯矩 $X \sim N(450,10^2)$，试求弯矩 X 落于 $[435,465]$ 的概率.

解 因为 $\mu = 450, \sigma = 10$，所以

$$\begin{aligned} P(435 \leqslant X \leqslant 465) &= \Phi\left(\frac{435-450}{10} \leqslant X \leqslant \frac{465-450}{10}\right) \\ &= \Phi\left(\frac{465-450}{10}\right) - \Phi\left(\frac{435-450}{10}\right) = \Phi(1.5) - \Phi(-1.5) \\ &= 2\Phi(1.5) - 1 = 2 \times 0.933\,2 - 1 = 0.866\,4. \end{aligned}$$

★课堂思考题

1. 某一道路上，沿路有4盏红绿信号灯，若每盏灯各以0.5的概率允许或禁止汽车前行，则该汽车停止前进时通过的红绿灯个数是多少？为什么？

2. 甲、乙两名射手在一次射击中所得分数用随机变量 X,Y 表示,其概率分布如表 8-4 所示.

表 8-4

X,Y	1	2	3
p_x	0.4	0.1	0.5
p_y	0.1	0.6	0.3

则此两名射手中谁的射击技术更好？为什么？

习题 8-3

1. 设随机变量 X 的分布律为 $P(X=k)=\frac{k}{15}(k=1,2,3,4,5)$,求:(1)$P(X=1$ 或 $X=2)$;(2)$P(\frac{1}{2}<X<\frac{5}{2})$;(3)$P(1\leqslant X\leqslant 2)$.

2. 设随机变量 X 的分布律为 $P(X=i)=C\left(\frac{2}{3}\right)^{i}, i=1,2,3$,求 C 的值.

3. 随机抛掷两枚质地均匀的硬币,用随机变量 X 表示出现正面的枚数,求 X 的分布律.

4. 一承包商对甲、乙两项工程投标. 已知甲、乙两项工程中标的概率分别为 0.5 和 0.7,假设甲、乙两项工程是否中标是相互独立的,令 X 表示该承包商中标的工程总数.

(1)求 X 的分布律;

(2)求分布函数;

(3)至少 1 个工程中标的概率.

5. 设随机变量 X 的密度函数为 $f(x)=\begin{cases} c, & a<x<b \\ 0, & 其他 \end{cases}$,试确定常数 c,并求 $P\left(X>\frac{a+b}{2}\right)$.

6. 在测量普通碳素钢屈服应力 R_s 的试验中,已知 R_s 服从正态分布 $N(230,5^2)$(单位:MPa),求屈服应力 R_s 落入[220,240]内的概率.

7. 设随机变量 x 服从正态分布 $N(108,3^2)$,求:

(1)$P(101.1<x<117.6)$;

(2)常数 a,使 $P(x<a)=0.90$;

(3)常数 a,使 $P(|x-a|>a)=0.01$.

第四节 随机变量的数字特征

随机变量的分布完整地描述了随机变量的特征. 但在实际问题中,有时只能或只需要知道随机变量的某些特征,如分布的中心位置、分散程度等. 例如,测量某物体的长度是一个随机变量,在实际问题中,我们只需要求出测量长度的平均值以及所测量的长度距离平均值的偏离程度等特征数. 这些特征数在一定程度上能够刻画出随机变量的基本性态,有着重要的实际意义.

一、随机变量的数学期望

1. 离散性随机变量的数学期望

为了描述一组事物的大致情况,经常使用"平均值"这个概念. 例如,设 10 根钢筋的抗拉指标分别为

110,210,120,125,125,130,135,140,130,125 (单位:MPa)

那么,它们的平均抗拉指标为

$$\frac{110+120\cdot 2+125\cdot 3+130\cdot 2+135+140}{10}$$

$$=110\times\frac{1}{10}+120\times\frac{2}{10}+125\times\frac{3}{10}+130\times\frac{2}{10}+135\times\frac{1}{10}+140\times\frac{1}{10}=126.$$

这10根钢筋的平均抗拉指标等于各个抗拉指标值与取得这些指标值的概率乘积之和.

定义8.10 设离散型随机变量X的分布律为$P(X=x_i)=p_i(i=1,2,\cdots,n)$,则称$\sum\limits_{i=1}^{n}x_ip_i$为随机变量$X$的数学期望,简称期望或均值,记作$E(X)$,即

$$E(X)=\sum_{i=1}^{n}x_ip_i.$$

【例8-19】 设X的分布律如表8-5所示.

表8-5

X	−1	0	1	2	3
p	0.1	0.1	0.3	0.3	0.2

求:$E(X)$,$E(X^2)$,$E(2X+1)$.

解 $E(X)=(-1)\times 0.1+0\times 0.1+1\times 0.3+2\times 0.3+3\times 0.2=1.4$;

$E(X^2)=(-1)^2\times 0.1+0^2\times 0.1+1^2\times 0.3+2^2\times 0.3+3^2\times 0.2=3.4$;

$E(2X+1)=(-2\times 1+1)\times 0.1+(2\times 1+1)\times 0.3+(2\times 2+1)\times 0.3+(2\times 3+1)\times 0.2$
$=3.7.$

【例8-20】 (本章引例)某超市现有一批商品急需处理,超市老板设计了有奖销售方案,在一个盒子里放有20个相同的小球,其中10个小球上标有"10分"字样,另外10个小球上标有"5分"字样,每位顾客从中任取10个球,这10个球的分值之和为中奖分值,具体获奖情况如表8-1所示.求顾客参加一次抽奖活动的平均获奖金额.

解 摸出的10个球的分值之和有11种情况.从表8-1可以看出,从一等奖到九等奖都是免费获得相应价值的商品,只有十等奖(2个分值)才收取相应商品的成本价22元,因此,从表面上看,这个抽奖活动对顾客是有利的.商家真的会做赔本的生意吗?事实上,通过下面的计算就可以揭晓其中的奥秘.

设X表示抽奖者获得的商品金额数,则

$$P(X=2\,500)=\frac{C_{10}^{10}}{C_{20}^{10}}\approx 0.000\,005.$$

类似地,可以求出X取值为1 000,178,88,44,8,5,3,2,−22的概率,从而求得X的概率分布如表8-6所示.

表8-6

X	2 500	1 000	178	88	44	8	5	3	2	−22
p	0.000 005	0.000 005	0.000 541	0.000 541	0.010 96	0.077 941	0.238 693	0.077 941	0.010 96	0.582 411

由数学期望的定义,得

$$E(X)=\sum_{i=1}^{10}x_ip_i=-10.098.$$

由此表明,商家在每一次的抽奖中将平均获利10.098元.

2. 连续型随机变量的数学期望

定义 8.11 设连续型随机变量 X 的密度函数为 $f(x)$，称 $\int_{-\infty}^{+\infty} xf(x)\mathrm{d}x$ 为随机变量 X 的数学期望，简称期望或均值，记作 $E(X)$，即

$$E(X) = = \int_{-\infty}^{+\infty} xf(x)\mathrm{d}x .$$

同理，若 $Y=g(X)$，则 $E[g(X)] = \int_{-\infty}^{+\infty} g(x)f(x)\mathrm{d}x.$

【例 8-21】 设随机变量 X 的密度函数为 $f(x)=\begin{cases}\dfrac{1}{b-a}, & a\leqslant x\leqslant b \\ 0, & 其他\end{cases}$，求 $E(X)$ 和 $E(X^2)$.

解 $E(X) = \int_{-\infty}^{+\infty} xf(x)\mathrm{d}x = \int_a^b \frac{x}{b-a}\mathrm{d}x = \frac{1}{b-a}\left[\frac{x^2}{2}\right]_a^b = \frac{a+b}{2}$;

$E(X^2) = \int_{-\infty}^{+\infty} x^2 f(x)\mathrm{d}x = \int_a^b \frac{x^2}{b-a}\mathrm{d}x = \frac{1}{b-a}\left[\frac{x^3}{3}\right]_a^b = \frac{a^2+ab+b^2}{3}$.

3. 数学期望的性质

性质 1 $E(c)=c$（c 为常数）；

性质 2 $E(kX)=kE(X)$（k 为常数）；

性质 3 对于任意两个随机变量 X,Y，有 $E(X\pm Y)=E(X)\pm E(Y)$.

二、随机变量的方差

均值是描述随机变量分布的中心位置的一个特征值，在实际问题中，有时只知道均值是不够的，往往还需要了解随机变量取值与其均值的偏差程度. 例如，有两批各 10 根的钢筋，它们的抗拉强度指标分别为

第一批:110,120,120,125,125,125,130,130,135,140;

第二批:90,100,120,125,125,130,135,145,145,145.

这两批钢筋的抗拉强度指标的平均值都是 126，但显然第二组数据比第一组数据与其均值的偏差较大. 由此可以认定第一批钢筋质量较好(质量稳固).

如何考察随机变量 X 与其均值 $E(X)$ 的偏离程度呢？因为 $X-E(X)$ 可正可负，用 $E[X-E(X)]$ 度量 X 与其均值 $E(X)$ 的偏离程度会使正负相抵导致偏差错误. 所以容易想到用 $E[X-E(X)]$（即偏差绝对值的均值）来度量，但考虑到绝对值的运算较为复杂，所以通常用 $E[X-E(X)]^2$ 来描述随机变量 X 与其均值 $E(X)$ 的偏离程度.

1. 方差的定义

定义 8.12 设 X 是一个随机变量，则称 $E[X-E(X)]^2$ 为 X 的方差，记作 $D(X)$，即

$$D(X)=E[X-E(X)]^2$$

同时称 $\sqrt{D(X)}$ 为 X 的标准差(或根方差).

根据数学期望的性质，有

$$\begin{aligned} E[X-E(X)]^2 &= E(X^2) - E[2XE(X)] + [E(X)]^2 \\ &= E(X^2) - 2E(X)E(X) + [E(X)]^2 \\ &= E(X^2) - [E(X)]^2. \end{aligned}$$

从而得到方差常用的计算公式：

$$D(X)=E(X^2)-[E(X)]^2 \tag{8-5}$$

方差是表示随机变量 X 在其数学期望 $E(X)$ 附近分散程度的一个指标，分布愈集中于其期望的方差愈小，反之亦然.

【例 8-22】 设随机变量 $X\sim U[a,b]$，求 $D(X)$.

解 由［例 8-21］的结论和公式(8-5)，有

$$D(X)=\frac{a^2+ab+b^2}{3}-\left(\frac{a+b}{2}\right)^2=\frac{(a-b)^2}{12}.$$

【例 8-23】 设 $X\sim(0-1)$分布，求 $D(X)$.

解 $E(X)=1\cdot p+0\cdot(1-p)=p, E(X^2)=1^2\cdot p+0^2\cdot(1-p)=p$，则

$$D(Y)=E(Y^2)-[E(Y)]^2=p-p^2=p(1-p)=pq(p+q=1).$$

2. 方差的性质

性质 1 $D(c)=0$（c 为常数）；

性质 2 $D(kX)=k^2D(X)$（k 为常数）；

性质 3 对于两个相互独立的随机变量 X,Y，有 $D(X\pm Y)=D(X)+D(Y)$.

为便于读者在实际中应用方便，我们将常用的几个分布的期望与方差列入表 8-7.

常用随机变量分布的数学期望与方差 表 8-7

类　型	名　称	分布律或密度函数	数学期望	方差
离散型	两点分布	$P(X=k)=pkq^{1-k}(k=0,1;p+q=1)$	p	pq
	二项分布	$P(X=k)=C_n^kp^kq^{n-k}(k=0,1,\cdots,n;p+q=1)$	np	npq
连续型	正态分布	$f(x)=\frac{1}{\sqrt{2\pi}\sigma}e^{-\frac{(x-\mu)^2}{2\sigma^2}}(-\infty<x<+\infty,\sigma>0)$	μ	σ^2

★课堂思考题

1. 随机变量的数字特征就是指期望与方差吗？
2. 一次掷 2 枚骰子，求出现点数之和的数学期望.

习题 8-4

1. 设随机变量 X 的分布律如表 8-8 所示，求 $E(X),D(X)$.

表 8-8

X	-1	0	$\frac{1}{2}$	1	2
p_i	$\frac{1}{3}$	$\frac{1}{6}$	$\frac{1}{6}$	$\frac{1}{12}$	$\frac{1}{4}$

2. 一台设备由三大部件构成，在设备运转过程中，各部件需要调整的概率分别为 0.1，0.2，0.3，假设各部件的运转状态相互独立，以 X 表示同时需要调整的部件数，求 $E(X),D(X)$.

3. 在相同的条件下，对两个工人加工的滚珠直径进行测量（单位：mm），具体数据如表 8-9 所示.

表 8-9

甲	5.1	5.2	5.0	5.1	5.1
乙	4.9	5.1	5.1	5.2	5.2

试问这两个工人谁的技术更好一些?

4. 已知随机变量 X 的密度函数为

$$f(x)=\begin{cases}x, & 0<x\leqslant 1\\ 2-x, & 1\leqslant x<2\\ 0, & \text{其他}\end{cases}$$

求 $E(X)$ 及 $D(X)$.

5. 设随机变量 X 的密度函数为

$$f(x)=\begin{cases}A(1-x)+B, & 0\leqslant x\leqslant 1\\ 0, & \text{其他}\end{cases}$$

且 $E(X)=\dfrac{1}{3}$,求:(1)常数 A,B;(2)$E(2X-3)$;(3)$D(X)$.

第五节　统计量及其分布

数理统计是以概率论为基础,从有限资料中获取的信息出发,研究有关总体的分布及数字特征.数理统计的中心任务就是从所要研究对象的全体中抽取一部分进行观测或试验以取得信息,从而对整体作出推断.由于观测和试验是随机现象,依据有限个观测或试验对整体所作出的推论不可能绝对准确,多少总含有一定程度的不确定性,而不确定性用概率的大小来表示是最恰当的.概率大,推断就比较可靠;概率小,推断就不太可靠.每个推断必须伴随着一定的概率,以表明推断的可靠程度.这种伴随有一定概率的推断称为统计推断.

本节将介绍统计学中的基本概念、参数估计的基本思想和方法以及线性回归模型.

一、统计量

1. 总体与样本

在统计学中,把研究对象的全体称为总体,组成总体的每个元素称为个体.从总体中随机抽取 n 个个体组成的集合称为样本,n 称为样本的容量.

例如,一整批钢筋的强度的全体是一个总体,而每根钢筋的强度则是一个个体.从中随机抽取一部分钢筋,则这一部分钢筋的强度的集合就是样本,其中的钢筋数就是样本的容量.

要了解总体的情况,最好能对整体中的每一个个体均加以了解,但实际上这样做往往是不可能的,或不允许的.一般说来,总体中的个体数目甚多,人们无法逐个加以测定;另外,有一些对个体的某一种数量性质的测定是具有破坏性的测定.如测定显像管的寿命,钢筋的强度,用环刀法测压实度等,都是具有破坏性的.因此,我们常采用随机地从总体中抽取一部分个体,对这些个体进行测定,然后根据它们来推测总体的性质.

从总体中抽取样本时,要求抽取方法要统一,并且每次抽样的结果不影响其他各次抽样的结果,也不受其他各次抽样结果的影响,这种抽取方法叫做简单随机抽样.对总体 X 进行 n 次重复独立的观测,并将所得结果按次序记为 $x_1,x_2,\cdots,x_n$,则称 $x_1,x_2,\cdots,x_n$ 为来自总体 X 的一个简单随机样本.

2. 统计量

定义 8.13 不含未知参数的样本函数$f(x_1,x_2,\cdots,x_n)$称为统计量.

统计量是一个随机变量,可用来推断总体的性质.

设$(x_1,x_2,\cdots,x_n)$是来自总体X的一个样本,常用的统计量有:

(1)样本均值:$\overline{X}=\frac{1}{n}\sum_{i=1}^{n}X_i$.

样本均值反映了数据集中的位置.

(2)样本方差:$S^2=\frac{1}{n-1}\sum_{i=1}^{n}(X_i-\overline{X})^2$.

样本方差刻画了数据对均值$\overline{X}$的离散程度,方差越大数据越分散,波动越大;方差越小数据越集中,波动越小.

(3)样本均方差或标准差:$S=\sqrt{S^2}=\sqrt{\frac{1}{n-1}\sum_{i=1}^{n}(X_i-\overline{X})^2}$.

样本均方差反映了总体$\overline{X}$取值的离散程度.

【例 8-24】 从总体中抽取一个容量为 8 的样本,测得样本值为(163,164 ,164 ,165 ,165,166,166,167),求样本均值、样本方差和样本标准差.

解 由题意,得

$$\overline{X}=\frac{1}{8}(163+164\times2+165\times2+166\times2+167)=165;$$

$$S^2=\frac{1}{7}[(-2)^2+(-1)^2\times2+1^2\times2+2^2]=\frac{12}{7};$$

$$S=\sqrt{\frac{12}{7}}=\frac{2\sqrt{21}}{7}.$$

二、参数估计

总体的性质是由总体的分布来反映的,要研究总体的性质首先要确定总体的分布. 在实际问题中,可以根据问题本身的特点来描述随机现象的总体所具有的分布类型,但它的参数类型是未知的,需要通过从总体中抽取样本来对未知参数作出推断.

例如,工厂生产一批铆钉,其钉头直径X是一个随机变量,问这一批铆钉钉头直径的均值是多少? 根据经验知道,钉头直径$\overline{X}\sim N(\mu,\sigma^2)$,其中参数$\mu$、$\sigma$未知,而铆钉钉头的平均直径就是参数$\mu$,即$E(X)=\mu$. 因此需要设法估计$\mu$的值. 通常我们从中抽取若干铆钉进行直径的测定,以这些测定量的平均值作为整体铆钉头部直径的平均值的近似值.

通过总体的样本对总体分布中的未知参数作出估计的问题称为参数估计,估计总体未知参数的统计量称为估计量. 如$\overline{X}$是μ的估计量,S^2是σ^2的估计量. 未知参数θ的估计量记作$\hat{\theta}$. 参数估计可根据估计的形式分为点估计和区间估计.

1. 点估计

用估计量来估计未知参数值称为点估计.

设$x_1,x_2,\cdots,x_n$是来自总体X的一个样本,若$X\sim N(\mu,\sigma^2)$,则样本均值$\overline{X}$可作为总体均值μ的点估计量,样本方差S^2可作为总体方差σ^2的点估计量. 即

$$\hat{\mu}=\overline{X}=\frac{1}{n}\sum_{i=1}^{n}\overline{X}_i,\quad \overline{\sigma}^2=S^2=\frac{1}{n-1}\sum_{i=1}^{n}(X_i-\overline{X})^2.$$

【例 8-25】 设某种灯泡的寿命 $X\sim N(\mu,\sigma^2)$,其中 μ,σ 未知,现随机抽取5只灯泡,测得寿命分别为1 623,1 527,1 287,1 432,1 591,求 μ,σ^2 的估计值.

解 根据以上的结论,得

$$\hat{\mu}=\overline{X}=\frac{1}{5}(1\,623+1\,527+1\,287+1\,432+1\,591)=1492;$$

$$\hat{\sigma}^2=\frac{1}{5-1}[(1\,623-1\,492)^2+(1\,527-1\,492)^2+\cdots+(1\,591-1\,492)^2]=18\,453.$$

即 μ,σ^2 的估计值分别为1 492和18 453.

【例 8-26】 设某工厂生产一批铆钉钉头直径 $X\sim N(\mu,\sigma^2)$,其中 μ,σ 未知,现从中随机选取12只,测得其直径如下,求 μ,σ^2 的估计值.

13.30,13.38,13.40,13.32,13.43,13.48,13.51,13.31,13.34,13.47,13.44,13.50

解 μ 和 σ 的估计量分别为

$$\hat{\mu}=\overline{X}=\frac{1}{12}(13.30+13.38+13.40+13.32+13.43+13.48+\cdots+13.50)=13.41;$$

$$\hat{\sigma}^2=\frac{1}{11}[(13.30-13.41)^2+(13.38-13.41)^2+\cdots+(13.50-13.41)^2]\approx 0.005\,8.$$

2. 区间估计

用一个区间范围去估计未知参数的范围和可靠程度的估计方法称为参数的区间估计.

定义 8.14 设总体分布含有一个未知参数 θ,如果由样本所确定的两个统计量 $\hat{\theta}_1$ 和 $\hat{\theta}_2$,对于给定的 $\alpha(0<\alpha<1)$,能满足 $P(\hat{\theta}_1<\theta<\hat{\theta}_2)=1-\alpha$,则称区间 $[\hat{\theta}_1,\hat{\theta}_2]$ 为 θ 的置信度为 $1-\alpha$ 的置信区间,称 α 为显著性水平.

当取置信度 $1-\alpha=0.95$ 时,参数 θ 为0.95置信区间的意思是:未知参数在置信区间 $[\hat{\theta}_1,\hat{\theta}_2]$ 的几率为95%.

在很多实际问题中,总体都服从正态分布 $N(\mu,\sigma^2)$,下面简单介绍单个正态总体均值的区间估计和方差的区间估计.

设总体 $X\sim N(\mu,\sigma^2)$,$x_1,x_2,\cdots,x_n$ 是 X 的一个样本,$\overline{X}$ 和 S^2 分别是样本均值和样本方差,置信度为 $1-\alpha$.

(1)当 σ^2 已知时,变量 $Z=\dfrac{\overline{X}-\mu}{\sigma/\sqrt{n}}$,则总体均值为 μ、置信度为 $1-\alpha$ 的置信区间为

$$\left(\overline{X}-\frac{\sigma}{\sqrt{n}}Z_{\frac{\alpha}{2}},\overline{X}+\frac{\sigma}{\sqrt{n}}Z_{\frac{\alpha}{2}}\right).$$

(2)当 σ^2 未知时,变量 $T=\dfrac{\overline{X}-\mu}{S/\sqrt{n}}$,则总体均值为 μ、置信度为 $1-\alpha$ 的置信区间为

$$\left(\overline{X}-\frac{S}{\sqrt{n}}t_{\frac{\alpha}{2}}(n-1),\overline{X}+\frac{S}{\sqrt{n}}t_{\frac{\alpha}{2}}(n-1)\right).$$

(3)当 μ 未知时,变量 $\chi^2=\dfrac{(n-1)S^2}{\sigma^2}$,则总体方差为 σ^2、置信度为 $1-\alpha$ 的置信区间为

$$\left(\frac{(n-1)S^2}{\chi^2_{\frac{\alpha}{2}}(n-1)},\ \frac{(n-1)S^2}{\chi^2_{1-\frac{\alpha}{2}}(n-1)}\right).$$

【例 8-27】 从某厂生产的一种钢球中随机抽取 7 个,测得它们的直径(单位:mm)分别为:5.76,5.32 ,5.64,5.52,5.41,5.18,5.32,设钢球直径 $X \sim N(\mu, 0.16^2)$,求这种钢球平均直径 μ 的置信度为 95% 的置信区间.

解 $\overline{X}=\frac{1}{7}(5.76+5.32+\cdots+5.32)=5.44.$

由 $1-\alpha=0.95$,得 $\alpha=0.05$,$1-\frac{\alpha}{2}=0.975$,查正态分布表得 $Z_{\frac{\alpha}{2}}=1.96$.

又因为 $n=7$,$\sigma_0=0.16$,所以有

$$\overline{X}-Z_{\frac{\alpha}{2}}\frac{\sigma_0}{\sqrt{n}}=5.44-1.96\times\frac{0.16}{\sqrt{7}}=5.32;$$

$$\overline{X}+Z_{\frac{\alpha}{2}}\frac{\sigma_0}{\sqrt{n}}=5.44+1.96\times\frac{0.16}{\sqrt{7}}=5.56.$$

即这种钢球平均直径为 μ、置信度为 95% 的置信区间为(5.32,5.56).

三、一元线性回归

在实际问题中,变量与变量之间的关系可分为确定性和非确定性两种情况. 确定性关系是指可用函数关系来表示;非确定性关系是指变量之间明显存在某种关系,但又不能用一个函数表达式表示出来,变量之间的这种关系称为相关关系. 如子女身高与父母身高的关系,个人收入水平与其受教育程度的关系都是相关关系.

回归分析就是研究相关关系的一种数学方法,它能帮助我们用一个变量的值去估计另一个变量的值. 只有两个变量的回归分析称为一元回归分析,如果建立的模型是线性的,则称为线性回归分析.

对于一组具有线性相关关系的数据 $(x_1,y_1),(x_2,y_2),\cdots,(x_n,y_n)$,将数据表示在平面直角坐标系上,得到的图形称为散点图. 当这些点大致分布在某条直线附近时,就可假设 y 与 x 可能存在某种线性关系:$\hat{y}=\hat{a}+\hat{b}x$,其中 $\hat{y}$ 是估计值, $\hat{a},\hat{b}$ 是 a,b 的估计值.

为使直线 $\hat{y}=\hat{a}+\hat{b}x$ 与所给 n 个点 $(x_1,y_1),(x_2,y_2),\cdots,(x_n,y_n)$ 最接近,也就是使 $Q(\hat{a},\hat{b})=\sum\limits_{i=1}^{n}[y_i-(\hat{a}+\hat{b}x_i)]^2$ 取得最小值,由二元函数极值的求法,可求得 $\hat{a},\hat{b}$ 为

$$\hat{a}=\hat{y}-\hat{b}\overline{X} \tag{8-6}$$

$$\hat{b}=\frac{\sum\limits_{i=1}^{n}(x_i-\overline{X})(y_i-\overline{y})}{\sum\limits_{i=1}^{n}(x_i-\overline{X})^2} \tag{8-7}$$

其中:$\overline{X}=\frac{1}{n}\sum\limits_{i=1}^{n}x_i$,$\overline{y}=\frac{1}{n}\sum\limits_{i=1}^{n}y_i$,这种确定 $\hat{a},\hat{b}$ 的方法称为最小二乘法,方程 $\overline{y}=\overline{a}+\hat{b}x$ 称为 y 关于 x 的一元线性回归方程.

【例 8-28】 从某高校中随机抽取 8 名女学生,其身高(单位:cm)和体重(单位:kg)的数据如表 8-10 所示.

表 8-10

编　号	1	2	3	4	5	6	7	8
身高(cm)	165	165	157	170	175	165	155	170
体重(kg)	48	57	50	54	64	61	43	59

试根据以上数据求身高与体重的回归方程.

解 选取身高为 x,体重为 y,作散点图如下(图 8-5):

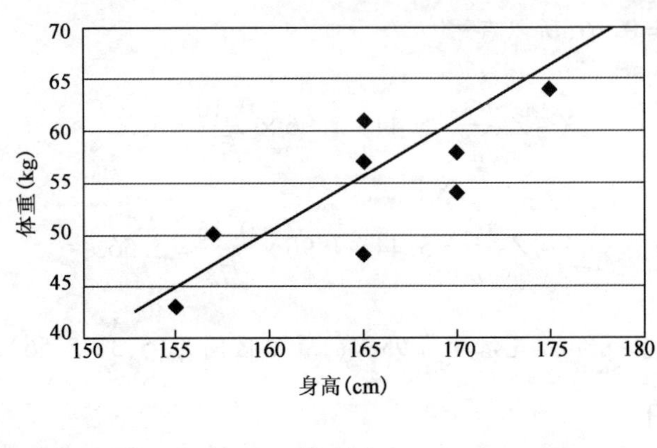

图 8-5

由公式 (8-6)和公式(8-7) 得

$$\hat{b}=0.849,\hat{a}=-85.712.$$

于是有

$$\hat{y}=0.849x-85.712.$$

★课堂思考题

1. 什么是统计学?怎样理解统计学与统计数据的关系?

2. 抽样调查的含义是什么?常用的抽样方法有哪些?

习题 8-5

1. 某工厂 3 月份生产了 2 万只照明灯,预测这批照明灯的使用寿命,现从中随机抽取 20 只,则总体、个体、样本、样本容量分别是什么?

2. 从总体 X 中任意抽取一个容量为 10 的样本,样本值为 4.5,2.0,1.0,1.5,3.5,4.5,6.5,5.0,3.5,4.0,求样本均值与样本方差.

3. 从正态总体 $N(\mu,4^2)$ 中抽取容量为 4 的样本,样本均值 $\overline{X}=13.2$,求 μ 的置信度为 95% 的置信区间.

4. 为了调查某广告公司对销售收入的影响,某商店记录了 5 个月的销售收入 y(万元)和广告费用 x(万元),数据如表 8-11 所示.

表 8-11

月　份	1	2	3	4	5
x	1	2	3	4	5
y	10	10	20	20	40

(1)画出散点图.

(2)用最小二乘法求出回归方程.

第六节　数学实验七:用数学软件包计算概率与数理统计

MATLAB 中用于概率统计的 4 个命令如表 8-12 所示.

表 8-12

命令形式	功　能
normcdf(x,mu,sigma)	正态分布的概率值
var(X,1),std(X,1)	X 的方差,X 的标准差
polyfit(x,y,1)	一元线性拟合

【例 8-29】　设 $X \sim N(3,2^2)$,求 $P\{2<X<5\}$,$P\{-4<X<10\}$,$P\{|X|>2\}$,$P\{X>3\}$.

解　程序如下:

```
p1 = normcdf(5,3,2) - normcdf(2,3,2)
```

运行结果:p1 = 0.532 8

```
p2 = normcdf(10,3,2) - normcdf(-4,3,2)
```

运行结果:p2 = 0.999 5

```
p3 = 1 - normcdf(2,3,2) - normcdf(-2,3,2)
```

运行结果:p3 = 0.685 3

```
p4 = 1 - normcdf(3,3,2)
```

运行结果:p4 = 0.500 0.

【例 8-30】　求样本 14.70,15.21,14.90,15.32,15.32 的方差和标准差.

解　程序如下:

```
X = [14.7   15.21   14.9   14.91   15.32   15.32];   DX = var(X,1) sigma = std(X,1)
```

运行结果:DX = 0.055 9,sigma = 0.236 4.

【例 8-31】　某零件上有一段曲线,为了在程序控制机床上加工这一零件,需要求这段曲线的解析表达式,在曲线横坐标 x_i 处测得纵坐标 y_i 共 11 对数据如表 8-13 所示.

表 8-13

x_i	0	2	4	6	8	10	12	14	16	18	20
y_i	0.6	2.0	4.4	7.5	11.8	17.1	23.3	31.2	39.6	49.7	61.7

求纵坐标 y 关于横坐标 x 的一元线性回归方程.

解　程序如下:

```
clear
x = [0  2  4  6  8  10  12  14  16  18  20];
y = [0.6  2.0  4.4  7.5  11.8  17.1  23.3  31.2  39.6  49.7  61.3];
a = polyfit(x,y,1)
```

运行结果:a = 2.9945 -7.3545.

习题 8-6

上机完成下列各题:

1. 设 $X \sim N(3,2^2)$,求:(1) $P\{|X|>2\}$;(2) $P\{-3<X<8\}$.

2. 考察温度 x 对产量 y 的影响,测得下列 10 组数据(表 8-14).

表 8-14

温度(℃)	20	25	30	35	40	45	50	55	60	65
产量(kg)	13.2	15.1	16.4	17.1	17.9	18.7	19.6	21.2	22.5	24.3

求 y 关于 x 的线性回归方程.

测试题八

1. 填空题

(1)设 A,B,C 表示三个随机事件,则 3 个事件中至少出现 1 个可表示为________.

(2)两批种子的发芽率分别为 0.8 和 0.75,现从两批种子中各随机抽取一粒,则两粒种子都发芽的概率为________.

(3)设随机变量 X 分布律为 $P(X=i)=\dfrac{i}{2k}(i=1,2,3,4)$,则 $k=$________,$E(X)=$________.

(4)设随机变量 $X\sim N(\mu,\sigma^2)$,则随机变量 $Y=\dfrac{X-\mu}{\sigma}\sim$________.

(5)从总体中随机抽一个容量为 10 的样本,样本值为 4.5,2.0,1.0,1.5,3.5,4.5,6.5,5.0,3.5,4.0,则样本均值为________,样本方差为________.

2. 一批 50 件的产品中有 5 件次品,45 件正品,从中任取 3 件,求下列事件的概率:

(1)恰有 1 件次品;

(2)最多有 1 件次品;

(3)至少有 1 件次品.

3. 5 件产品中有 3 件正品,从中随机抽取 1 件产品. 试就下列两种情况下分别求出直到取得正品为止所需次数的分布律.

(1)取后放回;(2)取后不放回.

4. 设随机变量 X 的密度函数为 $f(x)=\begin{cases}Ax, & 1<x\leqslant 2\\ B, & 2<x\leqslant 3\\ 0, & \text{其他}\end{cases}$,且 $P(1<X<2)=P(2<X<3)$.

求:(1)常数 A,B;(2)$E(X)$;(3)$E(X^2)$.

5. 对某种钢材的抗剪力进行测试,得试验结果如下(单位:kN):

578　572　570　568　572　570　570　596　584　572

若已知抗剪力服从正态分布 $N(\mu,\sigma^2)$，

(1)已知 $\sigma^2=25$，求 μ 的置信度为95%的置信区间；

(2)若 σ^2 未知，求 μ 的置信度为95%的置信区间.

6. 根据某地区统计资料，商品的年销售额和居民平均每人年收入水平数据如表8-15所示.（此题应该将解答中的计算列成的表作为已知条件）

表8-15

年序号	每人平均年收入 x_i(元)	商品年销售额 y_i(万元)
1	300	1 500
2	320	1 610
3	340	1 700
4	380	2 000
5	410	2 150

(1)作出散点图；

(2)求平均每人年收入与商品年销售额之间的回归直线方程.

习题答案

习题2-1

1. (1) $\left[-\frac{4}{3},+\infty\right)$；(2) $(-\infty,1)\cup(2,+\infty)$；(3) $(-1,0)\cup(0,+\infty)$；(4) $\left[0,\frac{1}{2}\right)$.

2. $f(-\frac{1}{2})=0$；$f(\frac{1}{3})=\frac{2}{3}$；$f(\frac{3}{4})=\frac{1}{2}$；$f(2)=0$.

3. (1) $y=\sqrt{x^3+1}, x\geqslant -1$；(2) $y=\ln 3^{\sin x}, x\in R$.

4. (1) $y=\sqrt{u}, u=1-x^2$；(2) $y=e^u, u=x+1$；(3) $y=\sin u, u=\frac{3}{2}x$；

   (4) $y=u^2, u=\cos v, v=3x+1$；(5) $y=\ln u, u=\sqrt{v}, v=x+1$；

   (6) $y=\arctan u, u=1-x^2$.

习题2-2

1. (1) 0；(2) 1；(3) 0；(4)不存在.
2. $\lim\limits_{x\to 0}f(x)=0$；$\lim\limits_{x\to 1}f(x)$ 不存在；$\lim\limits_{x\to 2}f(x)=1$.
3. (1)无穷小；(2)无穷大；(3)无穷小；(4)无穷小；(5)无穷大；(6)无穷大.
4. (1) 0；(2) 0.

习题2-3

1. (1) -3；(2) 0；(3) 0；(4) $\frac{2}{3}$；(5) 0；(6) ∞；(7) 2；(8) 2；(9) 2；(10) $\frac{1}{2}$；

   (11) 1；(12) $\sqrt{2}$.

2. (1) ω；(2) 3；(3) $\frac{3}{2}$；(4) 0；(5) 2；(6) 2.
3. (1) e^3；(2) e^{-2}；(3) e^{-2}；(4) e^4.
4. (1) $\frac{5}{2}$；(2) 2；(3) $0(m<n)$，$1(m=n)$，$\infty(m>n)$；(4) $\frac{4}{9}$.

习题2-4

1. (1) $[0,2]$；(2) $(-\infty,-1)\cup(-1,+\infty)$.
2. $a=0, b=2$.
3. $k=\sqrt{e}$.

习题2-6

略.

测试题二

1. (1) $(0,1)\cup(1,4]$; (2) $y=\ln u, u=2x+1$; (3) 2; (4) 1; (5) 1.

2. (1) ∞; (2) $-\frac{1}{2}$; (3) 12; (4) $\frac{1}{2}$; (5) $\frac{1}{6}$; (6) $\frac{1}{2}$; (7) -4; (8) 1; (9) $e^{-\frac{3}{2}}$; (10) $e^{-\frac{1}{3}}$.

习题 3-1

1. (1) $\frac{2}{3}x^{-\frac{1}{3}}$; (2) $-\frac{1}{2}x^{-\frac{3}{2}}$; (3) $-\frac{1}{x^2}$; (4) $\frac{16}{5}x^{\frac{11}{5}}$; (5) $\frac{11}{12}x^{-\frac{1}{12}}$; (6) $\frac{1}{x\ln 2}$.

2. 切线方程：$x-ey=0$，法线方程：$ex+y-e^2-1=0$.

3. $4x-y-4=0$.

4. 略.

习题 3-2

1. (1) $2x+2^x\ln 2$; (2) $\frac{1}{x}+\frac{2}{x\ln 10}+\frac{2}{x\ln 2}$; (3) $-\frac{12}{x^4}-\frac{28}{x^5}+\frac{2}{x^2}$;

 (4) $-\frac{1}{2\sqrt{x}}-\frac{1}{2x\sqrt{x}}$; (5) $\frac{2}{(x+2)^2}$; (6) $\frac{x\cos x-\sin x}{x^2}$; (7) $\frac{1-\cos x-x\sin x}{(1-\cos x)^2}$;

 (8) $2x\ln x\cos x+x\cos x-x^2\ln x\sin x$.

2. (1) $-6xe^{-3x^2}$; (2) $4\sin(1-4x)$; (3) $\frac{x}{(1-x^2)\sqrt{1-x^2}}$; (4) $\frac{2x+1}{x^2+x+1}$;

 (5) $\frac{-1}{\sqrt{x(1-x)}}$; (6) $\frac{2x}{1+x^4}+\frac{2\arctan x}{1+x^2}$; (7) $2x\cos x^2-\sin 2x$; (8) $\frac{1}{\sqrt{a^2+x^2}}$; (9) $\csc x$;

 (10) $-\frac{1}{1+x^2}$; (11) $\frac{1}{x\ln x}$; (12) $\frac{2\sqrt{x}+1}{4\sqrt{x^2+x\sqrt{x}}}$; (13) $\frac{1}{3}\sin\frac{2x}{3}\cot\frac{x}{2}-\frac{1}{2}\sin\frac{x}{3}\csc^2\frac{x}{2}$;

 (14) $\frac{2x}{1-x^4}$; (15) $\frac{4\arctan\frac{x}{2}}{4+x^2}$; (16) $5^{x\ln x}\ln 5(\ln x+1)$.

3. (1) $-\frac{3x^2+6y}{6x+15y^2}$; (2) $\frac{\cos y-\cos(x+y)}{\cos(x+y)-x\sin y}$; (3) $-\frac{y^2e^x}{e^xy+1}$; (4) $\frac{x+y}{x-y}$.

4. (1) $\frac{3}{2}t-\frac{1}{2t}$; (2) $\frac{\sin t}{1-\cos t}$; (3) $\frac{\cos t-\sin t}{\cos t+\sin t}$.

5. (1) $12x+6$; (2) $-\frac{2(x^2+1)}{(x^2-1)^2}$

6. (1) $(-1)^ne^{-x}$; (2) $a_0n!$.

习题 3-3

1. (1) 单调减区间 $(-1,3)$，单调增区间 $(-\infty,-1)$ 和 $(3,+\infty)$，极大值 $f(-1)=0$，极小值 $f(3)=-32$；

(2)单调减区间 $\left(0,\frac{1}{2}\right)$,单调增区间 $\left(\frac{1}{2},+\infty\right)$,极小值 $f\left(\frac{1}{2}\right)=\frac{1}{2}+\ln 2$;

(3)单调减区间 $(-\infty,0)$ 和 $(2,+\infty)$,单调增区间 $(0,2)$,极大值 $f(2)=4e^{-2}$,极小值 $f(0)=0$;

(4)单调减区间 $(2,+\infty)$,单调增区间 $(-\infty,2)$,极大值 $f(2)=3$;

(5)单调减区间 $(-\infty,-1)$ 和 $(1,+\infty)$,单调增区间 $(-1,1)$,极大值 $f(-1)=-1$,极小值 $f(1)=1$;

(6)单调减区间 $(-\infty,+\infty)$,无极值.

2.(1)凸区间为 $(-\infty,-\frac{1}{2})$,凹区间为 $(-\frac{1}{2},+\infty)$,拐点 $(-\frac{1}{2},2)$;

(2)凸区间为 $(-\infty,2)$,凹区间为 $(2,+\infty)$,拐点 $(2,2e^{-2})$;

(3)凸区间为 $(-\infty,-1)(1,+\infty)$,凹区间为 $(-1,1)$,拐点 $(-1,\ln 2)$,$(1,\ln 2)$;

(4)凸区间为 $(-\infty,2)$,凹区间为 $(2,+\infty)$,拐点 $(2,0)$.

3. $a=3$,凸区间为 $(-\infty,1)$,凹区间为 $(1,+\infty)$,拐点 $(1,-7)$.

4. 1, -3, -24, 16.

5. 略.

习题3-4

1. $\frac{\sqrt{2}}{2}$.

2. $\frac{\sqrt{2}}{4}$.

3.(1) 最大值 $f(6)=59$,最小值 $f(3)=-22$;

(2) 最大值 $f\left(\frac{3}{4}\right)=\frac{5}{4}$,最小值 $f(-5)=-5+\sqrt{6}$;

(3) 最大值 $f\left(\frac{\pi}{4}\right)=-1$,最小值 $f\left(-\frac{\pi}{4}\right)=-3$;

(4)最大值 $f\left(-\frac{1}{2}\right)=f(1)=\frac{1}{2}$,最小值 $f(0)=0$.

4. $r=h=\sqrt[3]{\frac{v}{\pi}}$.

5. $\sqrt{\frac{40}{4+\pi}}=2.366(\mathrm{m})$.

6. $\varphi=\frac{2}{3}\sqrt{6}\pi$.

7. 宽和高都为 $\frac{d}{\sqrt{2}}$ 时,才能使横梁强度最大.

8. $\left(-\frac{1}{2},\frac{3}{4}\right)$.

习题3-5

1.(1) $3x+C$;(2) x^2+C;(3) $\frac{1}{2}e^{2x}+C$;(4) $-\cos x+C$;(5) $\sin x+C$;(6) $\ln x+C$;

(7) $\arcsin x + C$; (8) $\arctan x + C$.

2. (1) $dy = -\frac{1}{x^2}(2 + x)dx$; (2) $dy = (\cos 2x - 2x\sin 2x)dx$; (3) $dy = \frac{4x}{(x^2 + 1)^2}dx$;

(4) $dy = e^{2x}(2\sin 3x + 3\cos 3x)dx$; (5) $dy = 12x\tan^2(1 + 2x^2)\sec^2(1 + 2x^2)dx$;

(6) $dy = (2 \cdot 5^{2x}\ln 5\arcsin 3x + \frac{3 \cdot 5^{2x}}{\sqrt{1 - 9x^2}})dx$; (7) $dy = \frac{x\sec^2 x - \tan x}{x^2}dx$;

(8) $dy = 10\sec^2 5x\tan 5x dx$; (9) $dy = 200x(2x^2 + 1)^{49}dx$;

(10) $dy = \frac{2x}{(x^2 + 1)\sqrt{x^2 + 1}}dx$.

3. $\Delta y = 1.161$, $dy = 1.2$; $\Delta y = 0.11$, $dy = 0.11$.

4. (1) 2.745; (2) −0.874 7; (3) 1.007; (4) 1.043 4.

5. 565.2(cm^3).

6. 甲高.

习题 3-6

略.

测试题三

1. (1) π^2; (2) −6; (3) $(2x - 3)e^{x^2-3x+1}dx$; (4) 66,2; (5) $\frac{1}{R}$.

2. (1) $2x - \frac{1}{5}x^{-\frac{7}{2}} + 9x^{-4}$; (2) $e^{2x}(2\sin 3x + 3\cos 3x)$; (3) $6x\sqrt{1 + 5x} + \frac{5(2 + 3x^2)}{2\sqrt{1 + 5x}}$;

(4) $\frac{x - 1}{x^2 - 2x + 5}$; (5) $y' = 4x\tan x^2\sec^2 x^2$; (6) $y' = \frac{6(\arcsin 3x)^2}{\sqrt{1 - 9x^2}}$.

3. (1) $y' = -\frac{2(x^2 + 1)}{(x^2 - 1)^2}$; (2) $dy = -2\sin 2x e^{\cos 2x}dx$; (3) $y' = -\frac{1 + y\sin(xy)}{x\sin(xy)}$;

(4) $y' = -\frac{1}{2t}$.

4. $x = \frac{\pi}{2}$ 处曲率半径最小, $\rho = 1$.

5. 单增区间$(-\infty, 0)$和$(2, +\infty)$, 单减区间$(0, 2)$, 极大值$f(0) = 2$, 极小值$f(2) = -2$, 凹区间$(1, +\infty)$, 凸区间$(-\infty, 1)$, 拐点$(1, 0)$.

习题 4-1

(1) 2; (2) 0.

习题 4-2

(1) 1; (2) $\frac{1}{6}$; (3) $1 - \frac{\sqrt{2}}{2}$; (4) $e - \frac{1}{e}$.

习题4-3

1. 略.

2. (1) $\frac{1}{3}x^3+2x\sqrt{x}-2\sin x+C$; (2) $\frac{1}{4}x^4+3^x\ln 3+C$; (3) $\frac{1}{2}x^2+\frac{4}{3}x\sqrt{x}+x+C$;

(4) $\frac{2}{5}x^2\sqrt{x}+\frac{4}{3}x\sqrt{x}-\frac{1}{2}x^2-2x+C$; (5) $6^x\ln 6+C$; (6) $3\ln x-\frac{5}{2x^2}+C$;

(7) $\frac{1}{3}x^3-x+\arctan x+C$; (8) $\arctan x-\frac{1}{x}+C$; (9) $a^{\frac{4}{3}}x-\frac{6}{5}a^{\frac{2}{3}}x^{\frac{5}{3}}+\frac{3}{7}x^{\frac{7}{3}}+C$;

(10) $x-\frac{2}{x}+\arcsin x+C$; (11) e^x-x+C; (12) $\tan x-\sec x+C$; (13) $\frac{1}{2}\tan x+C$;

(14) $-\cot x-x+C$.

习题4-4

1. (1) $\frac{1}{a}$; (2) $-\frac{1}{2}$; (3) $\frac{1}{6}$; (4) $\frac{1}{6}$; (5) $\frac{1}{2}\ln x$; (6) $-\frac{1}{2}$; (7) $2\ln x$; (8) $-\frac{1}{2}$;

(9) 3; (10) $\ln x$, $\frac{1}{2}\ln^2 x$.

2. (1) $-\frac{1}{3}(1-2x)\sqrt{1-2x}+C$; (2) $\frac{1}{3}\sin 3x+C$; (3) $\frac{1}{42}(2x-1)^{21}+C$; (4) $-\frac{1}{2}e^{-2x}+C$;

(5) $\frac{1}{8}\ln(1+4x^2)+C$; (6) $\frac{1}{30}(1+2x^3)^5+C$; (7) $\frac{1}{3}(1+\ln x)^3+C$; (8) $-2\cos\sqrt{x}+C$;

(9) $\frac{1}{2}\arctan(2x)+C$; (10) $\frac{1}{3}\arcsin(\frac{3}{2}x)+C$; (11) $\frac{1}{8}(1-2\cos x)^4+C$;

(12) $\frac{1}{3}\sin^3 x+C$; (13) $\arctan e^x+C$; (14) $\ln\arcsin x+C$;

(15) $\frac{1}{2}\arctan^2 x+C$; (16) $\frac{1}{2}\ln(1+e^{2x})+C$; (17) $2\arctan\sqrt{x}+C$; (18) $2\ln(1+\sqrt{x})+C$.

3. (1) $\sqrt{2x}-\ln(1+\sqrt{2x})+C$; (2) $-6(2-x)^{\frac{2}{3}}+\frac{12}{5}(2-x)^{\frac{5}{3}}-\frac{3}{8}(2-x)^{\frac{8}{3}}+C$;

(3) $2\sqrt{x}-4\sqrt[4]{x}+4\ln(1+\sqrt[4]{x})+C$; (4) $\frac{1}{13}(x-2)^{13}+\frac{1}{3}(x-2)^{12}\ \frac{4}{11}(x-2)^{11}+C$;

(5) $\frac{2}{5}(x-1)^{\frac{5}{2}}+\frac{2}{3}(x-1)^{\frac{3}{2}}+C$; (6) $\frac{3}{2}(x-3)^{\frac{3}{2}}+6\sqrt{x-3}+C$.

4. (1) $-\frac{1}{2}x\cos 2x+\frac{1}{4}\sin 2x+C$; (2) $\frac{1}{2}x\sin 2x+\frac{1}{4}\cos 2x+C$; (3) $-e^{-x}(x+1)+C$;

(4) $e^x(x^2-2x+2)+C$; (5) $\frac{1}{4}x^4\ln x-\frac{1}{16}x^4+C$; (6) $\frac{x^2+1}{2}\arctan x-\frac{x}{2}+C$;

(7) $x\arccos x-\sqrt{1-x^2}+C$; (8) $-\frac{x^2+1}{2}e^{-x^2}+C$.

习题4-5

1. (1) $\frac{51}{512}$; (2) $\frac{29}{6}$; (3) $7+2\ln 2$; (4) $\frac{2}{5}(1+\ln 2)$; (5) 1; (6) $\frac{1}{9}(2e^3+1)$; (7) 1;

(8) $\frac{4}{3}\pi-\sqrt{3}$.

2.(1) 1; (2) 1.

习题4-6

1.(1) $\frac{3}{2}-\ln 2$; (2) $\frac{32}{3}$; (3) $e+\frac{1}{e}-2$; (4) $\frac{3}{4}(2\sqrt[3]{2}-1)$.

2.(1) $\frac{48}{5}\pi, \frac{24}{5}\pi$; (2) $160\pi^2$.

3. $2\sqrt{3}-\frac{4}{3}$.

4. 0.5(J).

5. 1.65(N).

习题4-7

略.

测试题四

1.(1) $-e^{-x}$; (2) $f(x)+C$; (3) $\sin 2x$; (4) 0; (5) $\frac{\pi}{2}$; (6) 1.

2.(1) $\frac{1}{2}x^2-\frac{8}{3}x\sqrt{x}+4x+C$; (2) $\frac{1}{6}\ln(3x^2+2)+C$; (3) $-\frac{1}{3}(1-2\sin x)^{\frac{3}{2}}+C$;

(4) $\frac{x}{2}-\frac{1}{2\sqrt{2}}\arctan(\sqrt{2}x)+C$; (5) $-\frac{1}{x}-\arctan x+C$; (6) $2-5e^{-1}$; (7) $\frac{44}{3}\sqrt{2}-\frac{8}{3}$;

(8) 1.

3. $\frac{7}{6}$.

4. $\frac{14}{3}$.

习题5-1

1.(1)一阶;(2)不是;(3)一阶;(4)二阶;(5) n 阶;(6)一阶.

2.(1)通解,特解,特解;(2)特解,通解,不是解.

3. $y=x^3+1$.

习题5-2

1.(1) $y^4-x^4=c$; (2) $\frac{y-1}{x-1}=c$; (3) $(y^2-1)(x^2-1)=c$; (4) $\ln^2 y+\ln^2 x=C$.

2.(1) $y=e^{-x}(x+c)$; (2) $y=e^{-\sin x}(x+c)$; (3) $y=(x+1)^2\left[\frac{2}{3}(x+1)^{\frac{3}{2}}+c\right]$;

(4) $y=\frac{x}{3}+\frac{c}{x^2}$.

3. (1) $e^y = \frac{1}{2}(e^{2x} + 1)$; (2) $y = \frac{1}{1 - \sin x}$.

4. (1) $y = \frac{3}{2}x - \frac{3}{4} + \frac{3}{4}e^{-2x}$; (2) $y = (x-2)^3 - (x-2)$.

5. $y = -2x - 2 + 2e^x$.

习题5-3

1. (1) $y = \frac{1}{4}e^{-2x} + c_1x + c_2$; (2) $y = \frac{1}{10}x^5 + \frac{1}{3}x^3 + \frac{1}{2}x^2 + c_1x + c_2$.

2. (1) $y = c_1e^{-x} + c_2e^{2x}$; (2) $y = (c_1 + c_2x)e^{-\frac{3}{2}x}$; (3) $y = c_1 + c_2e^{\frac{x}{2}}$;

   (4) $y = e^{2x}(c_1\cos x + c_2\sin x)$; (5) $y = c_1\cos\frac{x}{2} + c_2\sin\frac{x}{2}$; (6) $y = c_1e^{-\frac{3}{2}x} + c_2e^{\frac{1}{3}x}$.

3. (1) $y = 2e^x + e^{2x}$; (2) $y = (2 + x)e^{-\frac{x}{2}}$.

4. (1) $y = c_1e^{2x} + c_2e^{3x} + \frac{7}{6}$; (2) $y = c_1 + c_2e^x - x(x^2 + x + 7)$;

   (3) $y = c_1e^{2x} + c_2e^{3x} + \frac{7}{6}$; (4) $y = \left(c_1 + c_2x + \frac{5}{2}x^2\right)e^x$;

   (5) $y = (c_1 + c_2x)e^{-3x} + \frac{1}{36}e^{3x}$; (6) $y = C_1e^x + C_2e^{-x} - 2\sin x$.

5. (1) $y = -e^{-x} + 2e^x$; (2) $y = -\cos x - \frac{1}{3}\sin x + \frac{1}{3}\sin 2x$.

习题5-5

略.

测试题五

1. (1)可分离变量微分方程;(2)一阶线性非齐次微分方程;(3) $y = \frac{1}{4}e^{2x} + c_1x + c_2$;

   (4) $y = (c_1 + c_2x)e^{\frac{x}{2}}$; (5) $x(a_0x + a_1)$.

2. (1) $(1 + y^2)(1 - x) = c$; (2) $10^x + 10^{-y} = c$; (3) $y = \frac{1}{2}x^3 - 3x^2 - 2x\ln x + c$;

   (4) $y = (c_1 + c_2x)e^{3x} + \frac{1}{8}e^{-x}$; (5) $y = c_1 + c_2e^{-4x} + x\left(\frac{1}{8}x - \frac{5}{16}\right)$.

3. (1) $y = \frac{1}{6}(2x - 3 + \frac{1}{x^2})$; (2) $y = (2 + x)e^{-\frac{x}{2}}$.

4. $x^2 + y^2 = 5$.

习题6-1

1. $\frac{10}{3}$.

2. $t^2f(x,y)$.

3. (1) $D = \{(x,y) \mid x > y\}$; (2) $D = \{(x,y) \mid 4 < x^2 + y^2 \leqslant 9\}$;

(3) $D=\{(x,y)\mid y>1-x\}$；(4) $D=\{(x,y)\mid y>x$ 且 $x^2+y^2<1\}$.

4. (1) $\frac{\partial^2 z}{\partial x^2}=24x+6y$，$\frac{\partial^2 z}{\partial y^2}=6x-6y$，$\frac{\partial^2 z}{\partial x\partial y}=6x+6y$，$\frac{\partial^2 z}{\partial y\partial x}=6x+6y$；

(2) $\frac{\partial^2 z}{\partial x^2}=-y^2\sin(xy)$，$\frac{\partial^2 z}{\partial y^2}=-x^2\sin(xy)$，$\frac{\partial^2 z}{\partial x\partial y}=\cos(xy)-xy\sin(xy)$，

$\frac{\partial^2 z}{\partial y\partial x}=\cos(xy)-xy\sin(xy)$；

(3) $\frac{\partial^2 z}{\partial x^2}=y^x\ln^2 y$，$\frac{\partial^2 z}{\partial y^2}=x(x-1)y^{x-2}$，$\frac{\partial^2 z}{\partial x\partial y}=y^{x-1}(x\ln y+1)$，$\frac{\partial^2 z}{\partial y\partial x}=y^{x-1}(x\ln y+1)$；

(4) $\frac{\partial^2 z}{\partial x^2}=e^x(x+2)\sin y$，$\frac{\partial^2 z}{\partial y^2}=-xe^x\sin y$，

$\frac{\partial^2 z}{\partial x\partial y}=e^x(x+1)\cos y$，$\frac{\partial^2 z}{\partial y\partial x}=e^x(x+1)\cos y$.

5. (1) $dz=\frac{1}{x^2+y^2}(2xdx+2ydy)$；(2) $dz=\frac{1}{1+(2x+y^2)^2}(2dx+2ydy)$；

(3) $dz=e^{\sqrt{x^2+y^2}}\frac{1}{\sqrt{x^2+y^2}}(xdx+ydy)$；

(4) $du=yz(xy)^{z-1}dx+xz(xy)^{z-1}dy+(xy)^z\ln(xy)dz$.

习题6-2

1. 两个直角边都是 $\frac{l}{\sqrt{2}}$ 周长最大.

2. $x=y=z=\frac{a}{3}$.

3. $\left(\frac{8}{5},\frac{16}{5}\right)$.

4. 2 128m²，27.6m²，1.3%.

习题6-3

1. (1) $\frac{8}{3}$；(2) $\frac{1}{12}$；(3) $\frac{20}{3}$；(4) $\frac{3}{20}$.

2. $\left(1,\frac{2}{3}\right)$.

习题6-4

略.

测试题六

1. (1)1；(2)4；(3)>0；(4)0.

2. (1) $\frac{6}{55}$；(2) $(e-1)^2$；(3) $\frac{1}{24}$.

3. $\frac{4}{3}$.

习题 7-1

1.(1) $R(A)=2$;(2) $R(A)=2$;(3) $R(A)=3$;(4) $R(A)=3$.

2.(1) $\begin{pmatrix}1&0&0\\0&1&0\\0&0&1\end{pmatrix}$;(2) $\begin{pmatrix}1&0&0&1&8\\0&1&0&1&-1\\0&0&1&1&-2\\0&0&0&0&0\end{pmatrix}$.

3.(1) $\begin{cases}x_1=\frac{1}{4}\\x_2=\frac{23}{4}\\x_3=\frac{5}{4}\end{cases}$;(2) $\begin{cases}x_1=-3+c_1-c_2\\x_2=-4+c_1+c_2\\x_3=c_1\\x_4=c_2\end{cases}$ (c_1、c_2 为任意常数).

习题 7-2

1.(1) $\begin{cases}x_1=1\\x_2=2\\x_3=1\end{cases}$;(2) $\begin{cases}x_1=1-c\\x_2=-c\\x_3=-1+c\\x_4=c\end{cases}$ (c 为任意常数);(3)无解;(4)无解.

2.(1) $\begin{cases}x_1=c_1\\x_2=c_1\\x_3=c_2\\x_4=c_2\end{cases}$ (c_1、c_2 为任意常数);(2) $\begin{cases}x_1=-3c_1-5c_2\\x_2=2c_1+3c_2\\x_3=c_1\\x_4=0\\x_5=c_2\end{cases}$ (c_1、c_2 为任意常数).

3.(1)当 $p=1,q\neq 7$ 时无解;(2)当 $p\neq 1,q\neq 7$ 有唯一解;(3)当 $p=1,q=7$ 时有无穷多组解 $\begin{cases}x_1=2+c\\x_2=1-c\\x_3=c\end{cases}$ (c 为任意常数).

习题 7-4

略.

测试题七

1.(1)3;(2) $x=c,y=-c$ (c 为任意常数);

(3) $x_1=2-c_1+c_2,x_2=c_1,x_3=c_2$ (c_1、c_2 为任意常数);

(4) $\begin{cases}x_1-x_2+2x_3+3x_4=0\\2x_1+3x_2-2x_3-x_4=5\\3x_1-2x_2-3x_3+4x_4=-6\end{cases}$;(5)2.

2. (1) $\begin{cases} x_1 = c_1 + \frac{1}{2}c_2 \\ x_2 = c_1 \\ x_3 = \frac{3}{2}c_2 \\ x_4 = c_2 \end{cases}$ （c_1、c_2 为任意常数）；

(2) $\begin{cases} x_1 = 2 - 2c_1 - c_2 \\ x_2 = 1 - c_2 \\ x_3 = c_1 \\ x_4 = c_2 \end{cases}$ （c_1、c_2 为任意常数）.

3. 当 $\lambda = 2$ 或 $\lambda = -1$ 时有解；当 $\lambda = 2$ 时，$\begin{cases} x_1 = 1 + c \\ x_2 = c \\ x_3 = c \end{cases}$ （c 为任意常数）；

当 $\lambda = -1$ 时，$\begin{cases} x_1 = -\frac{1}{5} + c \\ x_2 = -\frac{3}{5} + c \\ x_3 = c \end{cases}$ （c 为任意常数）.

4. (1) 当 $q \neq 5$ 时无解；(2) $q = 5, p \neq -5$ 时，有唯一解 $\begin{cases} x_1 = -20 \\ x_2 = 13 \\ x_3 = 0 \end{cases}$；

(3) 当 $q = 5, p = -5$ 时，有无穷多解 $\begin{cases} x_1 = -20 + 7c \\ x_2 = 13 - 5c \\ x_3 = c \end{cases}$ （c 为任意常数）.

习题 8-1

1. (1)9；(2)①2；②4.
2. (1)选出的学生是二年级非运动员的男生；(2)选出的运动员一定是二年级的学生.
3. 0.857.
4. 不能.
5. (1) $\frac{2}{5}$；(2) $\frac{8}{15}$；(3) $\frac{4}{15}$.

习题 8-2

1. 0.85.
2. (1) 0.42；(2) 0.46；(3) 0.88.
3. (1) $\frac{3}{4}$；(2) $\frac{1}{2}$；(3) $\frac{2}{3}$.
4. 0.441.
5. (1) 0.612；(2) 0.997.

6. (1) 0.0512; (2) 0.9933 .

习题 8-3

1. (1) $\frac{1}{5}$; (2) $\frac{1}{5}$; (3) $\frac{1}{5}$.

2. 0.7105 .

3. $P(X=0)=0.25, P(X=1)=0.5, P(X=2)=0.25$.

4. (1) $P(X=0)=0.15, P(X=1)=0.5, P(X=2)=0.35$;

(2) $F(x)=\begin{cases}0, x<0\\0.15, 0\leqslant x<1\\0.65, 1\leqslant x<2\\1, x\geqslant 2\end{cases}$; (3)0.85.

5. $c=\frac{1}{b-a}$, $P\left(X>\frac{a+b}{2}\right)=0.5$.

6. 0.9544 .

7. (1) 0.988; (2) 111.84; (3) 57.5 .

习题 8-4

1. $E(X)=\frac{1}{3}$, $D(X)=\frac{97}{72}$.

2. $E(X)=0.6$, $D(X)=0.46$.

3. 甲.

4. $E(X)=1$, $D(X)=\frac{1}{6}$.

5. (1) $A=2$, $B=0$; (2) $-\frac{7}{3}$; (3) $\frac{1}{18}$.

习题 8-5

1. 20 万只照明灯;每只照明灯;抽取的 20 只照明灯的使用寿命;20.

2. $\overline{X}=3.6$; $S^2=2.599$.

3. (9.28,17.12).

4. (1)略;(2) $\hat{y}=7x-1$.

习题 8-6

略.

测试题八

1. (1) $A\cup B\cup C$; (2) 0.6; (3) 5 , 3; (4) $N(0,1)$; (5) 3.6 , 2.599 .

2. (1) 0.252; (2) 0.976; (3) 0.253 .

3. (1) $P(X=i)=\left(\frac{2}{5}\right)^{i-1}\cdot\frac{3}{5}(i=1,2,\cdots)$;

(2) $P(X=1)=\frac{3}{5}$, $P(X=2)=\frac{3}{10}$, $P(X=3)=\frac{1}{10}$.

4. (1) $A=\frac{1}{3}$, $B=\frac{1}{2}$; (2) $\frac{73}{36}$; (3) $\frac{15}{4}$.

5. (1)(572.1,578.3);(2)(568.97,581.43).

6. (1)略;(2) $\hat{y}=-338.625+6.088x$.

附录　标准正态分布函数表

$$\Phi_0(x)=\int_{-\infty}^{x}\frac{1}{\sqrt{2\pi}}e^{-\frac{t^2}{2}}dt$$

x	0.00	0.01	0.02	0.03	0.04	0.05	0.06	0.07	0.08	0.09
0.0	0.500 0	0.504 0	0.508 0	0.512 0	0.516 0	0.519 9	0.523 9	0.527 9	0.531 9	0.535 9
0.1	0.539 8	0.543 8	0.547 8	0.551 7	0.555 7	0.559 6	0.563 6	0.567 5	0.571 4	0.575 3
0.2	0.579 3	0.583 2	0.587 1	0.591 0	0.594 8	0.598 7	0.602 6	0.606 4	0.610 3	0.614 1
0.3	0.617 9	0.621 7	0.625 5	0.629 3	0.633 1	0.636 8	0.640 6	0.644 3	0.648 0	0.651 7
0.4	0.655 4	0.659 1	0.662 8	0.666 4	0.670 0	0.673 6	0.677 2	0.680 8	0.684 4	0.687 9
0.5	0.691 5	0.695 0	0.698 5	0.701 9	0.705 4	0.708 8	0.712 3	0.715 7	0.719 0	0.722 4
0.6	0.725 7	0.729 1	0.732 4	0.735 7	0.738 9	0.742 2	0.745 4	0.748 6	0.751 7	0.754 9
0.7	0.758 0	0.761 1	0.764 2	0.767 3	0.770 3	0.773 4	0.776 4	0.779 4	0.782 3	0.785 2
0.8	0.788 1	0.791 0	0.793 9	0.796 7	0.799 5	0.802 3	0.805 1	0.807 8	0.810 6	0.813 3
0.9	0.815 9	0.818 6	0.821 2	0.823 8	0.826 4	0.828 9	0.831 5	0.834 0	0.836 5	0.838 9
1.0	0.841 3	0.843 7	0.846 1	0.848 5	0.850 8	0.853 1	0.855 4	0.857 7	0.859 9	0.862 1
1.1	0.864 3	0.866 5	0.868 6	0.870 8	0.872 9	0.874 9	0.877 0	0.879 0	0.881 0	0.883 0
1.2	0.884 9	0.886 9	0.888 8	0.890 7	0.892 5	0.894 4	0.896 2	0.898 0	0.899 7	0.901 5
1.3	0.903 2	0.904 9	0.906 6	0.908 2	0.909 9	0.911 5	0.913 1	0.914 7	0.916 2	0.917 7
1.4	0.919 2	0.920 7	0.922 2	0.923 6	0.925 1	0.926 5	0.927 9	0.929 2	0.930 6	0.931 9
1.5	0.933 2	0.934 5	0.935 7	0.937 0	0.938 2	0.939 4	0.940 6	0.941 8	0.942 9	0.944 1
1.6	0.945 2	0.946 3	0.947 4	0.948 4	0.949 5	0.950 5	0.951 5	0.952 5	0.953 5	0.954 5
1.7	0.955 4	0.956 4	0.957 3	0.958 2	0.959 1	0.959 9	0.960 8	0.961 6	0.962 5	0.963 3
1.8	0.964 1	0.964 9	0.965 6	0.966 4	0.967 1	0.967 8	0.968 6	0.969 3	0.970 0	0.970 6
1.9	0.971 3	0.971 9	0.972 6	0.973 2	0.973 8	0.974 4	0.975 0	0.975 6	0.976 1	0.976 7
2.0	0.977 2	0.977 8	0.978 3	0.978 8	0.979 3	0.979 8	0.980 3	0.980 8	0.981 2	0.981 7
2.1	0.982 1	0.982 6	0.983 0	0.983 4	0.983 8	0.984 2	0.984 6	0.985 0	0.985 4	0.985 7
2.2	0.986 1	0.986 5	0.986 8	0.987 1	0.987 5	0.987 8	0.988 1	0.988 4	0.988 7	0.989 0
2.3	0.989 3	0.989 6	0.989 8	0.990 1	0.990 4	0.990 6	0.990 9	0.991 1	0.991 3	0.991 6
2.4	0.991 8	0.992 0	0.992 2	0.992 5	0.992 7	0.992 9	0.993 1	0.993 2	0.993 4	0.993 6
2.5	0.993 8	0.994 0	0.994 1	0.994 3	0.994 5	0.994 6	0.994 8	0.994 9	0.995 1	0.995 2
2.6	0.995 3	0.995 5	0.995 6	0.995 7	0.995 9	0.996 0	0.996 1	0.996 2	0.996 3	0.996 4
2.7	0.996 5	0.996 6	0.996 7	0.996 8	0.996 9	0.997 0	0.997 1	0.997 2	0.997 3	0.997 4
2.8	0.997 4	0.997 5	0.997 6	0.997 7	0.997 7	0.997 8	0.997 9	0.997 9	0.998 0	0.998 1
2.9	0.998 1	0.998 2	0.998 2	0.998 3	0.998 4	0.998 4	0.998 5	0.998 5	0.998 6	0.998 6
3.0	0.998 7	0.998 7	0.998 7	0.998 8	0.998 8	0.998 9	0.998 9	0.998 9	0.999 0	0.999 0
3.2	0.999 3	0.999 3	0.999 4	0.999 4	0.999 4	0.999 4	0.999 4	0.999 5	0.999 5	0.999 5
3.4	0.999 7	0.999 7	0.999 7	0.999 7	0.999 7	0.999 7	0.999 7	0.999 7	0.999 8	0.999 8
3.6	0.999 8	0.999 9	0.999 9	0.999 9	0.999 9	0.999 9	0.999 9	0.999 9	0.999 9	0.999 9
3.8	0.999 9	0.999 9	0.999 9	0.999 9	0.999 9	0.999 9	0.999 9	1.000 0	1.000 0	1.000 0